旧工业建筑再生利用实践与解析

Practice and Analysis of the Regeneration of Old Industrial Building

李慧民　张　扬　李　勤　胡　炘　著

中国建筑工业出版社

图书在版编目（CIP）数据

旧工业建筑再生利用实践与解析 = Practice and Analysis of the Regeneration of Old Industrial Building / 李慧民等著 . — 北京：中国建筑工业出版社，2024.4

ISBN 978-7-112-29635-4

Ⅰ. ①旧… Ⅱ. ①李… Ⅲ. ①旧建筑物—工业建筑—废物综合利用 Ⅳ. ① X799.1

中国国家版本馆 CIP 数据核字（2024）第 052056 号

本书在分析大量案例的基础上论述了我国旧工业建筑再生利用的昨天、今天和明天。全书共分 3 篇 24 章。其中第 1 ～ 2 章主要阐述了旧工业建筑再生利用的理念、背景、发展与兴起；第 3 ～ 22 章主要归纳分析了 20 个城市中百余个旧工业建筑再生利用项目的概况、内涵、效果及特点；第 23 ～ 24 章主要探讨了旧工业建筑再生利用的发展趋势与策略。

本书适合相关专业研究人员阅读，也可供规划、设计、施工管理及教学人员参考。

策划编辑：武晓涛
责任编辑：刘婷婷
文字编辑：冯天任
责任校对：李美娜

旧工业建筑再生利用实践与解析

Practice and Analysis of the Regeneration of Old Industrial Building

李慧民　张　扬　李　勤　胡　炘　著

*

中国建筑工业出版社出版、发行（北京海淀三里河路9号）
各地新华书店、建筑书店经销
北京京点图文设计有限公司制版
临西县阅读时光印刷有限公司印刷

*

开本：787 毫米 × 1092 毫米　1/16　印张：17¾　字数：377 千字
2024 年 3 月第一版　2024 年 3 月第一次印刷
定价：**188.00** 元

ISBN 978-7-112-29635-4
（42123）

《旧工业建筑再生利用实践与解析》
编写（调研）组

组　　长： 李慧民

副 组 长： 张　扬　李　勤　胡　炘

成　　员： 贾丽欣　田　卫　周崇刚　陈　金　袁鹏飞
郭　平　柴　庆　刘怡君　李文龙　董美美
任秋实　尹思琪　田梦堃　段品生　王立杰
郭　潇　于光玉　孟　江　钟头举　王安东
熊　登　刘亚丽　张旭东　李温馨　赵鹏鹏
熊　雄　李亚宁　陈艳美　刘　畅　田家乐
董　磊　魏冬琪　高汉青　钟玉芳　李瑾蔚
王新杰　范欣雨　郑　越　李潇晨　王梦孙
吕双宁　余传婷　王锦烨　彭绍民　崔净雅
张紫薇　陈宗浩　侯东辰　李艳伟　刘　旭
王　楠

前　言

"旧工业建筑再生利用实践与解析"系统全面地阐述了我国旧工业建筑再生利用的基本情况以及典型项目的基础数据信息。全书分为3篇24章，其中第1～2章主要论述了旧工业建筑再生利用理念的诞生与萌芽，分析了旧工业建筑再生利用工作的发展与兴起，对其基本概念、历史背景、发展历程等进行了系统剖析；第3～22章整理汇总了包括华北、华东、华中、华南、东北、西北、西南7个地区20个城市的百余个项目，从地区视角对旧工业建筑再生利用工作的历史沿革、政策法规、开发流程及优势与不足进行了论证，并针对具体案例展开分析论述；第23～24章，通过剖析老旧城区工业建筑再生利用的发展特征以及建筑本体层面的再生特征，进一步阐述了其发展趋势与实施流程。期望通过本书的介绍，促进相关管理制度、法规政策的制定和完善，从而实现规划先行、合理决策的目标；同时，引发社会各界对旧工业建筑再生利用的重视，响应国家可持续发展的号召，加强公众对旧工业建筑综合价值的认识，提升城市内涵。

本书的编著得到了国家自然科学基金项目"绿色节能导向的旧工业建筑功能转型机理研究"（批准号：51678479）及"生态安全约束下旧工业区绿色再生机理、测度与评价研究"（批准号：51808424），教育部人文社会科学研究一般项目"社会生态系统双重脆弱性约束下旧工业区绿色再生路径与驱动策略研究"（批准号：23YJCZH309）、住房和城乡建设部课题"生态宜居理念导向下城市老城区人居环境整治及历史文化传承研究"（批准号：2018-KZ-004）、北京市高等教育学会课题"促进首都功能核心区高质量发展的城市更新课程教、研协同发展优化研究"（批准号：MS202276）、陕西省自然科学基金项目"陕西省旧工业建筑文化研究与保护"（批准号：2018JM5129）的支持。

同时，西安建筑科技大学、北京建筑大学、西安高新硬科技产业投资控股集团有限公司、中核华辰建筑工程有限公司、西安华清科教产业（集团）有限公司、昆明八七一文化投资有限公司、西安世界之窗产业园投资管理有限公司、案例项目所属单位、相关规划设计研究院等单位的技术与管理人员均对本书的编写提供了诚恳的帮助。编写过程中还参考了许多专家和学者的有关研究成果及文献资料，在此一并向他们表示衷心的感谢！

由于作者水平有限，书中不足之处，敬请广大读者批评指正。

作者

2023年12月

目　录

第 1 篇　旧工业建筑再生利用的理念与兴起

第 2 篇　旧工业建筑再生利用项目剖析

第1篇

旧工业建筑再生利用的理念与兴起

第 1 章　旧工业建筑再生利用的主要理念与诞生背景

1.1　旧工业建筑再生利用的基本概念

1.1.1　研究对象的界定

（1）旧工业建筑及其分类

建筑作为人类社会的物质载体，是社会、经济、文化发展的产物。随着人类社会的发展，建筑本身也进行着不断的新陈代谢。简单来说，凡是已经建成并经过一段时间使用的建筑物，都可以称为“旧”建筑。其中，具有重大历史文化价值的古建筑、优秀的近现代建筑等，是可以纳入历史文化遗产范畴的；而那些大量存在的、随着历史沿袭而来的一般性普通建筑，则是新的建设模式——再生利用的研究对象，它是客观存在的、旧的建筑。

工业建筑指供人民从事各类生产活动的建（构）筑物。在 18 世纪后期，工业建筑最先出现于英国，后来在美国以及欧洲一些国家也多有兴建。在 20 世纪 20—30 年代，苏联开始进行大规模工业建设。在 20 世纪 50 年代，中国开始大规模建造各种类型的工业建筑。

谈及旧工业建筑时，往往离不开对工业遗产的讨论；即使是旧工业建筑一词，又有广义和狭义之分。为明确本书的研究对象，通过分析相关文献及实际项目，本节首先对旧工业建筑的概念进行系统解析：狭义的旧工业建筑是指因各种原因失去原使用功能、被闲置的工业建筑及其附属建（构）筑物；工业遗产指具有历史、技术、社会价值，同时兼具建筑或科学价值的工业文化遗迹，包括具有上述价值的建筑、机械、厂房、工厂矿场和生产作坊以及加工提炼遗址等；而广义的旧工业建筑是包括狭义的旧工业建筑、工业建筑遗产及其所在环境的总的集合（图 1.1）。

（2）再生利用的概念和内涵

再生利用是指发生功能变更的前提下，使原有的旧事物如获得新生般焕发生机。其核心思想在于在符合社会、经济、文化、环境等整体发展目标的基础上为旧建筑注入新的活力。

旧工业建筑再生利用是对失去原有生产功能而被废弃或闲置的工业厂房赋予新功能后的重新利用。由于其对环境的友好性，资源的节约性，以及经济上的优越性，再生利用已经成为目前大中型城市对工业区改造的主要方式。大片坐落在市区中心的废旧工业区被相继改造成为高新产业区、公共活动区和文化产业区。

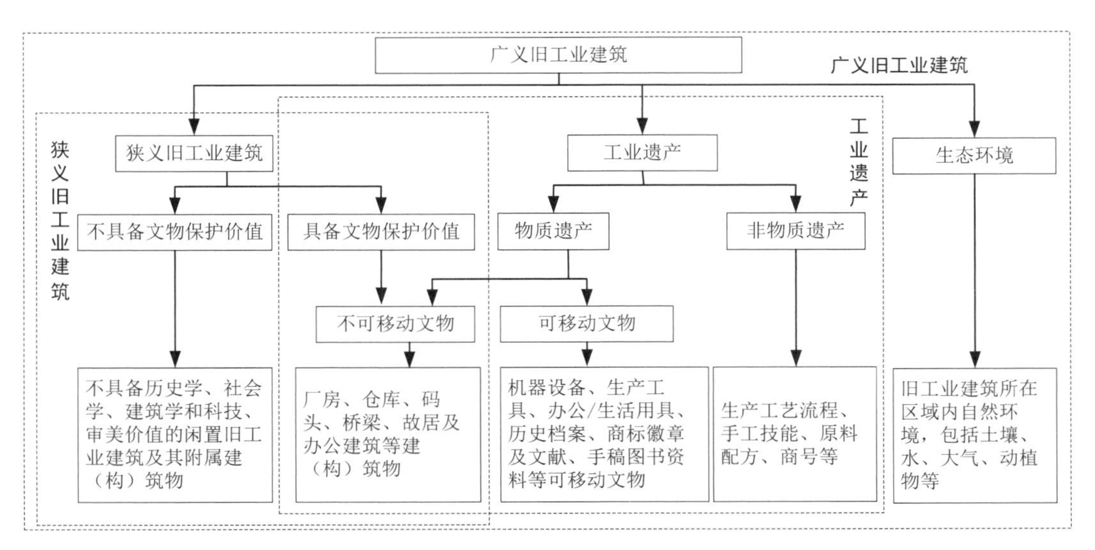

图 1.1　旧工业建筑概念解析

1.1.2　旧工业建筑再生利用的目的及意义

（1）旧工业建筑再生利用的目的

承载着工业文明的工业遗存正随着历史的推移和积淀，成为具有特定价值的工业文化遗产。这些工业文化遗产在社会发展、经济增长、文化积淀等方面所承载的历史信息，相较于人类社会其他历史发展时期的文化遗产更为丰富。在城市工业发展的历程中，工业建筑以及工业设施具有功不可没的历史地位，因为它们见证了经济发展、社会进步和文化繁荣，工业建筑的兴替其实就是一部城市发展史。除其附带的历史价值以外，由于其使用寿命与保护现状的多样性，旧工业建筑具有鲜明的可再生利用性，即重新定义功能的潜力。

旧工业建筑再生利用是可持续建筑实践的重要组成部分，国内外大量的实践证明，建筑再利用不仅有良好的经济价值、社会文化价值和城市复兴的价值，在对现有资源的循环再利用和节能方面，它所具有的优势也符合可持续发展的目标，具有不可替代的生态价值。

旧工业建筑的保护和再生利用既能够响应节能减排的低碳社会发展目标，又可以保存一个城市珍贵的文化记忆，增强居民社会认同感和归属感。同时，在如今城市特质消失、城市发展景观严重趋同的背景下，旧工业建筑物或者场所区域的再生利用，可以为场所特征和城市区域特色景观的塑造提供契机，丰富城市建筑景观，提高区域和城市的辨识度。

（2）旧工业建筑再生利用的现实意义与改造价值

近年来，城市整体发展速度加快，城市旧工业区与城市发展之间矛盾日趋突出。随着人们对工业遗产的重视程度逐步提高，一味无情的大拆大建已不再是理性的选择，越来越多旧工业建筑的生命将得到延续，同时也会出现更多优秀的工业建筑改造再利用案例。旧工业建筑的保护和改造性再利用不仅能够有效地完善城市服务机能，增强城市历史厚重感，传承城市历史文脉，对实现我国城市建设的可持续发展也具有重要意义。

1）有利于提高城市辨识度

工业建筑作为城市发展和工业文明的“参照物”，记录着一个时代经济和技术的发展水平，其建筑物、构筑物和相关设施、设备也体现了某一历史时期的艺术特征和风格，在形式、体量和色彩等方面都有极强的感染力，具备工程美学的审美价值，例如图1.2所示的伦敦泰特现代美术馆。

(a) 美术馆远景

(b) 美术馆近景

图1.2　伦敦泰特现代美术馆

2）有利于响应节能减排的低碳社会发展目标

旧工业建筑再生利用蕴含着巨大的经济潜力。由于功能设计要求，工业建筑往往具有高层高、大跨度和大空间的特征，结构设计寿命也往往大于实际使用年限，这些特点为建筑的再利用提供了可能。在实际的建设中，既可以根据其内部结构和空间特征进行空间重组和功能转换，也可以通过加建、改建等手段获取新的建筑形象和功能用途，帮助建立新的城市形象。

旧工业建筑再生利用的建设周期短，费用远比新建主体结构和基础设施要低，可以节约大量建设成本。同时，这种方式秉承了可持续发展战略，对原有建（构）筑物的利用减少了物质能源消耗和建筑垃圾的产生，降低了对环境的负面影响。近年来，随着政府、规划部门和建筑师对这一课题关注程度的上升，越来越多的工业建筑被改造成艺术中心、超市、博物馆、体育活动场馆、办公楼甚至住宅，为地区的振兴注入了新的活力。

3）有利于城市记忆的保留

许多工业区与居民的生活息息相关，作为生活或工作场所，它们记录着居民日常生活的变迁，是居民形成社会认同感和归属感的基础，是城市值得珍惜的文化记忆。

对于许多城市来说，这些生活场景的保留和还原，是追溯城市历史记忆的一个有效途径，有利于城市历史特质的保存，如图 1.3、图 1.4 所示。许多城市的公共空间并不是由于新奇、华丽而吸引人，而是由于空间所附属的历史和文化特征而成为大多数市民愿意驻足的场所。

图 1.3　上海苏州河沿岸的旧建筑

图 1.4　广州太古仓码头

1.2　旧工业建筑再生利用的历史背景

1.2.1　可持续发展视角下的建筑更新

“所谓可持续发展，是既满足当代人的需要，又不对后代人满足其需要的能力构成危害的发展”。这是挪威前首相布伦特兰夫人（Gro Harlen Brundland）作为世界环境与发展委员会(WECD)主席提出的可持续发展定义。关于可持续发展的含义有众多不同的理解，这种可持续发展概念的酝酿、形成，直到被国际社会所普遍接受并渗透入社会发展的各行各业，经历了比较漫长的过程。伴随着一次又一次的工业革命，工业生产的进步引领了人类社会空前的发展脚步。随着人类“改造”自然的能力不断提高，人和自然的矛盾也逐渐激化，在每一次与大自然的搏斗中取得胜利的同时，必会付出惨重的生态代价。

在旧工业建筑再生利用过程中，可从以下几个层面体现项目的可持续性：

（1）旧工业建筑再生利用经济层面的可持续性

在旧工业建筑再生利用的过程中要保证其经济层面的可持续发展，一方面，应做到以最小的成本取得最大的经济效益，而这个成本指的不仅是传统意义上的人力、物力、财力，还包含了社会公共资源以及生态环境资源等，所以要实现所谓的“最小成本”，尚应在保证旧工业建筑再生利用质量和建筑安全下，尽可能避免对社会和谐稳定的影响和对生态环境的污染或破坏；另一方面，旧工业建筑再生利用经济效益持续增长能够促进区域社会和生态环境的可持续发展。改进区域经济的固有模式，将经济发展与社会稳定和环境保护有机结合，实现区域经济、社会、环境相互协调的可持续发展模式。

（2）旧工业建筑再生利用社会层面的可持续性

要保证旧工业建筑再生利用项目社会层面的可持续发展，也应从两方面着手。一方面，消除项目参与各方（地方政府、旧工业区工人群体、投资方等）的利益冲突，实现参与各方利益共赢的局面，以“社会公平”达成“利益平衡”；另一方面，借助旧工业建筑再生利用项目的开发，促进区域整体环境的改善，如增加当地的就业岗位，完善周边的公共配套设施，改善周边的公共卫生环境，以及提升区域文化发展等，从而助力早日达成区域社会共同繁荣的局面。

（3）旧工业建筑再生利用环境层面的可持续性

旧工业建筑再生利用环境层面的可持续性主要是指项目及周边生态环境的可持续发展。面对城市人口扩张与有限资源的矛盾，要实现生态环境的可持续发展，应至少保证旧工业建筑再生利用项目开发符合当地生态环境承载力，并应尽可能提高项目及周边生态环境的承载力。所以，在旧工业建筑再生利用项目开发过程中，应减少对自然资源的消耗，增大对可再生资源利用的投入比例，建设及使用过程中也应采取降低对环境污染或破坏的措施。

（4）旧工业建筑再生利用技术层面的可持续性

旧工业建筑再生利用技术层面的可持续性，足以体现相关技术的创新与进步可以有效促进再生利用经济、社会和环境层面的可持续发展。通过发展可循环或再利用建筑材料技术、绿色施工技术以及建筑节能技术等，可提高自然资源的使用效率，减少资源的浪费，进而提高项目的经济效益水平并降低对生态环境的破坏。另外，在项目改造和使用维护阶段采取创新型管理制度以提高项目建设的效率，保证人力、物力、财力的合理配置，减少浪费，也是可持续发展在旧工业建筑再生利用技术层面的一种体现。

可以看出，旧工业建筑再生利用在经济、社会、环境三方面既相互促进又相互制约，项目在某一方面出现问题，必然带来其他方面的连锁反应，所以，在项目开发过程中一定要注重项目在经济、社会和环境方面的统一平衡。此外，旧工业建筑再生利用在技术上的创新和进步有助于可持续发展在经济、社会和环境层面的突破，所以，在项目开发的过程中也应注重再生利用技术的开发与创新。

1.2.2　绿色视角下的建筑循环

2012年4月，财政部与住房和城乡建设部以财建〔2012〕167号印发《关于加快推动我国绿色建筑发展的实施意见》，对绿色建筑的发展提出了要求和希望。2013年1月1日，国务院转发了国家发展改革委、住房城乡建设部制订的《绿色建筑行动方案》，对绿色节能的标准、措施和补贴政策做了具体的要求。方案明确，既有建筑的节能改造项目，要求“十二五”期间，北方供暖地区的既有居住建筑供热计量和节能改造须完成4亿m^2以上，夏热冬冷地区的既有居住建筑节能改造达到5000万m^2，公共建筑和公共机构的办公建筑节能改造达到 1.2 亿 m^2。截至 2020 年年末，基本完成北方供暖地区的有改造价值的城镇居住建筑的节能改造。住房和城乡建设部随后发布了《关于加强绿色建筑评价标识管理和备案工作的通知》，从城乡建设发展模式转型出发，以推广绿色建筑为主要手段，制定相应激励政策和措施，引导并推动绿色建筑的发展。2015 年 5 月，中共中央、国务院发布《关于加快推进生态文明建设的意见》，明确将坚持绿色发展、低碳发展、循环发展作为加快推进生态文明建设的基本途径。党的十九大报告更是 15 次提及“绿色”，强调必须树立和践行“绿水青山就是金山银山”的理念，坚持节约资源和保护环境的基本国策。

再生利用是绿色理念在建筑中的有力抓手。与推倒重建相比，旧工业建筑的循环再利用可以减少大量的建筑垃圾以及不可降解的大部分垃圾对环境造成的污染。据统计，全世界的固体垃圾中 35% 来自于建设工程，其中包括建设施工过程以及为生产建筑材料所进行的生产工艺过程中产生的垃圾。旧建筑的再生利用可减少新建筑材料所释放的有毒气体。研究表明，全球每年排出的温室气体中，有 1/3 来源于建筑的整个生命周期。因此，要减少建筑从建造、使用到最终解体的整个生命周期温室气体的排放量，最主要的是延长建筑的生命期限。此外，旧工业建筑再生利用还可减轻施工过程中对城市交通、能源（供水供电等方面）的压力，可避免旧工业建筑的拆除过程中产生的大量尘埃和噪声对环境的污染等。由此可见，旧工业建筑再生利用具有现实的绿色价值。

从 2008 年“绿色奥运”的提出，到 2010 年“绿色世博”的兴起，再到 2020 年“绿色冬奥”的践行，丰富多彩的再生利用形式为旧工业建筑的开发注入了新的生机。从世博会城市未来馆——国内首座由旧厂房改建的“三星绿色建筑”，到国内首个由废弃的工业建筑改建成的以绿色节能主题大规模创意产业园——花园坊节能环保产业园，丰富的案例展示了旧工业建筑再生利用的基本趋势，绿色建筑改造理念已经逐步融入其中，使原本废旧的工业建筑从土灰色的主色调中焕发出绿色生机。

第 2 章　旧工业建筑再生利用的发展与兴起

2.1　旧工业建筑再生利用的发展沿革

2.1.1　国外旧工业建筑再生利用的发展历程

发达国家旧工业建筑的再生利用起步较早，在经历了 20 世纪 50 年代至 70 年代的启蒙阶段、20 世纪 70 年代至 80 年代中期的探索转型阶段、80 年代后半段至今的后期普及成熟阶段后，此类项目的开展由消极保护转变为积极的主动再利用，如图 2.1 所示。

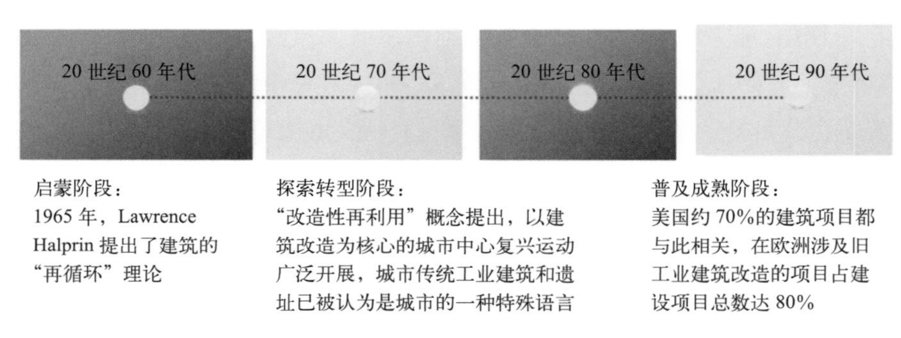

图 2.1　国外旧工业建筑再生利用发展历史

启蒙阶段（20 世纪 60 年代）：20 世纪 60 年代以前，对于历史建筑物保护观念开始出现，《雅典宪章》（1933 年）中开始肯定历史建筑对人类和世界文化遗产的重要性，提出历史建筑定义的同时设置评价标准，用以评定具有价值的历史建筑，并提出了保护建筑的历史真实性原则。以美国为代表的西方国家陆续开始对旧工业建筑进行改造和再利用的研究和探索。1965 年，美国景园大师劳伦斯·哈普林（Lawrence Halprin）提出了建筑的“再循环”理论，并在美国旧金山的吉拉德里广场（Ghirardelli Square）的设计中应用。

探索转型阶段（20 世纪 70—80 年代）：1979 年，澳大利亚根据本国的历史和文化背景情况，编制了《巴拉宪章》，明确提出了“改造性再利用”的概念。在经济全球化的驱动下，城市更新理念也在这一时期发生了巨大转变，以建筑改造为核心的城市中心复兴运动广泛开展，文化多样性原则随之提出，城市发展更加强调人与环境的共生以及对人和历史文化的尊重，城市传统工业建筑和遗址开始被认为是城市的一种特殊语言。

普及成熟阶段（20 世纪 90 年代）：1996 年巴塞罗那国际建筑协会第十九届大会提出对“荒芜地段（Wasteland）”——如废弃的工业区、码头、火车站等地段的改造。国际建筑大师如盖里（Frank Gehry）、福斯特（Norman Foster）、皮亚诺（Renzo Piano）以及赫尔佐格和德·梅隆（Herzog & de Meuron）联合呼吁人们以一种新的、长远的、非常规的观点和方法去适应和驾驭废旧工业建筑，通过创新、改建和修复等各种方式建造了许多极富创新和智慧的建筑作品。2002 年柏林国际建筑协会第二十一届大会将主题定为“资源建筑”（Resource Architecture），并介绍了鲁尔工业区再生等一系列工业建筑改造的成功案例，进一步让工业建筑再生实践引起全世界建筑同行的关注。

经历这三个阶段的发展并积累了丰富的实践经验后，国外旧工业建筑再生利用的观念和手段已经达到较高水平。并且在再生利用的主观能动性、相关法规制度完善性、改造技术的先进性、改造模式的多样性等方面积累了大量的实践经验。

由于旧工业建筑再生利用的工作开展较早，国外有许多成功改造的案例 [如西雅图煤气厂的旧址改造建设为公园——煤气厂公园（Gas Works Park），图 2.2]。特别是在发达国家，类似的案例不胜枚举，经改造后，旧工业建筑在新的功能下重新焕发生机。国外工业再生利用的典型案例如表 2.1 所示。

（a）外景（一）

（b）外景（二）

图 2.2　美国西雅图煤气厂公园

国外部分工业建筑再生利用案例　　表 2.1

项目名称	改造时间	原建造时间	原建筑用途	国家
旧金山吉拉德里综合商业广场	1962—1964	19 世纪中叶	手工业制造厂区	美国
西雅图煤气厂公园	1974	1906	煤气瓦斯生产	美国
索福克郡斯内普麦芽音乐厅	1965—1967	1894—1896	啤酒厂麦芽车间	英国
波士顿昆西商业综合市场	1976—1978	1824—1826	港口码头仓储中心	美国

续表

项目名称	改造时间	原建造时间	原建筑用途	国家
鱼雷艺术展览中心	1982—1983	1919—1920	军工厂鱼雷生产车间	美国
伦敦新肯迪亚码头员工生活区	1981—1985	19 世纪	原码头仓储中心	英国
北海道函馆湾商业综合区	1988	1880—1910	北海道码头仓储中心	日本
亚琛路德维格国际艺术展览馆	1988—1991	1927—1928	手工制造车间	德国
汉堡媒体商业综合中心	1983—1992	19 世纪末	船舶制造中心	德国
底特律霍普高级技术研发中心	1994	20 世纪 30 年代	汽车组装车间	美国
金马布劳克斯农艺学院活动中心	1993—1995	1762	大型谷物存储中心	比利时
德国埃森艺术设计中心	1994—1997	1932	厂区动力中心	德国
卡尔斯鲁厄艺术及媒体技术中心	1993—1999	1915—1918	军事工业厂区	德国
伦敦泰特现代艺术画廊	1994—2000	1947—1963	水力发电厂区	英国
伦敦园屋艺术展览中心	1998—2004	1847	仓储中心	英国

2.1.2 国内旧工业建筑再生利用的发展历程

我国的旧工业建筑再生利用是从 20 世纪 80 年代才开始起步的，国内工业建筑再生利用的发展经历三个阶段。

第一阶段：国内旧工业建筑的再生利用始于 20 世纪 80 年代。这个时期的旧工业建筑再生利用项目多以简单的、自发的、低水平的改造形式出现的，在改造过程中，甚至有部分旧工业建筑受到一定毁损的情况。

第二阶段：20 世纪 90 年代初到 90 年代中期。这一阶段表现出来的再生利用显得较为盲目和随意，但相较于第一阶段，这一阶段的改造更具活力，形式也更具创造性。如北京市手表二厂改建为双安商场，上海面粉公司的废弃车间改造为莫干山大饭店等。

第三阶段：20 世纪 90 年代中期至今。由于城市土地价值不断上涨，一些企业和开发商对于旧工业建筑仍然会采取以新换旧的态度。但这并未影响大多数人们对于旧工业建筑再生利用的持续性关注。这种持续性关注主要在各种旧工业建筑再生项目上得以实现。国内旧工业建筑的再生利用发展历史如图 2.3 所示。

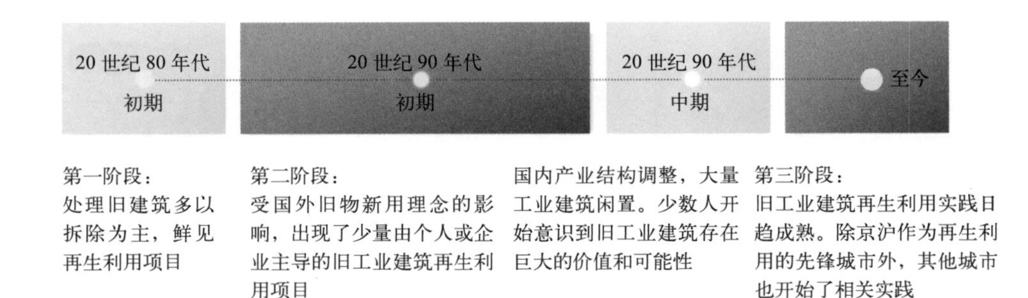

图 2.3 国内旧工业建筑的再生利用发展历史图

2.2　旧工业建筑再生利用的历史契机

2.2.1　旧工业建筑再生利用兴起原因分析

工业建筑产生于第一次工业革命，大跨度、大空间的工业建筑给整个建筑体系注入了新鲜血液；工业建筑发展的高潮始于第二次工业革命，科学技术的变革极大推动了生产工艺的发展，电气化生产、批量生产和流水生产出现在工业企业中，结构和构造形式多样的大型工业建筑涌现出来，工业建筑模式发展到极致；第三次工业革命将社会带入到了新的产业时代，新的产业、工艺致使旧工业建筑被淘汰，进而导致旧工业建筑闲置。20 世纪 60—70 年代以来，西方发达国家的工业经济发展模式由工业时代走向后工业时代，以服务业为主的第三产业在产业结构中的主导地位，导致许多传统的第一、第二产业基地走向衰退。

我国工业产业的发展与发达国家并不同步，清代末年的“洋务运动”掀开中国工业化生产的新篇章，随之而来的是帝国主义瓜分以及工业产业剥削。新中国成立后，在全面接管帝国资本主义留下的工业产业同时，中国工业正式进入自主的发展阶段。在“156 计划”帮助下，我国开始按照苏联模式建设工业企业，而符合中国国情的工业企业也在积极发展。20 世纪 80 年代，改革开放用新的思想、新的模式将我国工业建设推向高潮。20 世纪 90 年代，在各大城市响应“退二进三补公”“腾笼换鸟”等产业结构调整的政策中，我国各大城市中相当多的工业遗产在“拆”与“留”、废弃与再利用之间存在着激烈的争论，而在这种争论的过程中，“拆”与废弃占据了相当大的比例。但是，随着近年来我国总体的快速发展，社会的稳定、历史文化的保存和生态环境的保护受到越来越高的重视，尤其是在党的十八大报告中，已经明确提出大力推进包括建设生态文明型社会在内的“五位一体”发展布局。所以，通过大拆大建利用旧工业厂区土地的建设已经不符合时代的发展要求，而可持续、可循环、绿色节能、有效维系社会稳定的建设模式更符合我国现阶段的政策方针，也更适应社会建设发展的潮流。由此，再生利用项目的开展已成为今后城市旧工业建筑改造的主要趋势。

2.2.2　旧工业建筑再生利用综合效益分析

（1）旧工业建筑再生利用的生态价值

旧工业建筑再生利用的过程是现有资源循环再利用的过程，具有十分可观的生态价值。空置的旧工业建筑、荒废厂房白白占据着城市土地资源，却不能创造相应的价值，拆除旧建筑还需要消耗大量的能源，如拆除建筑的人力资源、运输和处理建筑垃圾的能源等，如果对旧工业建筑进行更新改造，无疑会节约巨大的资源及费用。1976 年，美国历史建筑保护国家信托委员会（National Trust for Historic Preservation）举行的“历史建筑保护经济效益会议”中分析得出的报告指出，再利用较新建通常可节省 1/4 ～ 1/3 费用。20 世纪 80 年代后，英美的统计数据表明，再利用的建筑成本比新建同样规模、标准的建筑总体上可节省 20% ～ 50% 费用，旧工业建筑一旦得到更新再利用，将为生态环境的维护做出可观的贡献。

（2）旧工业建筑再生利用的社会文化价值

旧工业建筑是城市产业发展、空间结构演变、产业建筑发展的历史见证，以及城市风貌的重要景观。旧工业建筑的再生利用不仅保持了实体环境的历史延续性，还保存了地方特定的生活方式。

首先，旧工业建筑再生利用有利于保存城市实体环境的历史延续性。旧工业建筑作为 20 世纪城市发展的重要组成部分，在空间尺度、建筑风格、材料色彩、构造技术等方面记录了工业社会和后工业社会历史的发展演变及社会文化价值取向，反映了工业时代的政治、经济、文化及科学技术情况，是“城市博物馆”关于工业时代的“实物展品”，也是后代人认识历史的重要线索。因此，旧工业建筑再生利用有助于保存城市与建筑环境中的工业时代特征，有助于保持建筑与城市实体环境的历史延续性，增强城市发展的历史厚重感。

其次，旧工业建筑再生利用还有利于保存人们对场所的归属感和对场所文化的认同感。旧工业建筑虽然已不适应新时代的功能要求，但它是一段历史的特殊记录。原有的环境所蕴含和形成的场所文化能够激起人们的回忆与憧憬，其空间能与人产生交流，人们因他们自身所处场所的共同经历而产生认同感和归属感。因此，对旧工业建筑进行恰当的改建和再利用，使之在环境改善、活力恢复的同时维持原有的文化特色，能够保护社会生活方式的多样性，丰富现代城市的社会生活形态，具有很现实的社会文化价值[1]。

（3）旧工业建筑再生利用的经济价值

旧工业建筑潜在的经济价值是再生利用的主要原因之一。西方国家 1987 年的统计数据表明，对旧工业建筑的再生利用比新建同样规模、同样标准的建筑可节约 1/4 ～ 1/2 的费用。旧工业建筑在建造时往往采用当时比较先进的技术，并且材料强度高、结构坚固。对于这些结构坚固、体量巨大的厂房，废弃拆除反而比改造再利用要付出更大且无可收回的经济代价。此外，旧工业建筑往往占据了城市中心地段或滨江地区，地理位置优越，交通便利，其商业价值随地价的飙升日益高涨。旧工业建筑占地大与容积率低的特点使其拥有很好的再开发潜力，如果改造成功，也能获得较高、较快的投资回报。与住宅改造不同，开展旧工业建筑再利用时不用进行拆迁安置，可以快速进行设计和建设。根据改造方案的不同，开发商还可以在一定程度上节省拆除建筑、场地平整等各方面的费用。

第2篇

旧工业建筑再生利用项目剖析

第 3 章　北京市旧工业建筑的再生利用

3.1　北京市旧工业建筑再生利用概况

3.1.1　历史沿革

北京近代工业始于 1879 年，早期发展较为缓慢。由于其消费城市的定位，在近代，北京的工业基础相当薄弱，且遗留下来的工业建筑没有得到良好的保护，导致近代旧工业建筑留存较少。新中国成立后，北京从消费城市转变为生产城市，北京的工业尤其是重工业发展异常迅猛，在钢铁、棉纺、电子等领域处于全国领先水平。20 世纪 80 年代后，随着产业升级和城市发展的再次转型，大量工业企业停产外迁，为旧工业建筑保护与利用的开展提供了契机 [2-3]。北京市工业建筑的发展历程如图 3.1 所示。

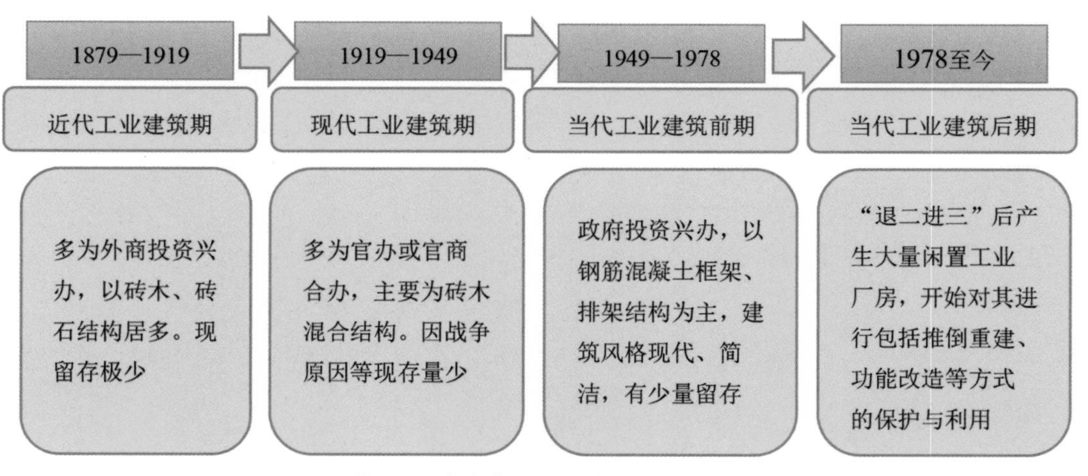

图 3.1　北京市工业建筑的发展历程

改造初期，旧工业建筑更新普遍采用“推倒重建”的方式，导致大量有价值的工业建（构）筑物和设施设备被拆除，造成极大的资源浪费，引起了相关政府部门和专家学者的重视。2006 年开始，北京市对其重点工业区的旧工业建筑现状进行摸底调查和深入研究，并积极探索保护体系及分级管理办法等其他保护途径，逐步形成了一套适合其现状的旧工业建筑再生利用体系。

3.1.2　现状概况

以北京为代表的一线城市，处于全国各大城市旧工业建筑保护与利用工作的前列，政策相对完善[4]。2006年，首届中国工业遗产保护论坛在我国无锡召开，并通过了保护工业遗产的《无锡建议》，拉开了我国保护工业遗产的序幕。自此，北京市开始从保护与利用原则、基本工作方针及鼓励政策等方面对旧工业建筑保护与再利用进行探索，推出的主要政策文件见表3.1。

北京市旧工业建筑再生利用政策文件　　表3.1

生效时间	条文名称	发文字号	发文部门
2007	北京市保护利用工业资源，发展文化创意产业指导意见	京工促发〔2007〕129号	北京市工业促进局、北京市规划委、北京市文物局
2017	北京市人民政府办公厅印发《关于保护利用老旧厂房拓展文化空间的指导意见》的通知	京政办发〔2017〕53号	北京市人民政府
2021	关于引发加强腾退空间和低效楼宇改造利用促进高精尖产业发展的工作方案（试行）	京发改规〔2021〕1号	北京市发展和改革委员会
2021	北京市人民政府关于实施城市更新行动的指导意见	京政发〔2021〕10号	北京市人民政府
2021	关于开展老旧厂房更新改造工作的意见	京规自发〔2021〕139号	北京市规划和自然资源委员会、北京市住房和城乡建设委员会、北京市发展和改革委员会、北京市财政局
2022	关于印发《关于促进本市老旧厂房更新利用的若干措施》的通知	京经信发〔2022〕68号	北京市经济和信息化局

3.1.3　改造策略与模式

（1）改造策略

通过实地调研，总结出北京市旧工业建筑再生利用策略主要分为修复、改建与加建三种方式：①修复原建筑，将外立面重新粉刷，基本恢复了建筑原貌，建筑风格变化较小；②改造原建筑，将原有建筑经过理性设计，局部更新，使内部空间或合并或维持原状；③对原建筑进行加建，例如798艺术区中的尤伦斯当代艺术中心附属商店，在保持原有建筑结构的前提下，在邻近位置新加了几栋附属建筑。

（2）改造模式

目前，通过多年探索和发展，北京老旧厂房再生已走出类似798艺术区的自发聚集、政府提供管理服务的旧模式，形成了三种适应不同园区特点的新模式：①产权方自行改建运营，例如莱锦文化创意产业园；②产权方与专业机构合作模式，例如751D·PARK北京时尚设计广场；③成立项目公司，厂房折股合伙，例如京东方科技公司。而针对首钢老工业区的转型升级，北京则按照顶层设计规划统筹的方针，抓住北京冬奥组委进驻的重要机遇，努力打造奥林匹克运动推动城市发展和老工业区转型的典范。

朝阳区因其老旧厂房资源丰富，成为北京16区中旧工业建筑再生利用上的先行者，已初步探索出工业遗存转型的4种模式：艺术家自发聚集发展、政府提供管理服务的“798模式”；产权方与专业机构联手打造的“751模式”；政府投资建设并运营管理的“朝阳规划艺术馆模式”；在政府引导下，由国有企业组建新的运营团队进行整体改扩建的“莱锦创意产业园模式”。目前，朝阳区已有57家老旧厂房转型升级改造为文创产业特色园区，改造建筑规模281.7万m^2。

3.2 北京市旧工业建筑再生利用项目

3.2.1 北京798艺术区

1）项目概况

798艺术区位于北京朝阳区酒仙桥路2-4号院的798厂大山子艺术区，前身为华北无线电器材联合厂三分厂。该区域西起酒仙桥路，东至京包铁路，北起酒仙桥北路，南至将台路，面积超60万m^2。798厂区的部分建筑采用现浇混凝土拱形结构，为典型的包豪斯风格，在亚洲也较为罕见。随着北京城市化进程的加快，原本属于城郊的大山子地区已成为了城区的一部分。自2002年开始，随着大量艺术家工作室和当代艺术机构陆续进驻，798厂区逐渐发展成为画廊、艺术中心、艺术家工作室、设计公司、时尚店铺、餐饮酒吧等各种空间的聚集区，整个区域也在短短两年内跃升为国内最大且最具国际影响力的艺术区。

2）改造历程

（1）项目历史

798艺术区的发展是一个渐进的过程，大致可分为以下三个阶段[5]（表3.2）。

798艺术区的发展阶段　　表3.2

发展阶段	社会背景	形成机制	规划方案
初步形成阶段（1995—2003年）	产业升级，制造业比例下降，城市化	艺术家自下而上自发聚集	艺术家入驻，进行小规模改造
争议发展阶段（2004—2007年）	创意产业的兴起，工业遗产保护的提出	艺术家自下而上自发聚集	徘徊于拆迁还是保留问题上
蓬勃发展阶段（2008年至今）	创意产业繁荣发展，国家重视文化产业	文创群体自发聚集和政府主导相结合	保留并再生成为文化创意产业园

（2）改造方式

798 艺术区改造时，将原有工业建筑按建造年代划分，只保留 20 世纪 50 年代之前建成的工业厂房（约占厂区总建筑面积的 2/5），对其余建筑实施改造，没有纯粹的新建建筑。建筑改造遵循“修旧如旧”的原则，并分区域做节能改造，响应国家号召，坚持走可持续发展路线。在结构方面，原建筑以砖混结构为主，框架结构较少，通过安全检测后重新进行规划设计，采用加固以及分割夹层等手段，在不改变建筑物原有外貌的基础上，使内部空间得到再次利用。按照相关规定，所有建筑物须每年进行安全检查，仅此项费用每年都要花去十几万元（财政拨款）。在节能方面，园区内采用接市政供热管道集中供暖的方式，空调通风由各商户自行安排。园区内的原有水暖线路有 60% 以上得以继续沿用，出于安全考虑，重新敷设了其中的电力线路。而给水排水则基本采用原有厂区的管道，道路则是在原有基础上加以修缮利用。在用水方面，按照国家标准进行雨水收集，并将废水分级处理，再加以利用。在绿化方面，此项改造以种植草坪为主，原有灌木得以保留，园区绿地率在 30% 以上。为降低能耗，园区原计划采用太阳能发电，但改造过程中，出于对园区艺术环境保护的考虑，该绿色技术并未实施。

（3）发展模式

798 艺术区从最初民间自发形成的集聚区，逐渐发展为由政府和国有企业共同规划、建设与治理的集聚区，其管理体制、运行机制反映了政府引导、企业主导、艺术机构主体参与的发展模式，如图 3.2 所示。

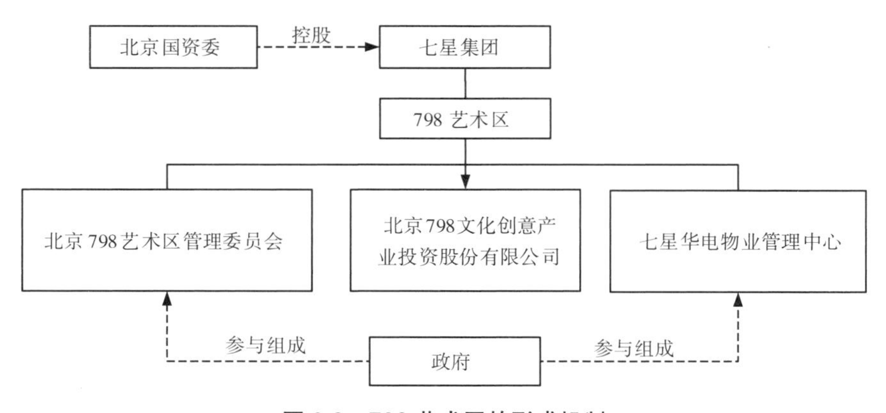

图 3.2　798 艺术区的形成机制

①管理体制

调整后，798 艺术区的管理体制由高级的议事协调机构及其办事机构（即朝阳区委、区政府、七星集团等）组成。“北京 798 艺术区领导小组”下设工作机构“北京 798 艺术区建设管理办公室”，挂靠区委宣传部。该管理体制的科学性在于民主协商、集体决策，借助专家机制提供决策咨询，并筹建艺术区发展促进会，给予艺术家和艺术机构基本支持。

②运行机制

798 艺术区的运行，已由民间主导向以企业（七星集团）为主导转变。具体体现在：政府提供艺术区的市政配套设施，项目实施主体七星集团统筹规划建设艺术区的公共服务平台；七星集团组建北京 798 文化创意产业投资股份有限公司，负责艺术区规划建设项目的运作，以及依托 798 品牌的对外合作；七星集团物业部门提供艺术区的全方位物业管理服务。上述运行机制体现了 798 艺术区是由国有企业业主掌控的集工业与艺术于一体的综合性文化社区。

3）改造效果

798 艺术区中的老厂房建于 20 世纪 50 年代，是典型的现代主义包豪斯风格建筑，如图 3.3 所示。再生后的 798 艺术区内的商家主要经营文化艺术展示及其衍生品销售，对专业人士及普通公众产生了强大吸引力，并对城市文化和生存空间的观念具有前瞻性的影响，如图 3.4 所示。目前，798 艺术区内的入驻率达到 100%，每年仅租金收入就过亿，平均租金为 8.5 元 /m^2，物业管理费为 9 元 /（月 · m^2）。园区周边以写字楼居多，其次是住宅和商业建筑，为 798 艺术区的发展也奠定了很好的群众基础。

图 3.3 798 一角

图 3.4 创意文化涂鸦

然而，再生后的 798 工厂，大多存在保温隔热效果不佳、配套设施不健全等问题，大量商家在其门面房内采用空调供暖的供暖方式。另外，工厂的建筑大多采用的是砖混结构，砌体结构普遍存在抗震性能不足的问题，这些都是后期建筑改造加固需要改善的问题。除此之外，798 还存在以下问题：一是定位偏离，798 艺术区由单纯的艺术区逐渐变成艺术、商业和旅游相结合的综合体，与艺术区建立的初衷渐行渐远；二是商业化色彩过重，随着 798 艺术区名气的提升，大量非专业的艺术机构、传媒设计公司、商铺等以此为契机大举进驻，使艺术区的商业气息日益浓厚；三是房租高昂，798 艺术区的建立与发展得益于早期低廉的房租，然而随着园区规模及名声的提升，租金不断上涨，如今已成为 798 艺术区发展的一大障碍。

3.2.2　751D · PARK 北京时尚设计广场

1）项目概况

751D · PARK 北京时尚设计广场位于北京中关村电子城高新技术产业园区北京正东创意产业园内，占地面积 22 万 m^2。751D · PARK 北京时尚设计广场是在北京正东电子动力集团有限公司（原 751 厂）退出生产的厂房基础上建成的，集团公司下属的煤气厂曾是北京市煤气行业三大气源之一。根据北京市政策产业结构调整的要求，煤气厂于 2003 年退出生产运行，但厂房和机械设备完整妥善地保存了下来。北京正东电子动力集团有限公司利用厂房资源优势，结合北京市政府大力发展文化创意产业的契机，打造了北京时尚设计广场。园区将工业遗存与科技、时尚、艺术、文化相结合，致力于创意设计、产品交易、品牌发布、演艺展示等产业内容的发展，推动以服装服饰设计为引领、涵盖多门类跨界设计领域的时尚设计产业。

2）改造历程

（1）项目背景

2007 年初，中国国际时装周落地 751 厂，同时首批设计师工作室入驻 751 厂，正东集团由此拉开了打造 751D · PARK 北京时尚设计广场、发展文化创意产业的序幕。近年来，围绕工业资源的保护与利用，751 动力广场、火车头广场正式建成；三维交通走廊的建成更好地展现园区特色；改造后的炉区广场彰显了工业文化的特殊魅力；两座 15 万 m^3 煤气储罐如今已是时尚界地标性建筑；重油罐已经成为中韩文化交流中心；利用原煤气厂 5 号炉改造的“传导空间”和脱硫塔改造的“时尚回廊”将建筑、生活美学和艺术空间等观念融入其中，成为独具魅力的时尚生活体验地。751D · PARK 北京时尚设计广场逐渐形成了以动态的展演发布与静态的设计师工作室相结合的产业主形态，集时尚设计、品牌发布、展示交易、时尚生活体验于一体，成为引领首都时尚生活、面向国际化、高端化、产业化、时尚化的创意产业集聚区。

（2）项目规划

751D · PARK 北京时尚设计广场由北京市政府、北京市工业促进局和中国服装设计师协会联合打造，园区内有 10 处景点值得注意，如表 3.3 所示。

751 北京时尚设计广场代表性景点　　表 3.3

名称	景点概况	备注	图片
火车头广场	面积 750m^2，完整保留 20 世纪 70 年代初制造的蒸汽火车头	此蒸汽火车头曾用于运输煤和重油至 751 厂进行煤气生产	

续表

名称	景点概况	备注	图片
煤池子	位于火车头广场旁	煤池老厂变身时尚地标，工业遗产成为创意空间	
动力广场	面积1600m²，地面采用防腐木铺设，四周保留着原生产设备	保留有1台裂解炉、1台冷却器、6台间冷器及纵横交错的管道和高耸的烟囱	
炉区广场	面积6840m²，由751厂原进行煤气生产的4台裂解炉改造而成	形成南广场和北广场，保留了较完整的原炉区工业生产原貌	
空中步道	贯穿751园区，南北总长度约1800m，最宽10m，承重1.5kN/m²	将园区内36个景观连接，在8m高空中形成特色空间	
时尚回廊	建筑面积3400m²	由煤气生产净化装置脱硫塔改建而成	
设计品商店	建成于2017年，旨在打造全新体验式的设计商业空间	经营范围包括咖啡、设计书店、设计沙龙、品牌发布等	
97罐	面积4000m²，直径68m、高9m	极具工业遗迹特色，罐内顶部结构工业设计感强	

续表

名称	景点概况	备注	图片
79 罐	始建于 1979 年，面积 3500m²，有 4 个出入通道	钢铁内壁经特殊处理后，保留着铁锈的颜色，整个空间充满浓厚的工业气息	
7000 罐	直径为 24m，曾在煤气生产线上立下不朽功勋	由于框架结构代表性强，吸引了众多时尚界人士的光顾	

3）改造效果

该项目改造基本沿用原有建筑，保留了当时钢铁制造需要的铁路、火车站、机械等，部分项目仍处于开发中或者待开发的阶段。与 798 相比，751 工厂更多地保留了建筑的原貌，同时也留存其工业文化，例如利用原有的圆柱形大型铁柱作为支撑，改造为玻璃幕墙结构的办公场所。同时，751 工厂的改造也实行划区管理、分区规划，改造也更加规范有序。在工业和信息化部于 2018 年 11 月公布的第二批国家工业遗产名单中，国营 751 厂被认定为工业遗产，文化创意产业集聚区的保护与再利用形式呈现良性发展状态。

3.2.3　莱锦文化创意产业园

1）项目概况

莱锦文化创意产业园位于北京东四环慈云寺桥以东 700m，前身为京棉二厂。1954 年，京棉二厂正式成立，成为新中国成立后第一个采用全套国产设备的大型棉纺织厂。2008 年，京棉集团和国通资产管理有限公司共同组建了北京国棉文化创意发展有限公司，着手将原京棉二厂生产厂房整体改造，更新成高端、国际化、有特色的莱锦文化创意产业园。莱锦文化创意产业园占地面积 13 万 m²，建筑面积近 11 万 m²（其中原有建筑面积为 7 万 m²，新建建筑面积为 4 万 m²）。其再生利用既盘活了存量资源，又拓展了文化发展空间，实现经济、社会效益双丰收的同时，在疏解非首都功能、构建“高精尖”经济结构、推动文化创意产业提质增效、促进京津冀文化产业协同发展、服务首都全国文化中心建设等方面发挥着重要作用。

2）改造历程

（1）项目历史

受工厂生产产生的大量噪声的影响，20 世纪 90 年代开始，大量棉纺织厂陆续搬迁出市区，京棉二厂于 2006 年 5 月开始停产，并采用全员买断的方式安置原厂职工。原来的京棉一厂、三厂都已改变为商业用地，仅二厂得以保留。从筹划到开园，仅三年时间，原京棉二厂就以崭新的面貌展现在世人面前，并迸发出新的生机和活力。秉承北京市“发展文化创意产业保护利用工业资源”的精神，在北京市、朝阳区两级政府领导及有关部门的支持与帮助，以及北京市国有资产经营有限责任公司的领导和决策下，优势互补，共同改造开发现有资源。莱锦文化创意产业园是由北京国棉文化创意发展有限公司运营的高端的、国际化、有特色的文化创意产业园区，其两大股东为北京北奥集团有限责任公司和北京京棉纺织集团有限责任公司。

（2）项目规划

莱锦文化创意产业园的整体规划布局，延续了京棉二厂的传统格局，保留了原有老厂房的结构和空间肌理[6]（图 3.5、图 3.6）。整个园区呈围合式布局，核心区建筑单元呈现均质性，建筑立面形式和开窗方式相同，以白色为主；四周为新建的 16 栋独立退台式综合服务区，建筑高度 5 层，以灰色为主。核心区延续工业风的建筑特点，新建服务区主要运用现代、简约的风格，从空间形态上使整个园区保持了较好的独特性和可识别性。建筑厂区原有道路、管线配置都进行了更新改造。运用先进设计手法，采用结构分割、天然采光等措施，充分保留了老厂房锯齿式屋顶的建筑特色，发挥利用了天窗天光的独特价值，将原京棉二厂的旧厂房再生为独栋花园式低密度工作室，适合文化创意产业要求，让老厂房焕发出新的生命。

图 3.5　莱锦创意产业园大门

图 3.6　园区内道路

为保护原有建筑特色及其历史和文化价值，改造过程中工厂外观基本得以保留，经过简单加固，增加采光和空间分隔。原厂房窗户基本朝北，使进入的光线更为柔和。厂房四周的新建建筑，与旧建筑一起，对比鲜明，错落有致，更突显旧工业建筑的特色。厂区改建过程中，原有管网整体置换，重新安装了包括消防、上下水管线以及电力等系统；保温隔热方面，增加了外墙保温层，使用双层玻璃，屋面板也进行了翻修（原来的屋面板以石棉瓦、稻草为主材，有漏水现象）；对于冷暖的供给，该园区采用中央空调集中供给，出于对采光的考虑，厂房改造过程中拆除了大部分墙体，改设玻璃幕墙，同时增设了外保温和集中空调系统，以提高使用的舒适性。但是，以玻璃幕墙为主的立面系统造成建筑供暖及制冷能源的超额消耗。

（3）运营模式

2009年2月，京棉集团与北京国有资产经营有限公司（以下简称国资公司）共同出资，各持股50%，各注资2500万元，成立了北京国棉文化创意发展有限公司（以下简称国棉公司）。2005年国企改革，国通公司由此成立，参与到了当时北京地区一些不良资产处置和企业重组并购中。通过国通公司的担保，国棉公司得到4亿元贷款，并请专业运营公司负责园招商和物业管理等业务，打造了“莱锦文化创意产业园”，于2011年3月底全面完成改造，同年9月正式开园，运营模式如图3.7所示。

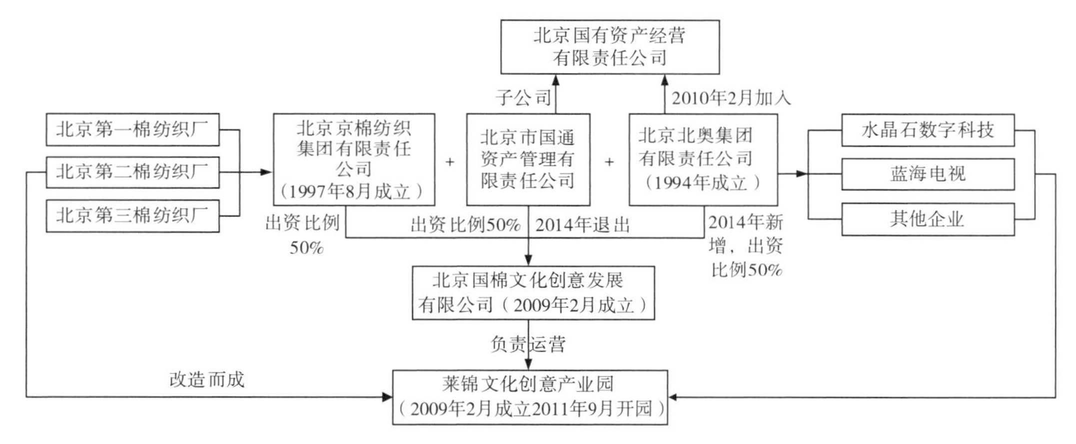

图3.7　莱锦创意产业园运营模式

3）改造效果

项目固定资产投资额5000万元，北京市及朝阳区文创专项扶持资金对此项目给予了大力支持，先后多次给予奖金及贴息支持，缓解了部分资金压力。作为“北京CBD-定福庄传媒产业走廊上的示范园区”及北京市首批“市级文化创意产业示范园区”，莱锦曾得到中央及北京市委领导的考察参观，并在CCTV（中国中央电视台）、BRTV（北京广播电视台）等媒体得到广泛报道。特色园区吸引了大批创意企业入驻，在改造完成前，已实现100%的出租率。同时，为保证给入园企业提供良好的配套服务，引进了银行、会所、中西餐厅等服务机构。园区年产值达200亿元，产业从业人员7000～8000人，其中安置企业改制下岗人员近100人。

同时，莱锦文化创意产业园已形成新的高水平文化创意产业集聚区，发挥着推动文化大发展大繁荣的积极作用，具体体现在以下几个方面：①推进和加快北京市文化创意产业发展与朝阳区国际传媒走廊战略目标的实现；②增加税收、扩大就业、转变经济增长方式、促进区域经济可持续发展；③保护利用、合理开发老工业旧址，保留城市记忆，传承纺织城的优秀历史文化；④稳步解决城市企业转型搬迁遗留问题、实现国有资产的保值增值。

3.3　北京市旧工业建筑再生利用展望

3.3.1　北京市旧工业建筑的再生利用现状分析

一线城市大多采用以保留、保护、修缮、再生为手段的多样化开发模式，实现文化价值与经济价值的共赢。通过对北京市旧工业建筑再生利用项目的实地调研，发现其旧工业建筑再生利用项目较多，从798艺术区到莱锦文化创意产业园，再到新兴的郎园Vintage等，且改造也日趋规范，并呈现以下特点：

（1）近代旧工业建筑遗产相对较少，现代工业建筑遗产较丰富

近代工业建筑先天数量不足加之后天保护不够，导致留存较少。然而，遗存工业建筑具有良好的保护与利用条件：一方面，新中国成立后建设的大型企业大多规模大，有利于发挥规模效应；另一方面，旧工业建筑结构坚固、空间宽阔，是极好的保护与再利用资源。在调研的14个项目中，仅有首钢工业园区始建于1919年，属近代工业建筑，其余均建于1949年之后（图3.8）。

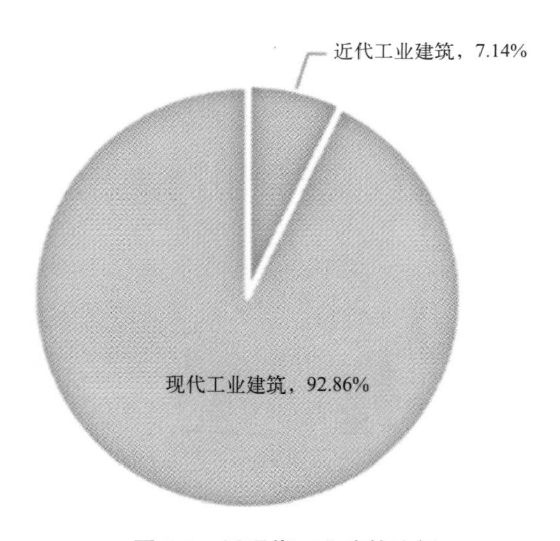

图3.8　近现代工业建筑比例

（2）旧工业建筑再生利用具有良好的基础

随着人们对旧工业建筑所具有的历史文化价值的逐渐重视和节能环保意识的增强，北京的旧工业建筑再生利用案例逐年增多，主要集中在艺术、设计、媒体、科技等行业。

仅北京市朝阳区，就有 30 多个旧工业建筑发展而成的文化创意园区，保护与再生利用工业建筑面积 100 万 m^2 以上，为推动北京市其他区旧工业建筑再生利用的开展提供了一定的参考。

3.3.2 北京市旧工业建筑的再生利用前景分析

在落实首都“四个中心”战略定位，和构建“高精尖”经济结构的大背景下，鼓励通过自主、联营、租赁等方式对老旧厂房等产业空间开展结构加固、绿色低碳改造、科技场景打造及内外部装修等投资改造，实现功能优化、提质增效，进一步释放老旧厂区空间资源，带动区域产业升级。从北京的城市功能定位的角度来看，作为“四个中心”之一的全国文化中心建设正加速推进，利用老旧厂房拓展文化空间，符合首都的发展方向。通过老旧厂房承载文化馆、图书馆、博物馆、美术馆、实体书店、艺术影院、非遗展示中心等公共文化功能，极大提升了城市文化品质。此外，在符合街区功能定位的前提下，鼓励将老旧厂房用于补充公共服务设施、发展高精尖产业，补齐城市功能短板。在符合规范要求、保障安全的基础上，可以经依法批准后合理利用厂房空间进行加层改造。

北京市应继续完善《北京市老旧厂房改造再利用台账》，掌握老旧厂房的具体位置、建筑面积、历史年代、保存现状、权属关系及改造状况等信息，从而建立一套完整的资源信息台账，并进行备案登记。在此基础上，有关部门应向社会公布可利用的旧厂房项目清单和基础数据，开发商可根据自身具体需求，从中寻找最适合的厂房资源开展项目对接合作。同时，北京市各城区应落实老旧厂房改造相关政策，积极探索存量空间“腾笼换鸟”和功能提升，优化旧工业建筑再生利用项目服务环境，吸引更多优质项目入驻。

针对之前存在的对保护利用老旧厂房价值认识不统一、资源底数不清楚、规划引导不清晰、改造利用不规范等问题，北京市已经在逐步制定有针对性和可操作性的专项政策，建立相关部门协调合作机制，政策的落实程度和相关部门的执行力度也在不断提高。北京市在我国旧工业建筑再生利用方面处于领先位置，为我国其他城市旧工业建筑再生利用实践提供了参考。

第 4 章　天津市旧工业建筑的再生利用

4.1　天津市旧工业建筑再生利用概况

4.1.1　历史沿革

天津市位于华北平原东北部，距北京 120 千米，是华北地区的工业中心和中国重要的工业城市。天津工业随着中国近现代工业的发展而发展，天津是中国现代工业和民族工业的发祥地之一。

自天津开放以来，其工业发展经历了四个阶段，包括清朝末期（1860—1910 年）、民国前期（1911—1936 年）、战争年代（1937—1948 年）、新中国成立（1949 年至今）四个时期。晚清时期，李鸿章等人开展洋务运动，在天津成立了天津机械局，建立了现代军工和船舶航运业。中国北方第一个码头、大屯造船厂、塘沽铁路等纷纷在天津建成。民国时期，民族资本产业发展迅速，天津成为中国棉纺行业的重要基地之一。抗日战争时期，由于主要产业被日本人占领，天津的产业一度下降。为了运输战争物资及天津海盐资源，日本人在天津建立了几个化工厂。1949 年新中国成立后，经过初步修复工作，天津已经拥有了一系列大型企业，如天津拖拉机厂和天津钟表厂。从那时起，天津的化工、材料、精密仪器、机械制造和医药等学科和行业，均在全国名列前茅[7]。

从新中国成立到 20 世纪 80 年代，天津的工业发展主要集中在市中心和塘沽地区。从 20 世纪 90 年代末到 21 世纪初，随着城市的扩张和产业结构的调整，在城市规划的总体布局下，占天津市中心城区面积超过 20%的工业用地逐渐开始迁移，产业战略向东移动，工业建设重点逐渐转移到滨海新区，且多以工业园区的形式布局[8]。

在 20 世纪 90 年代中期，工业用地的重新规划导致了大量的传统工业衰败或破产。20 世纪末，中心城区开始进行大规模的城市更新，萧条或倒闭的工业企业逐渐成为影响城市面貌和环境的阻力。同时，走出中心城市的企业在沿海及周边地区定居，迫切需要大量资金进行工厂建设和企业升级[9]。因此，拆除原厂房，获得巨额土地出让金，还是保留原厂房进行再利用，成为当时急需解决的问题。由于对工业建筑价值的认识不到位，不少有价值的工业厂房在这一时期被拆除，一定程度上稀释了城市中的工业文化。目前，随着政府的重视程度和民间关注程度的增加，旧工业建筑再生利用逐步发展，为城市的可持续发展做出了贡献。

4.1.2 现状概况

2006 年 7 月 2 日，在天津市政协与文史资料委员会、天津文化遗产保护中心和天津博物馆的大力支持下，天津师范大学历史文化学院组织了天津工业遗产调查。调查发现，具有较高历史价值的工业遗产多集中在河北区及相邻区域，由于对其价值认识不到位，其中一些有价值的工业遗产已被拆除，如三条石大街被用于房地产开发，除棉三纺织厂外其余棉纺织厂均被拆除。还有不少工业遗产也面临着拆迁的命运，仅有少数仍延续其工业生产功能，从而被继续使用。而旧工业建筑再生利用项目则十分少见。

2011 年 5 月，天津市近现代工业遗产普查正式开始。此次普查由天津市规划局主办，主要参与者包括天津大学建筑学院和天津市城市规划设计研究院。该调查包括天津市区和郊区县范围内的所有工业遗产。普查工作至 2011 年 12 月基本结束。结果显示，天津现代工业建筑很少，保留的旧工业区范围也很小。除天津船厂（原北洋水师大沽船坞），天津碱厂（原永利碱厂），天津化工厂（原日商东洋化学工业株式会社汉沽工厂）外，几乎没有保留整体模式和工艺流程的老工业区。上述三家工厂位于塘沽区，避免了原天津市中心城区的大规模拆除和建设[10]。

目前天津已完成的旧工业建筑再生利用项目基本上是单体建筑物或规模较小厂区的改造和再利用。艺术院校或具备艺术专业的高校周边、文化气息浓厚的历史区周边、休闲景观区周边等区域还未大范围纳入到开展旧工业建筑再利用的优势地段之中。

近年来，面对众多旧工业建筑，天津市政府已意识到再生利用在城市更新中的重要性，以及其巨大的价值潜力，并给予了一定的重视和保护。但由于政府相关规划和认定体系的欠缺，以建设为目的的破坏也时有发生。

4.1.3 再生策略与模式

天津作为中国北方最具代表性的典型工业城市，在工业遗产的保护与利用问题上也经历了一个曲折的过程。从最初的意识缺乏，到自下而上的“偶然保护”，从政府引导、企业合作，到企业自发、积极谋求保护与再利用的发展模式。目前，天津市关于工业遗产的保护政策如下：

（1）普查与筛选

从 2011 年开始，结合第三次文物普查，天津市选取 131 处工业遗存进行普查，包括厂区建筑物、构筑物等，进行最全面、翔实的调查记录，建立“一厂一册”的普查图册。在建立普查图册之后，天津市制定了一套工业遗产认定的标准。认定标准针对是否是工业遗产以及工业遗产的重要程度等问题，设置了一系列影响因子，包括历史、技术、建筑、景观、社会、经济等方面。根据这个评定标准，对每处工业遗产都展开认定和甄别。通过对第三次文物普查筛选出的 131 处工业遗存进行详细的实地踏勘，最终确定包含 99 处工业遗产的名单。

（2）规划原则

规划过程中主要遵循四个原则，即整体性原则、原真性原则、协调性原则和多元性原则。整体性原则指保护工业遗产的建（构）筑物、景观元素、工艺流程等物质与非物质遗产的完整性。原真性原则指尊重历史真实性，突出工业遗产的工业风貌与特色。协调性原则指保护与利用从城市功能定位和空间布局出发，结合时代要求合理更新改造，为产业结构调整和经济转型搭建平台。多元性原则指挖掘工业遗产保护与利用的多种可行模式，增强工业遗产保护与利用工作的可操作性。

（3）规划思路

在对工业遗产名录、调研资料汇编的基础上，进行分类和分级保护。

分类保护：通过对第三次文物普查中的131处工业遗存进行筛选，确定了99处工业遗产，对这99处工业遗产进行调研资料汇编。按照与工业生产关系的紧密程度，把工业遗产的保护类别分成两类：一类是38处与工业生产直接相关的工业遗产，另一类是61处与工业生产间接相关的工业遗产。

分级保护：依据工业遗产的价值、重要性等，把与工业生产直接相关的38处工业遗产分成三个保护级别，并对每一级都提出了保护的内容和要求。一级工业遗产指国家级、市级、区级的工业遗产文物保护单位，和受市重点保护的历史风貌建筑；二级工业遗产指认定价值较高，能体现特色的工业遗产，包括没有列入文物保护单位的不可移动文物和一般保护等级的历史风貌建筑；三级指一般的工业遗产。

（4）保护内容

从整体层面、个体层面和特征层面，对工业遗产进行保护，并提出具有针对性的保护要求与利用建议。整体层面的主要工作是建设协调区，不仅包括厂区和重点建筑，而且对周边地区也要进行保护，并提出具体要求。个体层面的主要工作是保护建筑，建筑本身又分为重点保护建筑和特色保护建筑，重点保护建筑包括文保单位、历史风貌建筑和其他重点保护建筑。在特征层面，保护元素有构筑物、水塔、辅助生产设施、绿化景观、机器设备等，对于每一类都有具体的保护内容。

（5）规划成果和管理

工业遗产保护与利用规划成果分为两个方面：一是制定保护的图则，针对每一处遗产点，结合保护体系，通过研究厂区历史及建筑价值，划定建设协调区、重点保护建筑、特色保护建筑、保护元素等内容，明确相应的保护要求，制定保护图则。二是提出利用方案与策划示例，通过分析工业遗产周边的区位情况和发展条件，提出整体的利用方案与策划示例，并结合保护内容，提出深化保护建筑的利用建议与建筑更新示例。

天津市工业遗产保护与利用规划的管理，主要有三方面的内容。首先，通过开展天津市工业遗产保护利用与规划管理研究工作，明确天津工业遗产管理体系：认定管理、

规划编制管理、实施管理。总体的管理思路主要是界定管理主体、明确管理内容和对实施保障措施进行研究。其次，建立由规划、建设、国土、工信、国资、文物和宣传等部门组成的全市工业遗产保护与利用工作协调领导小组，形成多部门联动协调工作机制。最后，结合天津市保护性建筑普查工作，着手将工业遗产纳入全市保护性建筑，并统一挂牌。

4.2　天津市旧工业建筑再生利用项目

4.2.1　天津意库创意产业园

（1）项目概况

天津意库创意产业园（原天津外贸地毯厂），由天津市虹桥区政府设立，天津建元房地产开发有限公司投资，于 2007 年 9 月正式开业，是天津市第一个由工业建筑改造而成的创意产业园区。园区总面积 30000m^2，建筑面积 25000m^2，保留了 20 世纪 50 年代至 90 年代的 16 栋不同风格的建筑。园区将文化与科技的结合作为创意产业发展的方向，以此为契机，形成以文化为内容，以技术为载体，以创新为核心的创意产业发展模式。重点发展以城市空间设计为主导的产业链。园区内景观如图 4.1、图 4.2 所示。

同济大学建筑设计研究院完成了整个园区的规划和部分厂房改造设计。在规划中，充分利用外贸地毯六厂原有的历史建筑，兼顾公共建筑、住宅、商业、办公、休闲娱乐等功能，在旧厂房的基础上进行艺术设计和外观改造，在保留旧建筑的历史特色和结构的同时，又注入了新的工业元素。

图 4.1　意库创意产业园入口

图 4.2　改造后的厂房

（2）改造历程

改造中，原厂区建筑布局得以延续，考虑到不同建筑年代、建筑形态、结构类型旧厂房之间的差异，将20世纪50年代坡顶砖木结构旧厂房作为重点对象，并采用多种手段进行改造（图4.3）。

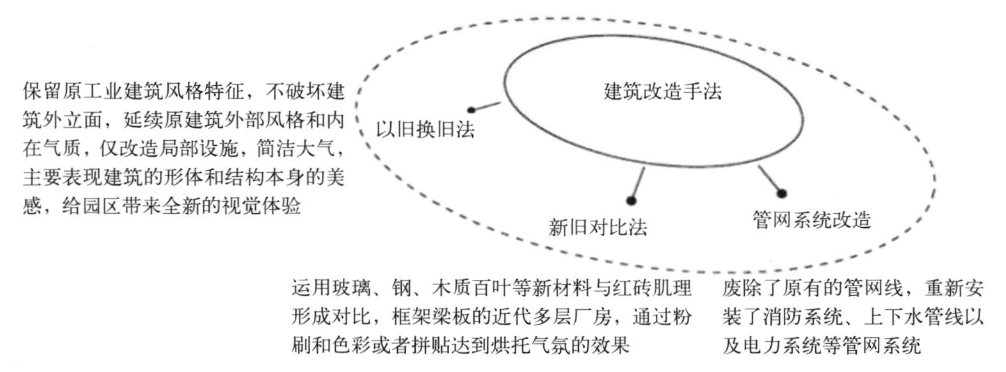

图4.3　天津意库创意产业园改造手法

作为天津首家通过工业建筑改造而成的创意产业园，意库从开始着手改造时就受到政府部门的密切关注，改造完成后主要定位于三个方面的长足发展：一是着力于中小企业服务；二是致力于创意产业发展；三是发力于青年创业开拓。自开园以来，通过多样的创意活动增加了周边的文化氛围。同时，天津市大学生创意中心在意库的成立，为天津市大学生从事创意产业提供创业平台。此外，意库通过积极联系各高校大学生就业创业指导中心，为大学生提供创业启动资金，并承办全市各高校开展的大学生创意作品大赛及创业设计大赛。园区还依托天津的教育优势，与天津城建大学等院校签订产学研共建协议。并与天津各大培训学校共同培养创意人才，建立人才培养基地，为创意产业园提供人才和智力支持[11]。

4.2.2　“6号院”创意产业园

1）项目概况

“6号院”的前身是英国怡和洋行天津分行仓库，因位于天津市和平区台儿庄路6号而得名。始建于19世纪60年代，由五座英格兰风格的建筑构成，建筑面积超1万m^2，东临海河，交通方便，为其商贸进出口创造了条件。

“6号院”周边多为昔日的外国侨民、富商公寓，银行和高级宾馆等各式欧陆风格建筑，是中西结合的海派商业文化的代表。浓厚的文化氛围使这里成为历史上政治、经济、文化活动频繁的地区。“6号院”本身就是具有90多年历史的英式风貌建筑，具有观光及历史研究价值，廉价的房租和周围浓厚的艺术氛围是最早入驻的艺术家与“6号院”结缘的原因。

“6号院”创意产业园聚集高端创意企业和人才。天津最大的当代艺术经营机构汇泰艺术中心、专门经营欧洲油画的北京列宾画廊、以经营高档油画艺术品及衍生品的丙天锐意画廊、国内第一家私人彩陶博物馆三品堂、国内第一家铂金摄影艺术馆、国内最先进的四维影视基地已落户园区。园区积极促进各种展览和文化交流活动，为文化创新开拓思路。“6 号院”院内景观如图 4.4、图 4.5 所示。

图 4.4 “6 号院”艺术馆

图 4.5 “6 号院”画廊内部

2）改造历程

“6 号院”体量较小，总共三层，其首层层高能达到 7m 左右，其他楼层是层高在 3m 左右的纯欧式建筑。按照园区规划，主要分为三部分：艺术家工作室、画廊数量约占建筑面积的 60%，建筑设计、广告设计公司和工作室约占 20%，咖啡厅、西餐厅等公共休闲空间约占 20%。“6 号院”的老厂房质量较好，经历过唐山大地震后，园区请专业人员进行了检测，结果显示结构完好无损。因此，“6 号院”只是将其内部空间根据入驻企业的需求进行分隔，主体结构没有进行改造，仅做了屋面防水处理并更换了管网、线路。沿用旧仓库完整的建筑布局和交通体系，入口一侧以“6 号院”园区标志装饰，采用钢和玻璃的新表皮对曾经由于道路拓宽而拆除的部分结构进行“缝补”。“6 号院”内增加了玻璃观光电梯作为垂直辅助交通，并形成了新与旧的对比关系，活跃空间气氛。原计划外檐采用水泥柱面配以清水砖墙，在楼顶重新加盖半圆弧形女儿墙，最大限度地恢复初建时的英式建筑风格[12]（图 4.6）。

原建筑结构一部分为八棱形钢筋混凝土柱无梁楼盖结构体系，一部分为美国松木过梁支撑的木质楼板，是这座百年建筑的特色，也成为改造再利用中凸显的建筑元素（图 4.7）。依据建筑结构承载力良好的现状以及海河沿岸景观优势，改建过程设置屋顶休闲景观平台，并将顶层楼板加厚，做保温隔热处理，保证了顶层用户的正常使用。“6 号院”五栋建筑由高大的楼梯间联系，组成近似 U 形的围合布局，开敞一侧为入口，上方由一组横向楼梯连通南侧的外廊，达到联系南北两侧建筑的目的，形成立体的多层次的共享空间，给入驻的画廊、艺术工作室等各类创意产业的艺术融合与交流提供了平台，也利于咖啡吧、餐饮店等服务业的加入。

图 4.6　园区保留的玻璃窗

图 4.7　园区保留的楼盖

3）改造效果

（1）外部资源优势充分

6 号院创意园区位于天津市的核心城区——和平区，是天津市的金融和商贸中心，以历史底蕴深厚、文化教育发达而闻名，与天津其他城区相比拥有发展文化创意产业的资源及地缘优势。依托于和平区良好的环境资源，总的来说，6 号院外部资源的软、硬环境先天优势较天津市其他园区要大，这也是目前该园区发展态势相对较好的重要原因。但是由于管理规划不成熟、专业人才缺乏、地理空间有限和文化市场不活跃等缺陷，6 号院的文化资源并未得到充分开发利用，很多优势项目和企业并未形成市场规模和影响力[13]。

（2）建设和发展成效显著

在园区发展的前几年，由于政府鼓励大力发展文化创意产业，6 号院作为首批园区受到了政府和媒体的高度重视。依托大环境下的政策优势和自身良好的资源优势，6 号院发展迅猛，取得一定的社会认可。园区及企业所获奖项价值含量高，获得了“天津动漫人才实训基地”“2008 年中国最具投资价值创意基地”“2009 年中国最佳创意产业园”等称号，媒体关注度较高。但是随着园区进一步发展，政策高地优势减弱、园区规模较小、管理服务经验不足等问题，导致游客接待量变少，品牌认知度较低，并未形成长效影响。

4.2.3　天津 1946 创意产业园

（1）项目概况

1946 创意产业园（原天津纺织机械厂），始建于 1946 年，占地面积 138 亩，厂房面积 6.1 万 m^2，园区项目筹建于 2010 年 3 月，规划占地面积 10 万余 m^2。园区位于天津市主城区的黄金地段，周边交通线四通八达，交通网络纵横交织，对开展项目具有不可复制的区位优势。入驻业态包含建筑艺术、餐饮、博物馆、旅游、电影、体育等产业，并在园区内部配备了集休闲、旅游、餐饮、医疗为一体的配套服务设施。园区与包括五星级酒店在内的银行、大型超市等服务行业相毗邻，为园区商户的生活提供了极大的便利，如图 4.8、图 4.9 所示。

图 4.8　园区景观

图 4.9　改造后的建筑外立面

目前，产业园区正逐渐形成一个多种服务功能正向叠加的平台，通过集聚效应形成核心产业竞争力与创新能力，合理配置资源，实现效益最大化。园区将文化展示和休闲娱乐巧妙地融合在一起，形成独特的街区式景观带。

（2）改造历程

2011 年 4 月 28 日，一期改造工程开始动工，从选址到投入运营仅仅用了 85 天的时间。按照“政府主导、企业主体、市场化运营”的开发策略，以电子商务为基础模式，以“低碳产品和技术展示交易”为切入点，建成低碳产品、技术与服务研发基地。一期工程加固、改造原有厂房的主体结构，并对内部空间进行分割，并装修厂房内外，重新铺设园区所需的管网和电路，同时新建创意产业园内入驻企业所需的交易展示区。

改扩建后园区占地面积近 9.3 万 m^2，总建筑面积 10 万 m^2，划分为综合资讯区、商务认证区、交易服务区和产业示范区四大区域，拥有 23 栋不同类型建筑。为了达到低碳产业集聚的目标定位，园区自身的改造非常注重低碳环保。改造中，园区采用了大量的节能控制措施，新建保温外墙、新技术窗体遮阳、可控开窗面积、隔热铝合金型材，中空 Low-E 玻璃、智能楼宇等几十种既先进、又具推广价值的建筑节能技术和产品嵌入到产品建筑体，使每栋建筑既是节能屋，又是展示厅。同时，园区利用了更多的清洁能源，提高能效比，示范性应用地缘热泵中央空调系统、太阳能集中供热系统、热交换新风系统、风光互补路灯、屋面雨水收集系统、无水小便斗、室外自渗透型停车位地面等环保科技手段，推进节能环保。经测算，一期改造成本仅为拆除成本的36.4%，而且大力推广了绿色能源产业和绿色科技的应用，使得改造后的园区真正成为了低碳环保示范园区，低碳创意产业取代了传统的仓储和加工业，产业结构、从业人员、产值税收的层级均得到提升。

（3）改造效果

历经改造，本身建筑年龄36.2年的23栋建筑的使用寿命被延长至40年，达到了商业地产的年限标准。而1946创意产业园一期改造成本仅为拆除成本的36.4%，同时地处交通便利地带，租用率达到100%，具有显著的经济价值。

同时，1946创意产业园是天津首个采用“一站式”服务的园区，其下属的扶持中心是园区内中小企业提供全方位、多层次服务的重要载体。扶持中心积极探索具有园区特色的科技创业服务体系建设，以中小企业服务为重点，紧紧围绕中小企业发展的需求，在企业投融资、领军人才服务、产学研合作、科技服务资源整合等方面开拓创新。扶持中心提供资金、法律事务咨询、工商咨询、政府项目申报协助、商户培训等五大服务项目。完善的服务政策为1946创意产业园带来了巨大的社会价值，可供同类项目借鉴。

4.2.4 棉3创意街区

（1）项目概况

图4.10 棉3创意街区正门

棉3创意街区（图4.10）原为天津第三棉纺织厂，始建于1921年，由宝成、裕大纱厂合并而来，主要生产纱锭和棉布，曾被命名为天津宝成裕大纱厂。该企业不仅是中国棉纺织业的代表，也是中国第一个实行八小时工作制的企业，开创了中国近代工业文明的新纪元。20世纪30年代，日本侵占天津，该厂逐渐转为日资企业。新中国成立后，该厂于1950年更名为天津第三棉纺织厂。天津原有六大棉纺厂，其余五厂目前已全部拆除。该企业并未像其他国有企业那样拆除老厂房进行房地产开发，而是保留老厂房，与土地更新结合，积极寻求合作方，希望能够盘活这些极具价值的老厂房，实现保护文脉与城市发展的双赢[14]。在政府的规划下，2012年，棉纺三厂开始进行整体的规划设计，决定将厂区内的一部分土地进行整理，用作现代服务业和公寓住宅的开发，其资金收益将用于厂区工业建筑未来的改造更新。改造后的棉3创意街区项目占地160亩，建筑面积23万m^2，整体分成两期开发建设，其中一期为临河新建的城市综合体，占地60亩，规划建筑面积10.3万m^2，集商业、办公、酒店、酒店式公寓及住宅于一体，配套设施完善，综合效益明显；二期为老厂房提升改

造部分，占地 100 亩，规划建筑面积 6.1 万 m^2，采用了大量的现代先进施工工艺，保留原有建筑风貌的同时赋予其全新的使用功能，并通过大量节能环保技术的应用，满足了现代办公和商业活动的需求。如图 4.11、图 4.12 所示。

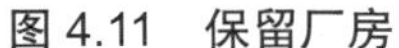
图 4.11　保留厂房

图 4.12　改建项目

（2）改造历程

第三棉纺织厂旧址的改造，在完好继承其历史文化底蕴的同时赋予其新的时代意义，让棉 3 创意街区保留了具有历史价值的工业厂房和德式建筑风格，改造中，原先那些厚重的砖墙、林立的管道、斑驳的地面被保留下来，使整个空间充满了工业时代的沧桑韵味。同时植入了文化创意元素，更为注重建筑的艺术性与实用性的兼容。

棉 3 创意街区坚持绿色环保理念，采用例如太阳能光伏发电、地热供暖等多项绿色节能技术。在修旧如旧、复原历史风貌的同时，也焕发出清新活力，呈现历久弥新的城市风韵，成为国内绿色节能建筑的典范，为文化创意产业发展搭建平台，促进国内外文化合作交流，有力地带动区域经济发展。

棉 3 创意街区的改造过程尝试了很多工作方法和设计方式，总结起来可分前期分析创新、工作方式创新和设计内容创新三个方面。在前期分析创新上采用创新的建筑身份证系统和创新的建筑价值评估体系；在工作方式创新上采用财务平衡前置、运营前置并与土地政策紧密结合的设计方式；在设计内容创新上采用创新的建筑材料再利用（图 4.13）和创新的建（构）筑物再利用（图 4.14）两种方式 [15]。

（3）改造效果

棉 3 创意街区在前期设计过程中，不仅在建立建筑身份证系统的基础上通过建筑价值评估体系对每栋建筑进行信息采集，还在规划设计之初就结合后期运营团队的要求，确保空间设计利于实际的使用和租赁。

开发之初，棉 3 创意街区不仅仅定位为创意产业园，还结合其地理位置将少部分保护价值低的建筑拆除后建造成现代服务业和公寓住宅，既聚拢了人气，又将其资金收益用于工业建筑的二期改造。通过保留利用拆迁范围内的原有建筑材料，棉 3 创意街区实现了原工业材质、工业元素与新建建筑的自然融合，不仅最大限度地还原了老厂区的工业味道，也友好地体现了现代化的城市景观。

图 4.13　园区景观

图 4.14　园区保留的烟囱

4.2.5　华津 3526 创意产业园

（1）项目概况

华津 3526 创意产业园原为隶属于解放军后勤部唯一一家军工制药企业（解放军 3526 工厂），改制后更名为华津制药厂。华津 3526 创意产业园位于天津市河北区水产前街 28 号，占地面积将近 80 亩，建筑面积 31000 余 m^2，园区内众多建于 20 世纪 50—60 年代老建筑保存完好，建筑风格各异，有丰富的文化、艺术元素。随着城市的扩建，原来处于郊区的厂区已经被城市所包围，生产时产生的粉尘、噪声、废气等大大污染了城市环境，加上 2002 年天津被确立为 2008 年北京奥运会的协办城市等原因，天津市政府决定将该厂迁至天津市滨海开发区。

天津市科学技术委员会、河北区政府共同出资 1400 万元，在华津 3526 创意产业园搭建工业设计技术服务平台。将轧钢三厂厂部地块一并予以规划控制，规划用地调整为工业用地，容积率 2.0，用地面积扩大到 $8hm^2$，规划建筑面积 16 万 m^2。其产权单位天津华津制药厂，此制药厂始建于 1938 年，是一家拥有 60 多年历史的综合性制药企业，为中国最早的现代化制药企业之一。园区运营单位分别为天津华津制药有限公司和河北新闻中心。园区的基本定位为以工业研发设计和文化创意产业为主的专业化园区，是一个偏商务型的创意产业园区，主导产业功能为文化创意（动漫、网络、美术、影视等）、工

业设计、产品研发、人才培训等。华津 3526 创意产业园属于河北区“提升老园区”的范畴，是河北区园区建设的重点项目之一。

（2）改造历程

华津 3526 创意产业园于 2005—2006 年开始着手改造。除两栋小楼是 20 世纪 40 年代所建外，其余厂房均为 20 世纪 70—80 年代所建，大多比较新。经过专业检测鉴定机构的检测，发现老厂房结构可靠，管线经修理后可继续使用。厂房的改造主要为在不影响结构安全的基础上进行分割、增加和装修。

改建方式主要以外部扩建为主，内部进行水平和垂直分隔。厂房内部空间大且结构坚硬，为满足新功能的要求，对厂房按要求进行分隔。在保留原有厂房建筑结构的基础上，外部进行水平方向的外接和竖直方向的增层，并采用合理的方案使新旧结构成为统一的整体，如图 4.15 所示。

厂房外立面改造力度不大，主要以刷涂料为主。坚持“修旧如旧”和“新旧统一”的原则，厂房外立面进行彩色涂抹以增加园区的活跃气氛，在不破坏历史风貌和美学价值的前提下，增加人们对环境的认同感，同时为创意工作者提供良好的氛围和灵感。

根据园区新功能和整体规划重新合理规划道路和交通线路，将原厂房的原设备构件做成景观小品在园区展示，使园区在保留厂区历史感的同时增加美感和艺术感（图 4.16）。

图 4.15　厂房外部扩建

图 4.16　园区的景观小品

（3）改造效果

区政府为保留企业的历史底蕴，同时为了增加河北区的税收，决定将老厂区改造成创意产业园，将效益留在本区，改造后产权仍然归 3526 厂所有。这一举措保证了华津 3526 创意产业园为区域的经济贡献。

3526 厂职工最多时有 1000 多人，随着企业搬迁，企业内部减员增效。新厂区建成后，愿去新厂区上班的职工每天都有班车接送，对于不愿接受现状的职工，厂方将其工龄直接买断，实行了提前退休的政策。同时园区除了五类企业（餐饮业、洗浴业、养老院、有噪声企业、有污染企业）外，允许其他各类企业入驻，在带动区域相关行业的发展的同时，给周边居民提供了更多的就业机会。

4.3　天津市旧工业建筑再生利用展望

4.3.1　天津市旧工业建筑再生利用现状分析

天津市旧工业建筑再生利用项目发展较北京、上海、杭州等地起步晚，虽然近年来随着政府对老厂房价值的认识显著提升，并给予了一定程度的保护，出现了一些典型的再生利用项目，但仍存在以下问题：

（1）无系统规划，缺乏认识。除早期对旧工业建筑价值认识不充分导致大量有历史文化价值的老厂房被拆除外，目前旧工业建筑再生利用主要重视建筑外立面的装饰，对后期运营和经济收益的核算几乎没有，造成园区经营惨淡最终无法维持的情况。因此，为追求旧工业建筑再生利用的文化价值、生态价值、经济价值等综合价值的最大化。在老厂房改造前期，建筑设计、结构设计甚至运营管理团队应尽早参与进来，结合当前政策及相关规定，对旧工业建筑的状况进行充分分析，开发商也应统一认识，并统筹规划和管理。

（2）再生模式单一，缺乏创新性。再生模式选择对于旧工业建筑再生利用项目是否成功极为重要，应结合地区特色，周边环境、原厂房的历史等因素因地制宜地确定，盲目地模仿成功项目的再生模式并不可行。北京798艺术区的成功使得很多城市的旧工业建筑改造成文化创意产业园，天津目前的旧工业建筑再生模式同样如此。但是，天津文化创意产业以及艺术氛围较北京相差很多，“自下而上”的改造方式也不适用于其文化创意产业发展。调研发现，已改造成文化创意产业园的项目运营收入并不理想。因此，应结合天津地域特征和建筑文化特色选择旧工业建筑再生模式。

（3）文化内涵体现不足，缺乏原真性。旧工业建筑本身所具有历史价值、文化价值以及美学价值，老厂也承载了一代人的回忆。因此在改造时应尽可能的保留原厂风貌，充分利用拆除的材料或设备。改造时也应采用修旧如旧或新旧结合，避免一味迎合现代化的建筑效果，忽略了对文化的展示，应使旧工业建筑再生项目具有历史底蕴和原真性。

4.3.2　天津市旧工业建筑再生利用前景展望

天津有“百年中国看天津”的美称，天津市旧工业建筑再生利用的发展整体上看是乐观的。本节根据天津市旧工业建筑分布的特点和建筑的特色，对天津市旧工业建筑再生利用提出以下思考：

随着旧工业建筑再生利用的发展，为展示城市整体工业遗产风貌，体现城市特色，大片区的工业建筑群亟待改造以实现由点及面的不断发展。天津市滨海新区在天津工业发展史上具有重要地位，随着产业的不断升级和人口的不断积累，滨海新区面临着大规模的老旧城区的改造更新，这是挑战更是机遇。滨海新区的大量工业建筑在海河两岸，与水运之间有密切关系，对此片区的工业建筑再生利用进行整体规划系统设计，将成为展示天津市工业历史与文化的窗口。同时，对实施主体单一、连片实施、改造需求较大的区域，整体更新区域内老旧厂房等各类产业空间以及道路、绿化等基础设施，构成若干区域化、功能性突出的产业园区更新组团，可加快形成具有整体连片效果和较强示范带动作用的项目。

旧工业建筑再生利用的功能定位应与城市更新目标相适应，并进行全盘统筹与系统管理。在政府的引导下，政府、开发单位、产权单位与公众之间紧密合作，加强沟通协商，寻找适宜的合作模式，共同推进旧工业建筑改造工作。同时，政府应完善旧工业建筑再生利用的相关政策及实施细则，重视和支持旧工业建筑再生利用相关工作。

第 5 章　上海市旧工业建筑的再生利用

5.1　上海市旧工业建筑再生利用概况

5.1.1　历史沿革

上海市作为中国四大直辖市之一，是我国经济、科技、工业、金融、贸易、会展和航运中心。新中国成立前上海市的工厂不论是数量还是产值均占全国的 1/2 左右。新中国成立初期上海中心城区的仓栈就达 204 万 m^2。20 世纪 30 年代，上海工业建筑在北部的杨树浦地区、苏州河两岸、原南市区（现黄浦区）、肇嘉浜沿线和吴淞口这几个区域集中。这批工业建筑大多建造于 19 世纪末到 20 世纪前期，它们也为上海新型工商业城市的地位奠定了基础。

上海市旧工业建筑的保护与利用开展较早。1989 年，杨树浦电厂被颁布为第一批上海市优秀历史建筑后，逐步改造为上海自来水展示馆，于 2003 年正式开馆。1993 年，包括上海造币厂等 10 余处闲置工业建筑被确立为第二批优秀历史建筑，为上海市典型的旧工业建筑的保护与利用项目的启动埋下了有利伏笔。2003 年下半年，上海华轻投资有限公司等公司投资，将上海汽车制动器厂的老厂房改造为“8 号桥”时尚创意中心，成为上海最早由工业老厂房整体改建的创意产业园。红坊国际文化艺术社区、花园坊节能环保产业园紧随其后开展动工改造。2010 年上海世博会召开之际，以其建设用地 5.28km^2 的范围内 50 万 m^2、70 余栋房屋的旧厂房改造项目，掀起了旧工业建筑的保护与利用的新高潮。截至 2017 年 4 月，上海市已有 96 个项目 [15]、约 629hm^2 存量工业用地纳入盘活转型计划。

5.1.2　现状概况

上海市目前存在大量旧工业建筑保护与利用项目，截至 2018 年 2 月，上海市工业遗产建筑就有 300 多处。上海市对上百处闲置工业建筑进行了保护与利用的改造工程，改造功能较为灵活。改造时，具有区位优势及历史价值的建筑，普遍得到了较好的保护与修缮，在其工业风格鲜明的特色下，具有颇佳的经济及社会效益。除此之外，存在大量闲置工业建筑，只是经过简单加固修葺，直接作为商品批发或仓库使用，未能发挥建筑特色，往往依靠低廉的租金吸引租客。对于那些交通不便、区位优势较差的改造项目，其经济效益亦不容乐观，需要进一步发掘建筑特点，依靠其特色优势吸引商户及消费者。

受到旧工业建筑保护与利用理念的影响，上海市结合区位因素、经济发展等一系列条件，产生了以“创意地产”为主的旧工业建筑再生利用模式。创意地产是以新型商业地产为核心，主推创意商铺、创意办公楼、创意园区，辅以创意住宅的一种将房地产业和创意产业融合起来的一种交叉产业。区域经济水平和服务水平对上海市的创意地产发展影响较大。大多数挂牌创意地产项目处于内环，呈现为“两带三区”的分布态势[16]。

5.1.3　再生策略与模式

上海作为沿海城市，受国外成功旧工业建筑保护与利用案例的影响较大，旧工业建筑的保护与利用起步较早，对旧工业建筑的文化与社会价值认识较深。为了保护优秀历史建筑，上海市从 20 世纪 80 年代起就已正式开展对旧工业建筑的保护与利用工作，早在 1989 年公布的上海第一批优秀历史建筑中，就有 2 处工业建筑上榜（杨树浦水厂及上海邮政总局）；1993 年有 12 处工业建筑上榜第二批优秀历史建筑名单；1999 年，第三批优秀历史建筑中，旧工业建筑增至 16 处；2004 年又新增 14 处[17]；之后不断新增优秀历史建筑，截至 2018 年 2 月，已被统计的旧工业建筑增至 300 余处。

随着城市的发展与可持续发展政策的深入，公众对旧工业建筑保护与利用的意识也与日俱增。在 2003 年发布的《上海市城市总体规划（1999—2020 年）》中明确指出了中心城区风貌保护的基本方针，要求对中心城旧区中总面积约 80 平方公里范围内的有保护价值的花园住宅、公寓、新式里弄、旧式里弄及其他有特色的建筑进行保护。这一规划的出台，为上海市城区内旧工业建筑再生利用提供了有力的依据。在 2018 年 1 月发布的《上海市城市总体规划（2017—2035 年）》中第 63、64、65 条也详细阐述了对优秀历史建筑的保护原则，进一步明确了上海市对旧工业建筑保护与利用的重视程度。

5.2　上海市旧工业建筑再生利用项目

5.2.1　上海田子坊

（1）项目概况

田子坊位于中国上海市泰康路 210 弄（图 5.1）。泰康路是打浦桥地区的一条小街，地段所在的卢湾区所保留的历史建筑以法租界文化为主要特征，文化气息较为浓厚。20 世纪 30 年代前后，租界的相对安定使得一大批当时在上海的文艺界人士落户卢湾，文化活动频繁。丁玲、胡也频、沈从文、徐志摩、萧红、萧军等作家、诗人都曾在卢湾境内从事创作活动；张大千、刘海粟、丰子恺等一代大师曾在此居住、创作、办学；洪深的上海戏剧协社，田汉、欧阳予倩的南国社等也在此上演了许多爱国救亡戏剧。区内的其他文化事业也很繁荣，《新青年》《生活周刊》等都在此出版。

图 5.1　田子坊

“田子坊”其名其实是画家黄永玉给这处旧弄堂起的雅号。据史载，田子方是中国古代的画家，取其谐音，用意自不言而喻。曾经的街道小厂，巷子里废弃的仓库，石库门里弄的平常人家，抹上了 SOHO（居家办公）的色彩，多了艺术气息熏染。

目前已入驻的众多商家、艺术家，集各自的智慧和能量，使泰康路有了新的发展、新的机遇、新的飞跃。泰康路的发展将从一条弄——田子坊，发展到一条街——泰康路上海艺术街，一个块——泰康路、思南路、建国路、瑞金二路而享誉上海、全国、世界。田子坊基本信息如表 5.1 所示。

田子坊基本信息汇总表　　表 5.1

厂区原名称	志成坊	建筑现名称	田子坊
原厂区建造年代	1930 年	改造时间	1998 年
原行业门类	综合	建筑现功能	创意产业园
改造原因	原厂倒闭、搬迁导致厂房闲置	主要结构形式	砖混结构
厂区建筑面积	2 万 m^2	厂区占地面积	7 万 m^2
商家入驻率	100%	入驻企业数量	400 多家
项目地址	上海市泰康路 210 弄		

（2）改造历程

田子坊的改造主要分为 3 个阶段：

1998 年，田子坊一期厂房开始对外出租，随着陈逸飞的入住吸引了大批画家的集聚，形成一定的品牌效应。画家的集聚产生了商业消费需求，出现了少量的休闲、酒吧及餐饮业。

2004 年，石库门居民开始自发对外出租给画家，周边居民纷纷效仿，服务、餐饮、工艺类商家纷纷进驻，田子坊二期开始产生并迅速扩展（图 5.2）。

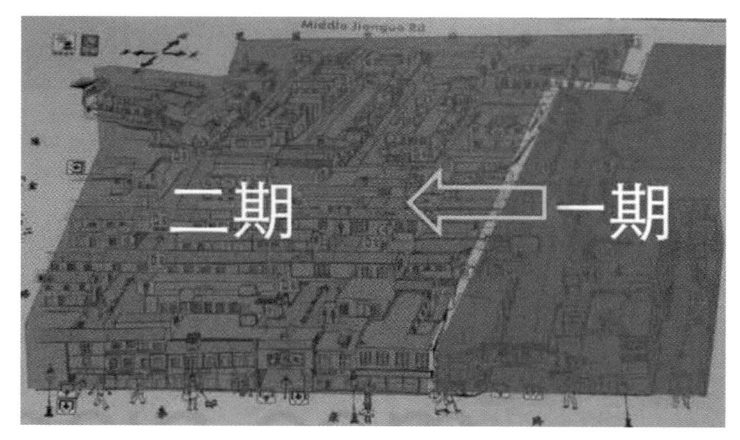

图 5.2　田子坊二期区域范围

2005 年，政府出台居改非政策，授牌田子坊为创意产业集聚区，开始引导田子坊向全市、全国范围辐射。2008 年，田子坊定位为创意产业集聚地、历史文化风貌居住地、海派文化展示地和世博主题演绎地，成为旅游和体验式文化集聚地。田子坊二期最早因满足一期的消费需求而产生少量服务餐饮，其后逐渐向全市、全国范围辐射，成为旅游和体验式文化集聚地。

（3）改造效果

田子坊改造的过程主要遵循两个原则，分别是：

保护原则，以保护原建筑、原风貌、原城市肌理为目的，在原有的土地所有权不变的基础上，分片区循序渐进地对城市道路、建筑、外立面等进行修缮、改造或者保护。改造完成后，街区历史风貌保存完整建筑具备年代感，如图 5.3、图 5.4 所示。

开发原则，政府主导规划，投入少量资金对道路、绿化、市政设施、建筑等进行修缮保护，原居民对开发进行合作支持、出租房屋给艺术家及设计公司的方式，避免了传统改造模式下开发商对改造地区利益的最大榨取。同时不搬迁原居民，使原居住形态得以保留。

居民成为地区改造后利益的最大获益者，形成一种长期且可持续的开发机制。保留了传统的里弄生活并与文化创意结合在一起，通过一个休闲文化街区带动了整个社区的发展，成为上海文化产业创新发展的都市坐标之一。

园区改造重视文化创意产业发展，园区商业以文化创意为主，如图 5.5 所示。

（a）志成坊门牌

（b）田子坊正门

（c）坊间一景

（d）建筑小品

图 5.3　田子坊外景

（a）门窗墙面改造前

（b）门窗墙面改造后

（c）临街商户改造前

（d）临街商户改造后

图 5.4　田子坊改造历程

（a）商店门牌

（b）文化墙

（c）复古风格的装饰

（d）废弃物再利用

图 5.5　田子坊街景

同时，此次改造仍存在一些问题，如园区内部较混乱，部分地区建筑间距小，线路混杂等，如图 5.6 所示。

（a）杂乱无章的电线

（b）消火栓破坏建筑原貌

（c）改造后街道狭窄

（d）占道经营现象普遍

图 5.6　田子坊改造问题

5.2.2　上海船厂 1862 创意产业园

（1）项目概况

始建于 1862 年的上海船厂，曾是中国现代工业文明的发源地之一，见证了中国造船业的兴起与发展。国内第一艘万吨轮“绍兴号”就在这里建造。2005 年船厂搬离，这片工业厂区开始向活力金融中心进行转换。其中船台原址和最靠近黄浦江的上海船厂造机车间作为历史遗迹留存下来，并进行改造，开始逐渐以开放姿态服务公众。如图 5.7 所示。

图 5.7　上海船厂 1862 创意产业园

（2）改造历程

2005 年，上海船厂整体离开浦东，船厂旧址上被开发建设成陆家嘴滨江金融城，最靠近黄浦江的造船厂房被保留了下来，其中的祥生船厂旧址已被浦东新区政府确定为文物保护点。这座 155 岁老船厂被保留下来进行二次改造，成为“船厂 1862”，包含约 16000m^2 的商场和可容纳 800 人左右的中型剧院，集展览、演艺、发布会、高端餐饮、定制设计师品牌为一体。

老船厂改造的建筑设计由日本建筑大师隈研吾亲自操刀，其代表作包括 Tiffany 东京银座旗舰店、长城脚下的公社 · 竹屋、三里屯瑜舍等城市经典作品。船厂 1862 概况如表 5.2 所示。

（3）改造效果

上海陆家嘴金融城 · 船厂 1862 以老旧船厂为主体建筑，以时尚、创意为主题，融合多家顶尖商户，针对人群为高端商业人士，一楼主要以男装为主，二楼以餐饮为主，三楼则是以艺术展览为主。

原船厂结构、支架、铁管等具有浓厚工业气息的构件被完全保留并利用，破旧的蒸汽管道被改造成空调和送风管，废弃的旧工业材料被设计成标识牌。这样，岁月产生的美感以合理的方式被保留。改造效果如表 5.3 所示。

陆家嘴金融城 – 船厂 1862 概况　　表 5.2

厂区原名称	百年祥生船厂	建筑现名称	陆家嘴金融城 – 船厂 1862
原厂区建造年代	1862 年	改造时间	2000 年
原行业门类	机械制造	建筑现功能	创意产业园
改造原因	政府带动下的二次开发	主要结构形式	混凝土排架
厂区建筑面积	1.6 万 m^2	厂区占地面积	—
商家入驻率	100%	入驻企业数量	20 多家
项目地址	滨江大道 1777 号		

船厂 1862 改造效果　　表 5.3

再生特征	图例	
历史风貌保存完整，建筑具备年代感		
	外部结构	内部保留原有结构
以文化创意为主业态，随处可见时尚元素		
	装饰物	个人展览

园区内外空间划分井然有序，对消防、结构都把握得十分细致（图 5.8 ~ 图 5.10）。

图 5.8　一楼前厅

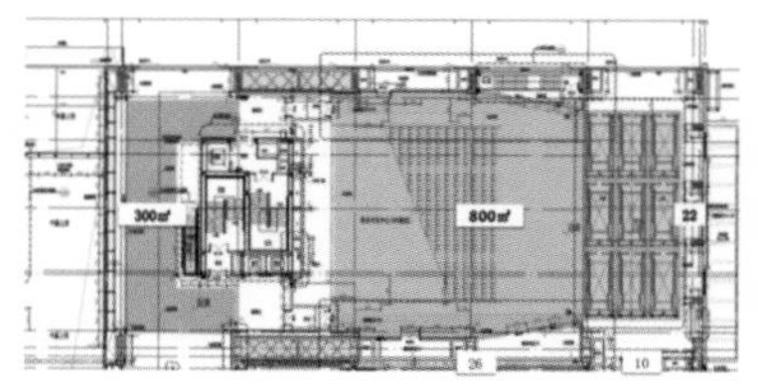

图 5.9　二楼前厅平面图

图 5.10　室外南广场

改造前后对比图见图 5.11。

（a）上海船厂历史照片

（b）船厂 1862 创意产业园

图 5.11　改造对比图

5.2.3　上海半岛 1919 创意产业园

1）项目概况

半岛 1919 创意产业园曾是近代著名民族资本家聂云台创立的大中华纱厂和华丰纱厂，也曾是新中国成立后全国纺织行业中赫赫有名的“高支王国”——上海第八棉纺织厂，高耸的烟囱、错落的厂房、巨大的仓库一度被视为工业现代化的标志。2007 年开始，在原上海纺织（集团）有限公司 [2018 年与东方国际（集团）有限公司合并重组] 领导下，以保存完整的老旧厂房及其他建筑为基础，“半岛 1919 文化创意产业园”（5.2.3 节中简称“园区”）正式揭牌，开启了以“时尚 + 文创”内容为核心的产业经营之路。园区地处蕰藻浜与泗塘河的交汇形成半圆形地区，并且始建于 1919 年，故命名为“半岛 1919”，如图 5.12 所示。

图 5.12　半岛 1919 创意产业园

作为东方国际（集团）有限公司旗下的品牌园区之一，园区整合多方资源，将独特的工业资源与科技、时尚、艺术、文化等元素紧密结合，致力于打造上海乃至全国范围内极具海派文化魅力、有竞争力和影响力的文创活力区，并积极参与到上海“四大品牌”建设进程中。

2）改造历史与成果

（1）工业遗存——吴淞地区保留最为完整的民族纺织工业建筑群

园区拥有建于 20 世纪 20—60 年代的 20 多幢特色历史建筑，包含传统的砖木、砖混、钢混结构，高敞明亮的厂房错落有致，是目前上海吴淞地区保留最为完整的民族纺织工业建筑群。2011 年，半岛 1919 被列为区级文物保护单位，2014 年被列为市级文物保护单位。园区内存留的典型旧工业建筑有：

1 号楼，建于 1929 年，二层砖木结构，具有装饰派艺术风格特点，并且融入了传统建筑元素。建筑中部有塔楼，建筑立面开窗较多，窗洞宽高较大，门窗比例修长，排列有韵律，窗洞周围装饰图案丰富。建筑外立面为清水砖墙，色彩稳重和谐。1 号楼曾作为大中华纱厂职员医务楼使用。该楼 1952 年和 1956 年曾分别作为吴淞区区委办事处和北郊区区委办公处。1958 年公私合营后改回国营上海第八棉纺厂职工医务办公楼，并为广大职工健康服务，直至工厂歇业。

3 号楼，建于 1930 年，二层砖木结构，日式风格，前房后花园。建造初期为大中华纱厂高级职员的居住及休息场所。淞沪抗战时期，曾作为国军临时通信站。新中国成立后改造成为职工疗养所。

4、5 号楼，建于 1929 年，均为二层混合结构，东侧为钢筋混凝土结构，建筑屋顶装饰带有巴洛克建筑艺术风格特点。建筑墙柱外露，局部有高起的塔楼，曾是当时远东地区长度最长的厂房，建厂后一直作为织布和纺纱车间使用。

6 号楼，建于 1924 年，四层砖木结构。建筑中部设有塔楼，采用坡屋顶形式，塔楼四面设有圆形开窗，窗洞采用弧形的装饰形式，建筑外立面采用水平装饰线，外立面窗洞高宽比接近 4，极具韵律感，曾为永安第二纱厂办公大楼。

7 号楼，建于 1936 年，砖木混合结构，建筑造型加入了中国传统建筑元素。7 号楼北部为独立的 3 个瓦屋顶，南面部分亦为坡屋顶，南北两部分中间由一个二层平台连接。二层窗洞呈正方形，一层开窗较低，形式灵活，韵律感强。7 号楼由当时上海开林工程事务所负责设计，曾为永安二厂高管层俱乐部，设有酒吧、舞厅等娱乐场所。新中国成立后为上棉八厂职工俱乐部。

10 号楼，建于 1933 年，框架结构，巴洛克艺术风格。建筑外立面为清水砖墙，原本是厂区的发电厂。10 号楼主楼最高达近 20m。现保留了原发电厂 20t 锅炉基座和出渣口，同时大楼西侧广场保留了一条大型运煤输送带及原煤堆场防塌墙。

另有十几幢建筑建于 20 世纪 50—60 年代，以单层砖木结构为主，多为原上海第八棉纺织厂的车间和仓库。

园区秉持保护、传承、发展的理念，创造性的改造利用，让这些工业遗存焕发出生机，最大程度发挥它们全新的时代意义。改造后的工业遗存，在延续原有的大工业风格基础上，将游乐、休闲、餐饮、商务办公等业态融为一体。

(2)“半岛 1919”规划展示馆

规划建设中的“半岛 1919”规划展示馆，将以园区 5A、5B 楼底楼空间为载体，分四大板块，以丰富的实物展品，多样的展示手段——工业机器、雕塑作品展示，场景复原，动态影像对比，LED 沙盘演示等互动体验等，以吴淞地区为空间轴，园区发展历史为时间轴，展示上海开埠至今吴淞地区纺织工业的风雨历程和辉煌成就，以及园区总体规划和未来科创中心建设，使市民游客可以从时间、空间的双角度认识园区百年的沧桑巨变。

将“百年老厂”的人文底蕴与现代艺术有机融合，精心打造一批独特的人文景观，使园区成为上海时尚文化新地标，园区概况如表 5.4 所示。

半岛 1919 创业园（西区）概况　　表 5.4

厂区原名称	大中华纱厂	建筑现名称	半岛 1919 创业园
原厂区建造年代	1919 年	改造时间	2006 年
原行业门类	纺织	建筑现功能	创意产业园
改造原因	破产清算	主要结构形式	混凝土排架
厂区建筑面积	7.3 万 m^2	厂区占地面积	120 亩
商家入驻率	90%	入驻企业数量	200 家左右
项目地址	淞兴西路 258 号		

3）改造效果

(1) 云台广场：将 10 号楼西侧广场命名为云台广场，并树立创始人聂云台先生雕像，以人文的形式表达对这位创始人的崇敬之情。如图 5.13 所示。

(a) 聂云台雕塑

(b) 10 号楼

图 5.13　云台广场

(2)“半岛 1919”精神堡垒：采用波普艺术的表现形式，运用色彩、符号，及对“1919”四个阿拉伯数字的创意组合，形象寓意了半岛 1919 文化创意产业园的前世今生和从园区到街区、未来再到社区的全新开放式发展理念。如图 5.14 所示。

（3）涂鸦：从建筑墙体到设备装置，多样的创作载体，自由的挥洒，奇幻的想象，鲜明的色彩，成为展示园区艺术的空间存在。如图 5.15 所示。

（4）“废旧”的精彩：延续园区的历史文脉，对原棉纺织厂废弃的机轮、引擎、齿轮等机器设备进行回收，并将其作为园区中的景观小品进行二次利用，经过创造性的转化，在园区景观中产生了新的美学价值和实用价值。如图 5.16 所示。

（a）波普风格的“1919”

（b）厂区内建筑

图 5.14　文化广场

（a）涂鸦艺术

（b）涂鸦墙

图 5.15　“1919”的街头艺术

（a）纺锤改造的座椅

（b）木制摇椅

图 5.16　废物利用

5.3　上海市旧工业建筑再生利用展望

5.3.1　上海市旧工业建筑再生利用现状分析

在上海，尽管有着相对严格的历史文化遗产保护制度和完整的保护管理体系，但旧工业建筑再利用的具体实践依然处在一个不断探索的阶段，并呈现出再生模式多样化的态势。

（1）历史传承：从历史文化的传承及发展的角度，上海旧工业建筑的再生利用并未妥善地将历史文化保留下来。作为中国城市经济发展第一梯队的成员，上海市在多个方面都是以经济为主导，对于旧工业建筑再生利用方面也更多以其历史内涵作为周边房地产项目吸引人流的手段之一，在改造中以现代商业审美为主，忽略了其历史内涵的重要性，令人惋惜。

旧工业建筑作为记录工业文明的载体，其历史意义和文化价值都是不可估量的，上海市对旧工业建筑的再生利用应遵循以文化保护为前提，与经济价值并重的方式，让上海市民以及游客能够感受到独具一格的工业文化。

（2）再生模式：从再生模式角度来看，上海市旧工业建筑再生利用可谓是多点开花。根据不同的建筑特点及周边区域特点，上海市的旧工业建筑再生利用项目参考国内外先进理念，配合顶尖设计师的独特创意，形成多种多样的再生模式，惊艳大众的同时也不会有千篇一律的枯燥感，值得其他城市学习与借鉴。截至2019年，上海市旧工业建筑再生利用项目还在持续推进，为全国旧工业建筑再生利用提供了重要的经验参考。

5.3.2　上海市政府相关政策及其推动作用分析

政府建立和完善相应的经济政策是推动旧工业建筑再生利用持续发展的有效途径。作为宏观调控者，上海市政府在2003年就已经开始实施《上海市历史文化风貌区和优秀历史建筑保护条例》，是国内早期关注旧工业建筑再生利用的城市之一。但就近年政府推行的政策来看，上海市政府更多关注的是城市整体发展、人文发展、绿色理念等，缺少针对旧工业建筑再利用方面的关注，宜制定一些针对性的支持政策，继续推动再生利用的进程。

5.3.3　旧工业建筑再生利用的绿色趋势

上海市作为中国第一大城市，在城市发展过程中起着模范带头作用。通过调研可以发现，上海市旧工业建筑再生利用过程中对绿色环保理念十分重视，不论是政府的宏观把控还是建筑的再生方式，都以绿色环保作为再生利用的重要理念。从上海当代艺术博物馆（图5.17）到花园坊节能环保产业园（图5.18），原本残破破旧的工业建筑从其土灰色的主色调中焕发出绿色生机。这种脱离单纯的建筑功能转换，赋予建筑更具适用性、环保性、舒适度的改造模式，在响应可持续发展的方针政策的同时，也极大程度上推进了环境的改善[18]。

图 5.17　上海当代艺术博物馆

图 5.18　花园坊节能环保产业园

第 6 章　苏州市旧工业建筑的再生利用

6.1　苏州市旧工业建筑再生利用概况

6.1.1　历史沿革

苏州位于江苏省东南部，长江三角洲中部，东临上海，南接嘉兴，西抱太湖，北依长江。截至 2017 年底，苏州下辖 5 个市辖区、代管 4 个县级市，全市面积 8488.42km^2。按照《苏州工业园区总体规划（2012—2030）》，未来园区将建造两个城市级中心，除了苏州中央商贸区（CBD）外，还有苏州东部新城中央商业文化区（CWD），另有 3 个城市级副中心，即城铁综合商务区、月亮湾商务区和国际商务区，如图 6.1 所示。

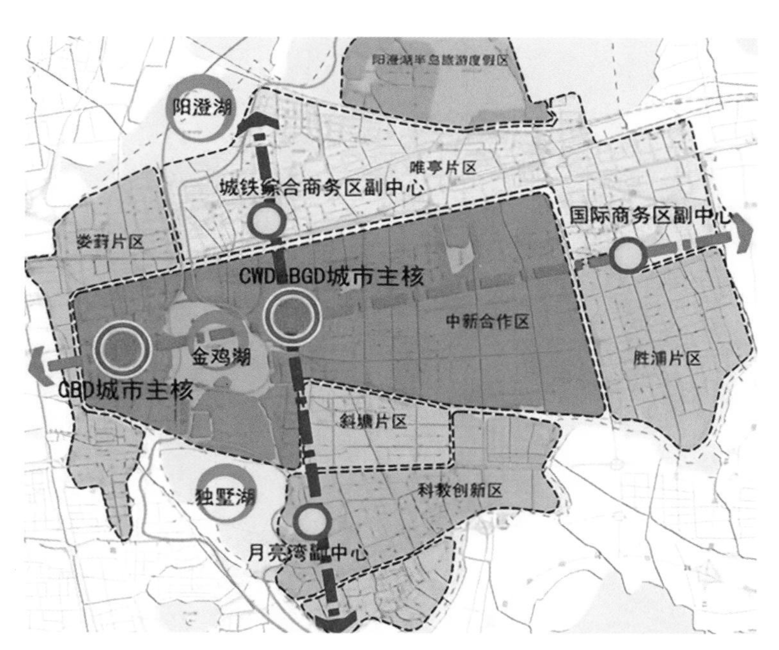

图 6.1　《苏州工业园区总体规划（2012—2030）》片区规划

从苏州工业的发展历史方面，将其分为近现代和现代两个阶段：

1）近现代阶段（1840—1949 年）

本阶段可以细分为晚清时期和民国时期，在这两个时期，国家正处于社会性质发生巨变的动荡时期，人民也在积极探寻发展道路，对工业发展有很大的影响。在这个阶段，苏州的工业逐渐开始以第二产业为主导，为当地经济发展做出了贡献，成为其他产业发展的物质基础和条件。

（1）1840—1912 年

1895 年《马关条约》签订，清政府在盘门外的青旸地开辟了苏州历史上唯一的一块租借地，创建苏州苏纶厂，成为苏州民族工业的开篇。随后，相对集中的近代工业厂区在苏州南门外青旸地至葑门外觅度桥一带形成，成为苏州近代外资和民族工业聚集的区域 [19]。1908 年，沪宁铁路苏州段建成通车后，苏州城北又成为工业聚集地区，形成苏州市向南北两方向扩展的趋势。

（2）1912—1949 年

该时期苏州工业如雨后春笋般快速兴起，在大力兴办实业的背景下，成立了很多著名的民营企业。一大批纺织业（如苏州永兴泰文记纱缎庄，1914 年；东吴绸厂，1919 年）、轻工业（如鸿生火柴厂，1920 年）、电力工业（如苏州电气公司，1938 年）、粮油食品加工业（如五丰德记面粉厂，1944 年；振华饼干面包厂，1923 年）、化工业（如大新制碱厂，1943 年；华联染料化工厂，1945 年）等相继创办。民族工业的发展对中国的科学技术、经济社会等方面产生了深刻影响，而工业遗产就是这一影响的历史见证物，如图 6.2 所示。

（a）华商鸿生火柴有限公司旧址

（b）五丰面粉厂旧址

图 6.2　旧工业遗址

2）现代阶段（1949 年至今）

根据时代发展，将本阶段划分为新中国成立初期、改革开放时期、市场经济体制改革时期等。

（1）新中国成立初期（1949—1978年）

苏州振亚丝织厂被认为是苏州的一个奇迹，在苏州丝绸从手工转入近现代工业的道路上，苏州振亚是典型的代表之一。据资料记载，1951年，一方面，我国和东欧国家进行以丝织品换钢材的易货贸易，很大程度上促使丝绸外销；另一方面，国内通过开展城乡物资交流会的形式，打开了内销渠道，使丝织工业得到了进一步的发展。在公私合营期间（1954—1956），苏州市区原有六十四家私营丝织厂、三家公私合营厂和十八家漳绒厂先后合并为振亚、东吴、光明、新苏四家丝织厂和新光漳绒厂及两个漳绒合作社（后改东风丝绒厂）[20]。

（2）改革开放初期（1978—1992年）

“苏南模式”的发源地是苏州。20世纪80年代，苏州创造了以集体经济为主的乡镇企业发展模式，开启了苏南地区中国农村工业化的先河[21]。20世纪90年代，在对外开放的机遇下，苏州大力发展外向型经济，有力地促进了苏州经济质量的飞跃。

（3）市场经济体制改革时期（1992年至今）

苏州工业园区始建于1994年，覆盖面积近300km^2。2015年，全年共实现地区生产总值2070亿元。全区有超过600家外资企业，投资来源于数十个国家和地区，涵盖16个行业，包括电子、医疗、信息化、新能源等[22]。

从最初以粮食和纺织业为主，到目前主要以钢铁、电力、水泥、物资储运等门类为主，中小型乡镇工业的格局经历了不断的转型和调整[23]。由于地理位置优越以及轻工业发展起步较早，苏州工业建筑林立，早在20世纪80年代，苏州便建立起特有的“控制保护建筑”制度，开始探索对具有历史价值的建筑的保护和利用。苏州的试点工作是在以往大量工作的基础上开展的，具有承前启后的意义[24]。

6.1.2 现状概况

目前，在各行业的新政策下，苏州市颁布的促进旧工业建筑再生利用的政府文件如表6.1所示。

苏州市促进旧工业建筑再生利用相关政府文件　　表6.1

生效时间	条文名称	发文字号	发文部门
2021.3	关于印发江苏苏州文物建筑国家文物保护利用示范区创建实施方案的通知	苏府〔2021〕34号	苏州市人民政府
2021.4	关于做好第五批国家工业遗产认定申报工作的通知	苏工信创新〔2021〕5号	苏州工业和信息化局
2021.11	关于印发苏州市历史建筑保护利用管理办法的通知	苏府规字〔2021〕12号	苏州市人民政府
2023.2	关于印发《苏州市城市更新技术导则（试行）》《苏州市城市微更新建设指引（试行）》的通知	苏城更新办〔2023〕4号	苏州市住房和城乡建设局

6.1.3　改造策略与模式

“退二进三”是苏州城市发展格局和工业发展布局双重调整的大战略。2003 年开始，200 多家蜗居在里弄街巷的工厂从苏州老城区中陆续淡出，老城区内的老工厂大规模关闭、搬迁，带给这座千年古城的是机遇也是挑战。2004 年，苏州发起的“古城寻宝”文物普查活动，把拥有高价值工业建筑和企业管理人员寓所的阊门区域列为“历史文化街区”。随后进行了苏州运河两岸景观规划与苏伦纺织厂的保护与再利用研究，众多面对房地产开发压力的老工厂中，大多数老厂房正在闲置或出租中寻求出路，已经被保护、开发和利用的尚占少数，也有部分老厂房已被简单地一拆了之。

据统计，苏州老城区现存的闲置老厂房建筑面积约为 100 万 m²，涉及的厂区面积 3427 亩。直到 20 世纪末，工业遗产的社会和文化价值才开始被重视，从总体而言，能够被保护、开发和利用的老厂房只能占到极少数。像苏州 X2 创意产业园这类打着“保护城市工业遗产，发展创意产业”商业策划口号的改造项目，其开发商的开发行为往往注重对旧厂房的建筑表皮进行改造，而对创意产业园的业态缺乏控制与深入研究，忽视了城市周边功能组团的诉求，导致改造效果不甚理想。

6.2　苏州市旧工业建筑再生利用项目

6.2.1　苏州工艺美术博物馆

苏州檀香扇厂，前身为 1955 年 11 月成立的苏州市檀香扇生产合作社，坐落于西北街 58 号市控保建筑“尚志堂吴宅”内。吴宅在中华人民共和国成立前就已经散为民居，范围包括西北街 58 号、66 号，后大部分归苏州檀香扇厂作为厂房使用，如图 6.3 所示。

图 6.3　苏州檀香扇厂

厂区占地 8051m²，建筑面积 8686m²，多为古典园林建筑。整个宅园坐北朝南，三路四进，东为正路，第二进为大厅，原为檀香扇厂门市部。第三进的两层建筑是原檀香扇厂的厂房，面阔 3 间 13m，进深 9 檩 13m。西山墙通体细砖贴面，庭前石板铺地，南为双面砖雕门楼，雕有包袱锦“百富流云”纹等，非常精美。

（1）项目概况

由于工艺工业技术的进步，原厂房不能满足其生产的需求，厂区因此搬迁。其后，政府对檀香扇厂进行改造保护，如表 6.2 所示。

苏州檀香扇厂概况 表 6.2

建筑原名称	苏州檀香扇厂	建筑现名称	苏州工艺美术博物馆
原厂区建造年代	1955 年	改造时间	2002 年
建筑原功能	生产合作社	建筑现功能	博物馆
改造方式	结构不变，内部装修，修旧如旧	项目地址	苏州市西北街 58 号
是否属于工业遗产	是	保护等级	控保建筑

（2）改造历程

为了保护和弘扬苏州优秀的民间传统文化艺术，从文化大市走向文化强市，2002 年，苏州市属工业“两个支柱、三个特色”的产业定位明确后，遵照市委、市政府“产业调整、退二进三”的总体部署，按照国家经济贸易委员会和中国工投投资有限公司要求，加快改制工艺系统、调整布局。从 2002 年 8 月起，通过改制和调整，在原苏州檀香扇厂的厂址上，腾出约 4000m² 的清代古建筑用于苏州工艺美术博物馆的建设。在政府部门的支持下，经过 5 个多月的紧张筹备，完成了古建筑的修缮、藏品的整理和征集补充。

（3）改造效果

2003 年建成后，苏州工艺美术博物馆主要展示苏州及华东地区工艺美术艺术品，共有六馆一厅，分别展示收藏的刺绣、雕刻、剧装乐器、书画及文化产品、苏扇等千余件工艺美术精品，如图 6.4 所示。其中第六馆辟为工艺技艺表演馆，现场展示刺绣、檀香扇的拉花、烫画、金石刻章、木雕和民乐器制作等工艺技艺的制作过程。目前，作为一个旅游观光的博物馆，檀香扇厂的改造既是对古建筑的保护，也是对苏州文化氛围的进一步提升。

（a）入口 （b）工艺品

图 6.4 苏州工艺美术博物馆

6.2.2 苏州第一丝厂

苏州第一丝厂原为日商独资瑞丰丝厂，始建于 1926 年，是苏州最早开展工业遗产旅

游的企业，也是最典型的以工业为主题的博物馆。1937 年停业后由当时政府接管，是苏州从事缫丝工业的主要企业之一。20 世纪 80 年代末至 90 年代初，缫丝业受到市场经济的冲击，第一丝厂连年亏损，于 1996 年破产[25]。为了走出困境，苏州第一丝厂决定将企业的发展转向旅游业，用传统的缫丝工艺来吸引海内外的游客。

（1）项目概况

苏州第一丝厂为百年老厂，有着深厚的文化底蕴，通过桑—茧—丝—绸传统产业的生产展示、工厂史展和丝绸文化展馆，完整地保留和传承了苏州丝绸文化的经典元素。苏州第一丝厂是苏州古城 2500 多年文化的代表之一，2005 年被国家旅游局命名为“全国工业旅游示范点”。

（2）改造历程

受整个丝业的影响，原材料采购困难、产品竞争力差、经济效益落后，因此第一丝厂将一部分老厂房转为创意园，一部分作为创意仓库，另一部分作为丝厂继续生产，如图 6.5 所示。厂内的员工通过岗位变动，大多数还是在原厂安置。

第一丝厂改造主要是通过加固维修后，功能部分改变的方法进行改造，再根据工业旅游的需要，逐步进行改建、加建。改造时厂房的结构性能较好，只是通过内部装修来适应新的功能。目前，第一丝厂的经营状况良好，尤其是工业旅游带动周围经济发展，较之过去仅仅通过工业盈利来说更胜一筹。

（a）文化创意园

（b）文化创意仓库

图 6.5　第一丝厂再生利用

6.2.3　苏纶场

（1）项目概况

苏纶场是近代史上第一代工厂，是苏州现存历史最久的厂房，也是新中国成立后规模最大、人数最多的市属企业。老厂于 2004 年 7 月停业关闭。该地块总面积为 22 万 m²，位于苏州市姑苏区南门商贸区，地处护城河的南面，东靠“千年龙脉”人民路，北邻千年名胜古迹盘门三景，沿护城河缓缓铺陈而设，占据着主城黄金地段。

苏纶纺织厂前身是苏纶纱厂，是中国最早的民族工业代表之一，于清光绪二十一年（1895年），由两江总督张之洞委派苏州状元陆润庠创办[26]。和它齐名的，则是同年另一个状元张謇在南通创办的大生纱厂（目前是全国文物保护单位），其主要历史脉络如图6.6所示。

苏纶纺织机厂和纺机厂遗留下来的旧有平房和各类生产生活设施包括宿舍、活动中心、仓库等。其中厂房主要分布在厂区中部，基本为框架结构，体量巨大，原有的宿舍用房主要分布在东北角和西南角上，基本为3～6层的条式楼房结构，以砖混结构居多，其数量有十余栋。厂区内原有的仓储设施主要分布在南部和北部，基本为一层的小楼，现状普遍较为破旧。整个厂区中有一部分建筑群以清水墙为特色，大多是工人的活动室。厂区中有四处控制性保护古建筑，分别位于西北角和东部。

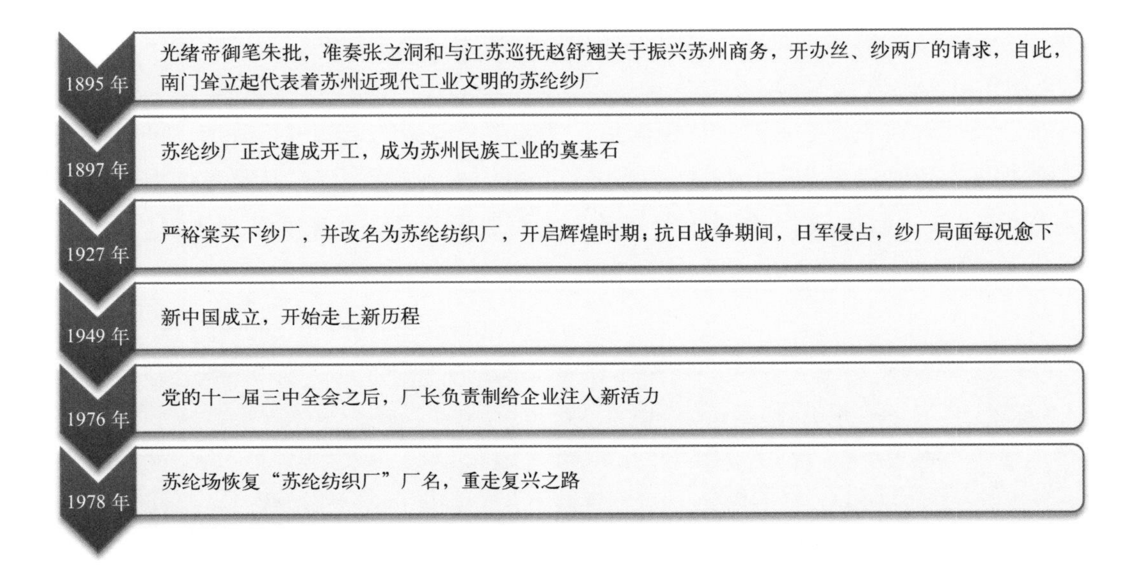

图6.6　苏纶纺织厂历史脉络

（2）改造过程

苏纶场进行改造时，整体保留苏纶场原址内的8处文保建筑，改建三纺车间，移建空压机房和老俱乐部，并平移苏纶场项目内的原职工俱乐部、医院和职工宿舍。其中，始建于1950年的苏州第一个工会所在地——原苏纶场职工俱乐部，向西平移39m，向南平移97m；职工医院和职工宿舍均向西平移了3.55m、向南平移了11～17.5m，地下室工程完工后再移回原址。

近几年，苏州市规划设计研究院对苏纶场进行恢复性修建规划，主要分成文化娱乐、创意产业、酒店和公寓等区域，留存建筑超过了总建筑面积的1/3。在不得拆除的项目里，充分利用原有建筑的建筑价值和空间价值因地制宜地植入新产业[27]。而原厂的生产车间将成为一个新的创意产业区。另外，苏纶厂一些细节遗迹，比如管道、通风口等，将被保存下来，作为艺术景观处理。

（3）改造效果

苏州城市化进程的加快使原来属于城乡接合部的南门路地区一跃成为城市中心区，该地区原有的基础设施和建筑的原有功能已不能满足当前城市发展需要，因而对该地区提出新的功能要求，必须进行重新改造和利用。苏纶场改造情况，如表 6.3 所示。

苏纶场改造情况　　表 6.3

具体描述	地处城南人民桥堍，原名苏纶纱厂，中国民族工业创始企业之一
地块价值	有四处控制性保护古建筑，位于苏州市南门商贸区
功能转化	完善好大南门商圈，建设集特色创意产业、旅馆商务、文化娱乐、旅游、教育居住功能为一体的、极富活力而繁华的城市滨水地区（在建中）
空间利用	保留有价值空间，进行改造利用

6.3 苏州市旧工业建筑再生利用展望

6.3.1 苏州市旧工业建筑再生利用现状分析

苏州市旧工业建筑再生利用需要具有整体观，从城市、区域角度出发进行宏观的视角进行考量。再生利用的整体策略如下：

（1）价值评价与分级保护。以历史价值因子、文化价值因子、美学价值因子、技术价值因子、社会价值因子、经济价值因子六大价值因子为基础，构建旧工业建筑的价值评价指标系统，以此作为城市工业遗产分级保护、分级、再利用的基础。城市旧工业建筑具体分为国家级、省级、市级，根据分级后的级别，确定城市旧工业建筑的再生利用程度、原则、方法。

（2）功能定位。城市旧工业建筑再利用的功能定位需要从城市、区域出发，也需要从市民角度与城市旧工业建筑的本体评价出发，是自上而下的宏观考量与自下而上的微观探索相结合的双向互动过程，再利用功能也应与城市功能互动。

（3）空间整合。城市旧工业建筑通过融入城市公共游憩空间系统，获得与城市空间互动、整合的动力，具体融入策略分为系统整合、游憩节点塑造、游憩廊道塑造三个方面。

苏州市旧工业建筑保护需要具有整体观，需要以保护为基础，从城市旧工业建筑本体的基础研究出发，在实施保护时应遵循以下原则：

（1）原真性与完整性。城市旧工业建筑原真性需要从精神与感受、形式与设计、材料与物质、使用与功能、传统与技术、位置与环境以及景观过程七大要素进行解读。城市旧工业建筑完整性解读需要从物质结构、景观意向、社会功能三大要素进行。当城市旧工业建筑的原真性与完整性要素相互矛盾时，需要进行整体评价，提炼出城市工业遗产原真性与完整性的相对量度，即城市工业遗产历史信息核心部分是保护主导方向。

（2）保护性框架。将城市旧工业建筑置于整体的景观框架之中系统考量，在系统中通过景观意向五要素（标志物、通道、边界、节点、区域）来提炼城市旧工业建筑价值承载体的基本特征，保护景观意象五要素之间叠加与耦合关系，形成城市工业遗产的保护性框架，以此作为城市工业遗产再利用的基础。

6.3.2　苏州市旧工业建筑再生利用展望

1）保留

对于有价值的旧工业建筑（包括建筑、景观小品等），应予以适当的保留，但保留多少、怎样保留，要根据具体地段具体情况综合考虑。如苏纶场的改造中保留下了三分之一的建筑；而第一丝厂则只保留改造了原来的仓库。有的旧工业将原有建筑全部拆掉再净地拍卖的方式显然不可取，这样不仅造成了旧工业建筑的流失，还产生了资源浪费，不符合可持续发展的理念[28]。

2）环境影响

像苏纶纺织厂，作为苏州南门景观带规划改造的一部分，与整个地段的环境相融合；苏州檀香扇厂的博物馆改造也与其所处的地段环境相一致。

3）个性与整体

相对于苏纶场的规划，阀门厂的规划改造就略显杂乱，没有统一性，厂区内居住区、原有厂房、改造的商业建筑混杂，因此其建筑、空间的利用性没有达到最佳。这也提醒规划师在规划时应考虑旧工业建筑整体性、统一性，形成相互关联的整体。

4）元素利用

在单体建筑上的规划改造中，idea泵站的改造在这方面具有代表性：保留原有建筑的结构体系和整体的建筑风貌，将其内部空间进行重新设计，将一些原有的管道、门面重新包装，令人以耳目一新，给设计人员对于旧工业建筑的改造提供了新思路。

第 7 章　南京市旧工业建筑的再生利用

7.1　南京市旧工业建筑再生利用概况

7.1.1　历史沿革

南京市是我国近现代工业发展的重要地区，是长江中下游地区重要的政治经济中心，拥有大量“我国最早、最大、最著名者，有的还是仅有的工业遗产”[29]，如金陵机器制造局、南京第二机床厂等。根据南京市工业的发展足迹，可以将其南京工业建筑历史分为近现代和现代两个阶段[30]。

1）近现代阶段（1840—1949 年）

该本阶段主要包括晚清时期和民国时期。这一阶段南京市工业发展迅速，并逐渐出现了类似现代工业厂房的结构，这标志着南京市现代工业体系的发展壮大。但因为该阶段国家时局动荡不安，工业发展的进程频繁受阻，大规模的工业活动难以开展。考虑结合南京市的历史地位，该阶段南京市的工业发展也就是中国近代工业发展的缩影。

（1）1840—1912 年

19 世纪 60 年代开始，随着洋务运动的兴起，南京市的工业开始萌芽并有了初步发展。一大批工业建筑在这一阶段相继建立，如金陵机器制造局、江南铸造银元制钱总局等（图 7.1、图 7.2）。金陵机器制造局也是南京市的第一座近代工厂。此外，还有很多工业建筑持续发挥作用，在清政府灭亡后被民国政府继续用作工厂，甚至在新中国成立后仍

图 7.1　金陵机器制造局
（现为晨光 1865 创意产业园）

图 7.2　江南铸造银元制钱总局
（现为南京国家领军人才创业园）

然进行工业生产活动，具有很强的生命力。同时，该时期建筑由于建筑风格与当今建筑相差迥异，也具有极强的历史价值。

（2）1912—1949年

该时期时局动荡，但工业水平有进一步提高，主要体现在民用工业的发展壮大，一大批食品厂（如和记洋行，1912年）、水泥厂（如中国水泥厂，1921年）、水厂（如民国首都水厂，1933年）等近代工厂相继创办（图7.3、图7.4），极大地促进了南京市的工业水平的发展。抗日战争胜利后，民国政府首都迁回南京，并重新调整了工业布局，建立了主要包括电子、机械、化工等行业门类的38家工厂。

图7.3 和记洋行旧址

图7.4 民国首都水厂旧址

2）现代阶段（1949年至今）

20世纪90年代之前，人们并没有旧工业建筑保护的概念，大量的工业建筑被破坏。20世纪90年代后，旧工业建筑的保护与再利用才开始逐渐受到重视。

（1）1949—1978年

这一时期，南京在计划经济体制的背景下发展工业。第一个五年计划和第二个五年计划期间，南京市建立了大量的工业建筑，以促进经济发展，如南京第二机床厂（20世纪50年代）、南京工程机械厂（20世纪60年代）、南京第一棉纺厂（20世纪70年代）等（图7.5、图7.6）。

（2）1978—1992年

1978年，十一届三中全会召开，我国全面实行改革开放，南京市工业建筑的发展又出现了新的局面。在1980年的南京市总体规划中，提出了新建和较大扩建的工业建筑，原则上一律安排到附近卫星城镇；市区内污染较大且难以治理的工业建筑通过关、停、并和专业化协作生产等方式处理解决。因此，在这一时期，南京市区出现了大量的闲置厂房，这些厂房占据了很大的面积，甚至开始阻碍南京市的经济发展，但这也为旧工业建筑的再生利用奠定了基础。

图 7.5　南京工程机械厂

图 7.6　南京第一棉纺厂

（3）1992 年至今

1992 年至今，市场经济全面深化，多种所有制工业迅速发展，南京市内的工业建筑逐渐抛弃其原有的工业生产功能。考虑到这些旧工业建筑在历史上对南京市经济发展的促进作用，因此大部分都成为南京市历史文化保护建筑，并通过再生利用的手段获得重获新生。2001 年，南京市总体规划中指出，主城区内原则上不再增加工业用地，工业用地的调整以搬迁、转化、改造为主。因此这一时期市区内新建工业建筑数量总体较少，且多以物流、仓储等形式存在，如图 7.7 所示[31]。

图 7.7　工业园区外景

7.1.2　现状概况

为了促进南京市旧工业建筑保护与再利用工作的开展推进，2017 年，南京市规划和自然资源局主持编制了《南京市工业遗产保护规划》，对南京市的工业遗产进行了分类统计，归纳出自 1840 年到 1980 年之间的四段历史时期的 52 处旧工业建筑。据统计调查，目前南京主城区内共包括三 3 个旧工业区：燕子矶精细化工工业区，中央门机械、电子、光学仪器工业区及城东电子工业区。在这些区域内，旧工业建筑的行业分布涵盖了机械、纺织等 13 个门类，其中 80.77% 的旧工业建筑已经进行了再生利用，剩余的旧工业建筑也正在准备进行再生利用[32]。

（1）旧工业建筑地理分布特征

南京市旧工业建筑主要分布在长江和秦淮河两岸，这一方面是由于近现代工业活动对水资源的需求量大，且便于货物运输便利；另一方面是因为这些地区多位于城市边缘地带，地价相对于市区较低，厂房的建设成本也较低。

（2）旧工业建筑建筑特征

南京市的旧工业建筑具有明显的建筑特征。南京市的旧工业建筑整体上保存较好，结构形式上多以砖木、砖混结构为主，存在严重结构损伤的建筑不到建筑总数的 30%。与其他地区旧工业建筑类似，工业厂房的建筑高度比民用建筑要高很多，建筑形态多是根据其功能进行区分，如重工业生产车间的高大结构，其他工业生产车间的低矮结构，以及为了满足特定功能的特殊建筑形态等，如图 7.8 所示，其中，（a）为高大结构，（b）为低矮结构，（c）为特殊结构建筑。

（a）油泵油嘴厂 11 号楼

（b）南京印染厂 16 号楼

（c）南京第二机床厂

图 7.8　南京市主要旧工业建筑形态

在建筑风格方面，由于南京是中国最早开放的几个通商口岸之一，加上中华人民共和国成立后苏联对中国的经济援助，南京逐渐形成中式、西式、苏联式、中苏合璧式的建筑风格。中式建筑多建于晚清至民国时期，以坡屋顶、灰色砖墙为主，如图 7.9（a）所示；西式建筑多建于民国时期，建筑特点为多柱、圆顶以及多层门窗边框装饰等；苏联式建筑多建于新中国成立初期，其门窗与墙面平齐，墙体多采用红砖，门窗线条分明，如图 7.9（b）所示；中苏合璧式则在中式建筑的基础上对门窗等部位进行装饰，如图 7.9（c）所示。

（a）中式建筑

（b）苏联式建筑

（c）中苏合璧式建筑

图 7.9　南京市主要旧工业建筑风格

7.1.3　再生策略与模式

为了保护南京市旧工业建筑，南京市制定了一系列法规条例。2006 年，南京市制定

了发展都市型产业园区的相关意见，提出了一系列的激励政策，如老厂房置换后建成的工业园和工业楼宇，享受郊外园区同等优惠；老厂房改造后，土地性质不变，厂房性质不变等。这些激励政策极大地推动了旧工业建筑保护和改造成为创意产业园的建设进程。近年来，南京市发布的关于促进旧工业建筑再生利用的相关条文见表 7.1。

南京市促进旧工业建筑再生利用相关条文　　**表 7.1**

生效时间	条文名称	发文字号	发文部门
2006.3	关于加强优秀近现代建筑保护和利用工作的通知	宁政发〔2006〕73 号	南京市人民政府
2011.9	关于进一步彰显古都风貌提升老城品质的若干规定的通知	宁政发〔2011〕211 号	南京市人民政府
2017.3	关于公布南京市工业遗产类历史建筑和历史风貌区保护名录的通知	宁政发〔2017〕68 号	南京市人民政府
2019.5	关于深入推进城镇低效用地再开发工作实施意见（试行）	宁政办发〔2019〕30 号	南京市人民政府办公厅
2022.3	关于印发南京市城市更新试点实施方案的通知	宁政办发〔2022〕15 号	南京市人民政府办公厅
2023.5	关于印发南京市城市更新办法的通知	宁政规字〔2023〕5 号	南京市人民政府

针对具体的旧工业建筑再生利用，南京市的再生利用做法主要包括有机更新、功能重构、形象再塑和文化传承等，详见图 7.10[33]。

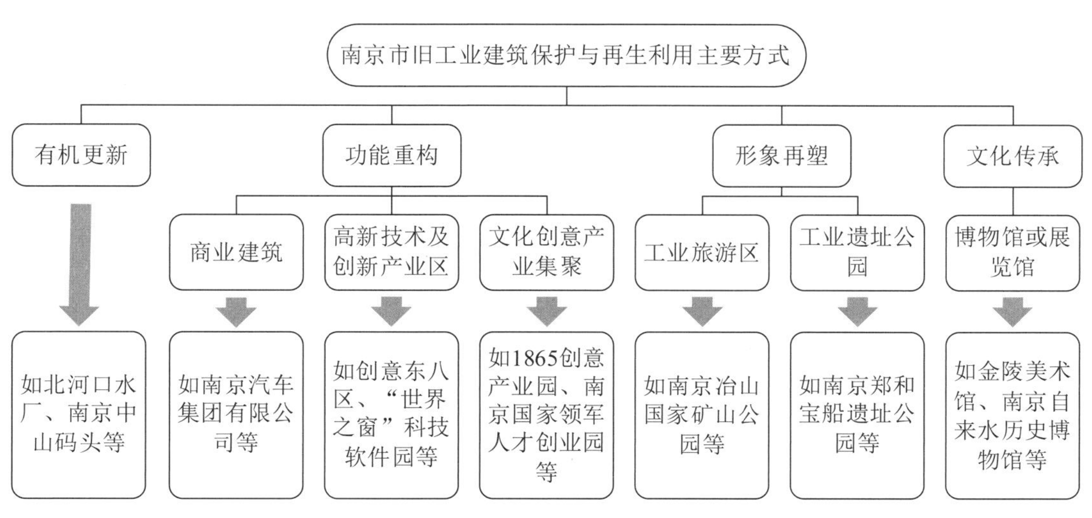

图 7.10　南京市旧工业建筑保护与再生利用主要方式

7.2　南京市旧工业建筑再生利用项目

7.2.1　南京晨光 1865 创意产业园

（1）项目概况

南京晨光 1865 科技创意产业园（以下简称“1865 产业园”）的前身是清末洋务运动时期，时任两江总督的李鸿章于 1865 年 9 月创建的金陵机器制造局，其被誉为“中国民族军事工业的摇篮”，如图 7.11 所示。

图 7.11　南京晨光 1865 创意产业园正门

园区占地面积 21 万 m²，建筑面积约 11 万 m²。园区旧工业建筑以改造利用为主，完整保存并集聚了 9 栋清朝建筑，22 栋民国建筑，30 余栋新中国成立后的建筑，是一座反映中国工业建筑历史演变进程的博物馆。园区交通便利，各类配套设施齐全，物业管理到位。园区容积率 <0.5，景致优美，绿林掩映，生态环境优越，建筑与自然环境相映生辉，是省会城市主城区内的滨水线（秦淮河）难得的长达 750m 的创意产业园，现受秦淮区政府管辖。

园区建筑由东南大学齐康院士提炼民国建筑元素设计而成。园区共划分为科技创意研发区、山顶花园酒店商务区、科技创意博览区、工艺美术创作区和时尚生活休闲区五 5 个功能区，区域内建筑编号分别为 A ～ E，如图 7.12 所示。

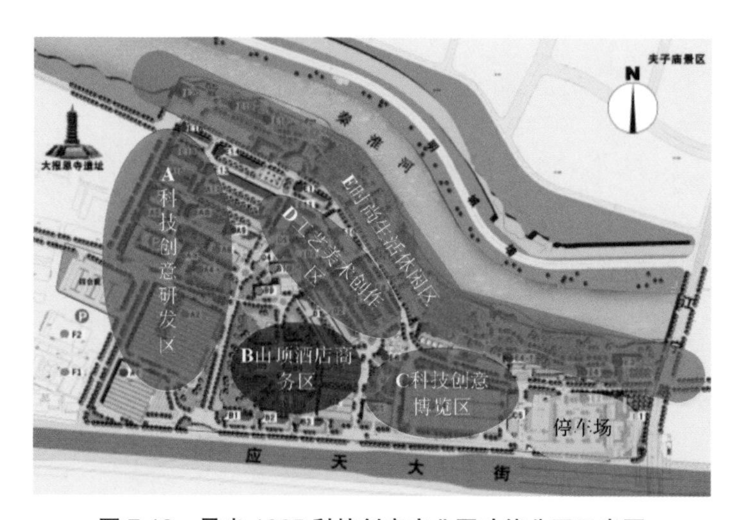

图 7.12　晨光 1865 科技创意产业园功能分区示意图

（2）再生利用效果评价

建筑风格多样、文化积淀丰富是 1865 产业园区别于其他类似产业园的最大特点。1865 产业园的建筑包括从晚清时期、民国时期再到新中国成立以后的建筑，建筑跨越的年代较长，风格多样。通过对其建筑风格的了解，就能联想到其历史印记。1865 产业园受秦淮区政府管辖。2007 年 5 月，秦淮区政府和南京晨光集团合资组建晨光一八六五置业投资管理有限公司，秦淮区和晨光集团分别抽调专业人员，共同组建“晨光 1865”园区的开发团队，推进园区建设和招商。秦淮区还专门制定了《关于促进晨光 1865 科技文化创意产业发展的意见》，并依靠相关经济发展扶持政策，积极地为园区招商引资牵线搭桥。

7.2.2　南京国家领军人才创业园

（1）项目概况

南京国家领军人才创业园（以下简称“国创园”）位于南京市秦淮区菱角市 66 号，身枕明城墙，臂依秦淮河，占地面积达 7.3 万 m²。国创园的前身最早可追溯到 1896 年的江南铸造银元制钱总局；1912 年更名为中华民国江南造币厂，隶属于“中央”财政部，后更名为南京造币厂；1930 年，厂房由工商部接管，后建全国度量衡局及度量衡制造所第二厂；1956 年，易名为南京第一机械厂，之后正式更名为南京第二机床厂；2012 年 10 月，在多种因素的驱动下，国创园项目正式启动，一年后正式开园，逐步建设成为集文化创意、科技创新和设计服务等高端业态为一体的创业园。国创园发展的关键历史节点照片如图 7.13 所示。

（a）财政部江南造币厂（1912 年）

（b）南京第二机床厂正门（1959 年）

（c）国创园正门（2013 年）

图 7.13　国创园发展历程图片

（2）再生利用效果评价

在改造效果上，园区同时保留了部分旧厂房的格局与原有建筑“包豪斯”式严谨简约的建筑风格。改造设计将原有的南京第二机床厂厂房分解，形成了开放式的街巷空间，使新办公园区的建筑尺度与城市尺度更加接近。在公共空间的设计上，采用了从园区中心向四周重新组织公共空间节点的模式，同时尽可能保留原有厂区建筑的布局，重新规划旧工厂建筑群的空间关系，再塑造一系列连续节点，形成趣味丰富的广场、滨水步道和街巷空间。

园区景观特色鲜明，充分利用既有设备打造园区景观小品。此外，还有大量的原厂设备经处理后放置于道路两旁，并在附近用铭牌标注其名称、作用和历史照片等基本情况。笔者通过对南京市旧工业建筑再生利用情况进行系统调研后发现，大部分旧工业区都存在车位不足、停车难的问题。很多园区通过增设路边停车位的方式加以解决，但这亦会造成园区道路拥堵，交通阻塞，加之大部分旧工业区道路狭窄，路边停车可行性不高。为了解决停车问题，园区采用机械停车库和首层停车相结合的方式来解决大部分停车位问题，将部分厂房的首层改造为停车库，并按车辆类型分别停放，停车库上方用作办公区域，以充分利用既有厂房空间。

7.2.3　垠坤·创意中央科技文化产业园

（1）项目概况

垠坤·创意中央科技文化园的前身可追溯到1952年成立的华东农业机械筹备处，这一筹备处也是新中国成立后南京最早的一批地方国营企业之一。1955年，华东农业机械筹备处改组成江苏省南京机械物资供应和江苏省农业机械修配厂，1977年更名为南京油嘴油泵厂，1995年被南京威孚金宁精密机械总厂接收，成为内燃机燃油喷射装置的设计制造厂家。厂区位于当年和平门城墙下的中央路302号（图7.14）。

图7.14　垠坤·创意中央科技文化产业园正门

由于市场经济的变革与冲击，老厂于1996年宣告破产。但是由于多年积累的技术资源十分宝贵，在破产后，老厂立刻被资产重组为南京威孚金宁有限公司。2009年10月，南京威孚金宁有限公司在原有厂房的基础上，由南京垠坤资产经营管理有限公司投资7000万元，经改建、扩建，建成了占地面积达4万m^2的创意中央科技文化产业园，于2010年9月15日正式开园。

（2）再生利用效果评价

园区建筑风格保持了原有的工业风，但在细微之处能看到很多巧妙的设计。如将原厂区废弃的工业管道重组后用作园区指路牌，搭配白色字体，让人联想到改革开放前期集体劳动的场景。此外，园区对建筑外观的要求高，对保持原状的建筑，外墙上的任何附属设施乃至附属植被均须与建筑整体保持一致；而对新建建筑或外墙有巨大改动的建筑，则采用现代化的外墙装饰，如采用圆孔铝板覆盖或清水混凝土墙面等，以达到园区内建筑风格迥异，不同元素之间相互交织、虚实结合的效果。在科技创新区，大量的建筑采用了上部增层的改造方式，目的是突出这部分建筑的工业感。园区将部分工业建筑的外立面形状投影到地面上，营造出行走于工业历史长廊上的效果，如图 7.15 所示。园区采用了大量圆孔铝板，这些铝板的存在不仅使建筑外形更加突出，还为植被的生长提供了支点，既保护了建筑原有外墙，也增加了园区绿化，如图 7.16 所示。

图 7.15　厂房在地面上的投影

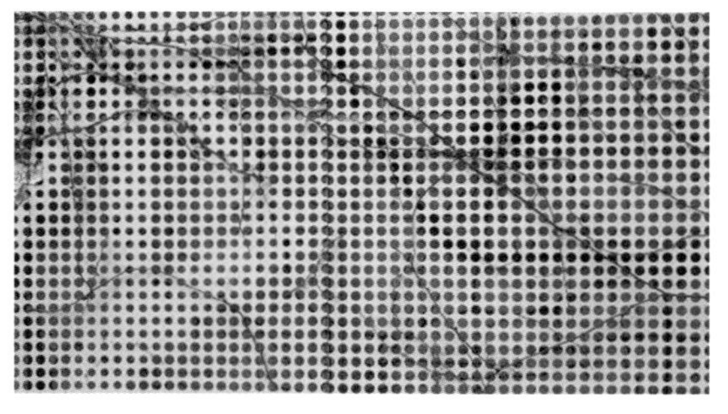

图 7.16　外墙圆孔铝板

7.2.4　南京悦动·新门西体育文化产业园区

（1）项目概况

悦动·新门西体育文化产业园区（以下简称“悦动·新门西”），总建筑面积约为 8.4 万 m²，改造自原南京印染厂、南京第一棉纺厂和南京城南热电厂，如图 7.17 所示。项目位于秦淮河与明城墙交界处，东邻规划中的凤凰台文化中心、杏花村传统街坊及艺术村落，西侧紧邻内环西线快速路。在南京市政府与秦淮区政府大力支持下，南京万科与善跑体育强强联手，秉承“历史再造，文化再生”理念，致力呈现国家战略高度下“体育 +”与“+ 体育”产业园全新模式。园区一期工程于 2018 年 5 月 1 日改造完成，7 月完成整个园区的改造建设。

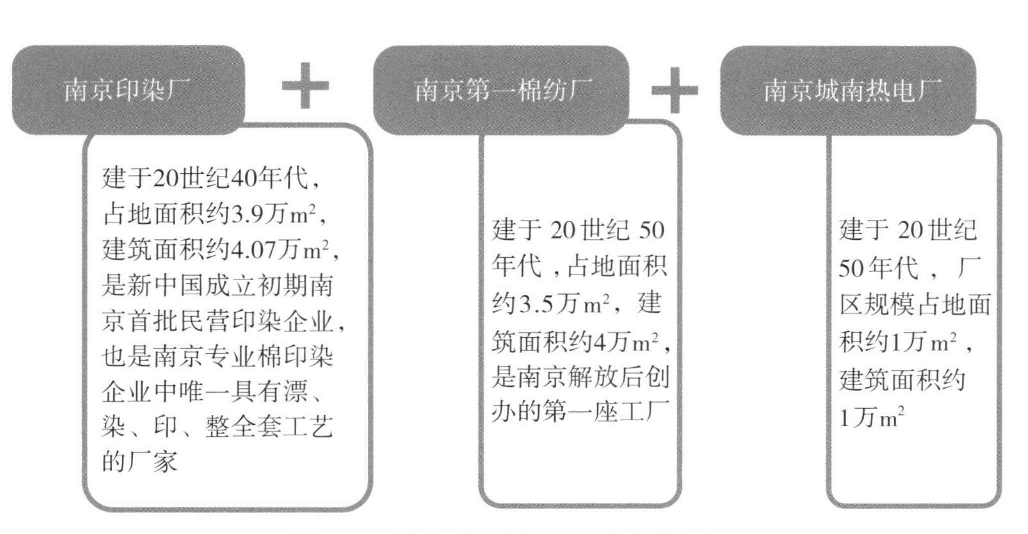

图 7.17　悦动·新门西原厂房构成及简介

（2）再生利用效果评价

笔者在园区调研时发现，该园区在色彩运用方面独具匠心，基本没有保留原厂的立面色彩，而是采用偏现代化的立面装饰。如每栋建筑均采用现代灰白色砖墙外立面，灰缝采用黑色装饰，显得整齐有序。为了避免大范围灰白色砖墙的存在使人们产生审美疲劳，园区将某些附属设施、出入口装饰以红色、黄色等鲜艳色彩，或者直接采用幕墙装饰。这样，一方面缓解人们的审美疲劳，虚实结合，突出重点；另一方面通过这种充满活力的色彩装饰彰显了园区体育运动的主题。

在日常办公时间里，园区很少看到路上有车辆驶过，显得十分静谧。由于园区的严格控制，园区道路基础设施整齐排列，突出了厂房建筑给人的宏大感受。秦淮区档案馆、区委党校和双塘派出所分列其中，增添了庄严、肃穆的气氛。在旧工业建筑再生利用项目中，类似该园区将政府、教育、体育、科技、创意文化等结合到同一个园区内的项目较为少见。

为了和周边的居民加强融合，方便市民锻炼，园区没有设立围墙，而是通过树的围合界定了门户公园的空间。林荫、草坪、旱喷广场等，为周边的居民提供了休憩场地。因此，悦动·新门西更像公园，而不是传统意义上的产业园区。

7.3　南京市旧工业建筑再生利用展望

7.3.1　南京市旧工业建筑再生利用现状分析

南京是中国近现代工业较为发达的城市之一，从清末、民国至新中国成立，每个历史阶段均留下了大量优秀的工业建筑。随着南京城市的发展和建设，南京市民也逐渐开始认识到保护南京本地旧工业建筑的必要性和紧迫性。

（1）南京市旧工业建筑再生利用现状

南京市对旧工业建筑的保护力度较大，近几年来连续发布多项关于建立南京市旧工业建筑保护名录的政策条文，并采用登记、挂牌等方式强化旧工业建筑历史价值，在发布其他相关政策条文时亦会对旧工业区提出独特要求。此外，为增加地区经济活力，避免厂区闲置，政府大力推进都市产业园建设，积极吸引文化创意产业、创新型产业等落地生根，带动地区经济繁荣发展。

厂房建筑方面，所有园区均重视工业遗产的文化价值，在园区改造过程中，笔者走访的几个厂区均采用修旧如旧的手法对厂房进行再生利用。若有不得不放置于厂房之外的易破坏既有工业气息的设施时，园区常采用与建筑色彩类似的装饰，并在不影响设备正常工作性能的前提下加以隐藏，尽量不破坏建筑的整体美感。此外，很多厂区均保留了厂内铁轨，如1865产业园、国创园等，通过改造这些轨道，构成旧厂区文化走廊，折射出厂区的悠久历史和辉煌成就。

再生利用业态方面，南京市各旧工业区大多将文化创意作为主要产业。除此之外，利用厂房的高大空间发展体育产业和科技产业也是近年来南京市都市产业的再生发展方向。为了促进青少年的创业热情，大部分园区均为驻园企业提供一站式服务，如金融、法律援助等。同时，园区内设置创业孵化器，以提供舒适便利的工作条件，为创业者创造生长空间。笔者走访的几个园区均达到 95% 以上的企业入驻率，这也从另一方面体现了企业对旧工业建筑再生利用产业园的认同感。

停车方面，旧工业区由于因为历史原因，在建厂时未考虑停车需求。再生利用园区用作办公、商业等功能后，停车需求量也大大增加，加上政策因素的限制，导致南京的旧工业区禁止下挖开发地下停车场，因此目前南京市大部分旧工业区的停车状况均难以满足需求。主要的解决方式包括新建地面停车场，修建立体停车库等。

（2）南京市旧工业建筑再生利用问题分析

南京市的旧工业建筑的利用模式单一，除搬迁重建的案例外，以改造为创意产业园为主。对南京旧工业建筑再生利用的目标功能进行归纳时可以发现，南京目前比较有影响力的旧工业建筑再生利用项目大多也是创意产业园。但改造模式正在从以 1865 产业园为代表的第一代都市产业园，向以中央创意产业园为代表的拥有自主品牌和明确市场定位的第二代创意产业园过渡。

此外，公众对园区的社会认知度仍有较大差异，甚至对有的园区主体认识程度也不深高，认为其只是老旧厂房，是 20 世纪的淘汰品，实用价值不高。因此在南京市旧工业厂区再生利用的同时也存在商业气氛浓烈、工业气息丢失的情况 [34]。

7.3.2　南京市旧工业建筑再生利用前景展望

2017 年，南京市规划和自然资源局组织东南大学城市规划设计研究院、南京市规划设计研究院有限责任公司、南京工业大学建筑学院三家单位联合编制了《南京市工业遗产保护规划》，该文件是南京市首个以“保护旧工业建筑”为主题的参考文件，标志着南京市旧工业建筑的保护有了可参考的依据。据此推断，南京市旧工业建筑再生利用将向以下方面发展：

（1）以整体性保护为主，继续完善名录数据库

南京市作为我国近代工业的起源之一，拥有大量具有深厚历史价值的工业建筑，且随着南京市的经济发展和城市扩张，曾经的工业区也逐渐转型为新兴产业集聚中心 [34]。在这种趋势的推动下，旧工业建筑的去留就成了不可避免的问题。为解决该问题，南京市在转型过程中十分注重建筑物的整体保护，在历史建筑框架下增强产业活力，丰富园区业态。某些经过多专业论证后确实价值不大的旧工业建筑可进行转移或拆除处理。但是，当前南京市公布的旧工业建筑（工业遗产）名录数据库中，很多具有历史价值的工业建筑并未被录入，如浦口电厂就未被前文所提到的《南京市工业遗产保护规划》收

录。该电厂建于民国时期，具有较高的历史和文化价值。南京市类似的旧工业建筑还有很多[35]。

（2）建立完善的旧工业建筑再生利用价值评定体系

旧工业建筑再生利用的综合价值评定包括很多方面，如何进行综合评定，除2018年由冶金建设协会发布的《旧工业建筑再生利用价值评定标准》T/CMCA 3004—2019外，国内鲜有其他针对性的评定标准[36]。因此，南京市应从历史、文化、艺术、技术、环境、社会等多方面综合发掘旧工业建筑再生利用的价值，建立完善的价值评定体系，并综合分析其是否具有再生利用的可能性，从价值角度出发，避免盲目开发，导致旧工业建筑受到不合理利用。

（3）建立旧工业建筑应急保护机制

由于南京市工业体系发达，工业建筑数量众多，旧工业建筑一般与该片区内的其他建筑相连，除某些大规模重工业厂房外，更多的轻工业、小作坊式的旧工业建筑则隐藏于城市的各个角落，在历次的城市更新中逐渐融入城市整体的风貌中，一旦毁坏将很难恢复，最终的结果只能是拆除。建立应急保护机制就是为了提前采取措施，避免损坏这些具有历史文化价值的旧工业建筑，或者在破坏刚刚发生时迅速采取措施，避免建筑受到二次伤害，有效保障南京市旧工业建筑的实体安全。

第 8 章　杭州市旧工业建筑的再生利用

8.1 杭州市旧工业建筑再生利用概况

8.1.1　历史沿革

杭州市工业发展在历史上经过多次更迭融合（图 8.1）。早在新中国成立之前，杭州市政府就对城市工业区规划进行了多次推敲，并于 1946 年和 1949 年发布了“工务局计划草图”和“杭州市区域计划总图”，就此，拉开了“沪宁杭工业基地”支柱城市建设的序幕，为旧工业建筑的再生利用埋下伏笔。

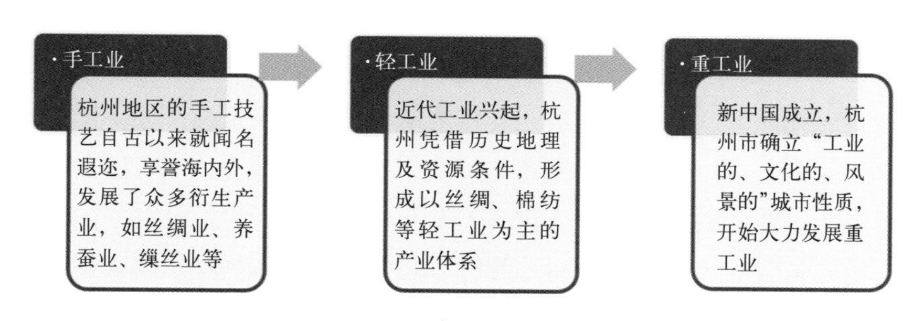

图 8.1　杭州市工业发展更迭

伴随着城市逐步展开富有艺术气息、文化内涵、创新精神的更新活动，杭州市旧工业建筑再生利用紧跟城市工业发展步伐，最早可追溯到至 20 世纪 50 年代末。杭州市旧工业建筑再生利用发展阶段如表 8.1 所示。

杭州市旧工业建筑再生利用发展阶段　　表 8.1

年份	阶段	主要内容
1958—2000	萌芽起步阶段	产业结构调整带来“退二进三”，城市性质变更引起“腾笼换鸟”
2000—2015	快速成长阶段	文化创意产业注入新鲜活力，旧工业建筑焕发勃勃生机
2015 至今	创新发展阶段	历史文化名城支撑工业旅游，世界文化遗产蕴含城市工业底蕴

（1）萌芽起步阶段

20 世纪 50 年代末，在“大跃进”的时代背景下，杭州市提出“奋斗三五年”将杭州建设为“以重工业为基础的综合性的工业城市”的口号。20 世纪 60 年代，杭州市政府重点规划了城市五大工业区，详见表 8.2。

20 世纪 60 年代杭州市五大工业区及其主要影响 表 8.2

五大工业区分布情况	主要影响
 五大工业区：半山重工机械工业区；拱宸桥纺织工业区；祥符桥小河轻化工业区；古荡留下电子仪表工业区；望江门外食品工业区	尽管在杭州市城市性质定位中明确提到“工业的、文化的、风景的”，但“工业”仍占据绝对主导地位。因此，杭州市的发展侧重点也偏向工业城市，逐渐偏离风景旅游城市的宏观愿景。由此导致杭州市重工业发展迅猛，对风景资源的保护利用产生轻视心态，致使杭州市环境质量大大降低，给杭州市城市生态建设埋下隐患。因此，20 世纪 70 年代，杭州市积极推进产业结构调整，为后续旧工业建筑再生利用探索奠定基础

1973 年，杭州市重新定位为“社会主义工业城市和革命化的风景城市”，并发布“杭州市城市规划图”，限制并调整近郊已初步形成的工业区，同时采取逐步迁出城区的措施。1978 年，杭州市再次定位为“浙江省省会所在地，国家公布的历史文化名城和全国重点风景旅游城市”，并于 1981 年发布“杭州市总体规划图”。1996 年，杭州市区不仅行政管辖范围得到扩大，城市性质也迎来了更高层面的精确定位——“国际风景旅游城市和国家历史文化名城，长江三角洲重要中心城市，浙江省的政治、经济、科教、文化中心”，同年发布了“杭州市总体规划图”。

正是由于杭州市城市定位变更以及接连的产业结构调整，到目前为止，杭州市区遗留下大量近现代旧工业建筑亟待处置。

（2）快速成长阶段

城市定位的确立主导了城市各层次的功能分布，在 21 世纪初期，杭州市也开始就如何协调“工业”与“旅游”的发展问题展开探索。在集思广益后，杭州市逐步找到解决方案：一是借鉴“十二五”期间出台的《关于打造全国文化创意产业中心的若干意见》，使杭州市搭上了盘活旧工业建筑的快车。二是发布“历史文化名城保护规划图”。这是杭州市对于城市定位内涵的深刻理解。这一时期，杭州愈发重视对于历史文化名城个性化和地域化特征的保护，也为后期杭州市工业遗产旅游的发展作了铺垫。

（3）创新发展阶段

随着杭州市综合实力的不断提升，其城市定位和城市性质也得到进一步补充与调整——“浙江省省会和经济、文化、科教中心，长江三角洲中心城市之一，国家历史文化名城和重要的风景旅游城市”。根据 2007 年发布的“杭州市城市规划结构图”中的城市空间构想，在创新发展阶段，杭州市积极践行“城市东扩、旅游西进，沿江开发、跨江发展”的空间策略，努力营造“一主三副六组团六条生态带”的空间结构。此外，在城市历史文化与传统风貌保护方面，杭州市发布“杭州市文化遗产保护规划图”，将旧工业建筑纳入保护名录，倡导分级分类保护，同时允许对旧工业建筑进行适度利用。

8.1.2　现状概况

杭州市作为国家历史文化名城与重要的风景旅游城市，在城市旧工业建筑（工业遗产）与城市传统旅游融合发展的道路上，其做法是值得其他地区学习的典范，不仅提升了杭州传统旅游城市的内涵，也为大批旧工业建筑再生模式提供参考。如今，在对旧工业建筑进行再生利用，保护“城市名片”的征途上，杭州市已走在前列。

目前，历经数十年间城市工业的发展更迭，杭州市各个时期具有一定代表性的旧工业建筑都已褪去沧桑、华丽变身。在创新发展阶段，旧工业建筑再生利用的选择也愈发多样，文化创意空间、特色小镇、城市商业综合体、博物馆与陈列馆等多种模式百花齐放（图 8.2），在旧工业建筑既有的形式美、内涵美之上赋予其新时代的传承之美。

图 8.2　杭州市旧工业建筑主要再生利用模式

8.1.3　再生策略与模式

（1）杭州市旧工业建筑再生利用相关政策

杭州市较早便认识到旧工业建筑能够给社会带来源源不断的“文化自信”，拒绝旧工业建筑走“大拆大建、拆旧建新”的路线，因此出台了一系列政策予以支持，见表 8.3。

杭州市旧工业建筑再生利用相关政策　　表 8.3

时间	相关政策	主要内容
2008	《杭州市工业遗产普查》工作	通过地毯式摸排杭州市区旧工业建筑（工业遗产）家底，初步罗列保护名单
2010	《杭州市工业遗产（建筑）保护规划》	通过法制管理手段保护杭州市工业遗产，并对旧工业再生利用模式做出初步探索
2010	《杭州市工业遗产建筑规划管理规定（试行）》	
2012	“杭州共识”	在杭州举办的中国工业遗产保护研讨会上发表，并提出工业遗产活态保护理念

（2）杭州市旧工业建筑再生利用模式选择

早在 2010 年，《杭州市工业遗产（建筑）保护规划》就已针对杭州市旧工业建筑再生利用模式的选择问题交出了答卷，再结合十几年来的切实探索，现今杭州市旧工业建筑主要再生利用模式见表 8.4。

杭州市旧工业建筑主要再生利用模式　　表 8.4

再生利用模式		典型案例		主要内容
		原旧工业建筑（群）	再生利用项目	
城市开放空间		杭州石油公司小河油库	小河公园附属用房	基于旧工业建筑创建富有社会生活气息、蕴含工业内涵的公共空间
		杭州铁路分局机务段	白塔公园	
博物馆纪念展示馆		桥西土特产仓库	中国刀剪剑博物馆 中国伞博物馆	博物馆、纪念展示馆等展馆力求展示历史底蕴与知识储备，恰与旧工业建筑骨子里镌刻的文化因素相呼应，是城市创新旅游与旧工业建筑再生利用融合的最佳方案
		杭一棉通益公纱厂	中国扇博物馆	
商旅文联合开发	创意产业园	杭州大河造船厂	运河天地文化创意产业园	商旅文联合开发旧工业建筑的再生利用模式，能够有效解决资金投入、后期运营等一系列问题，而旧工业建筑在这一范畴内的再生利用模式种类也较为丰富，且能够积极响应国家政策
		富义仓	富义仓创意空间	
		蓝孔雀分公司厂房仓库	LOFT49	
		双流水泥厂	凤凰创意国际	
	特色小镇	杭州铁路机务段厂房 杭州铁路职工宿舍	玉皇山南基金小镇	
	城市综合体	杭州重型机械厂	创新创业新天地	
		杭州制氧机厂	城市之星	

8.2　杭州市旧工业建筑再生利用项目

8.2.1　丝联 166 文创园

（1）项目概况

“丝联 166”文创园位于杭州市丽水路 166 号（图 8.3），其前身为“一五”时期国家重点建设项目——“地方国营杭州丝绸印染联合厂”（下简称“杭丝联”）。1956 年，国家计委批准成立“纺织部杭州丝绸印染联合厂筹建部”，厂址位于杭州市拱宸桥工业区，随后建厂。当时，相关部门曾专门邀请苏联专家将厂房设计为锯齿形，迄今为止它仍是我国为数不多的保存完好的工业历史建筑。两年后，“杭丝联”隶属关系变更，并正式更名为“地方国营杭州丝绸印染联合厂”。

（a）外景（一）

（b）外景（二）

图 8.3　“丝联 166”标志

（2）历史变迁

“杭丝联”于 1956 年成立筹建部，两年后隶属关系下放并进入稳步发展阶段。十一届三中全会召开后，“杭丝联”再次搭上发展快车，被选列为国家重点支持的大型骨干技术改造单位，成为“现代中国一百项建设”中唯一入选丝绸工业企业。20 世纪末，十五届四中全会提出国有经济“有进有退”，“杭丝联”面临着产业结构调整的巨大挑战。21 世纪初，杭州市中级人民法院宣告“杭州丝绸联合印染厂”破产。为探寻国有企业破产出路，“杭丝联”于 2001 年 10 月参加竞拍，回购部分资产，实现企业重组，“杭州丝联实业有限公司”由此诞生。2007 年，在一批以周青为代表的广告人的敏锐洞察下，“杭丝联”的工业园区作为 20 世纪遗留下来的庞大的旧工业建筑群，开始迎来了春天。“丝联 166 文创园”随后诞生。（“杭丝联”历史变迁如图 8.4 所示。）

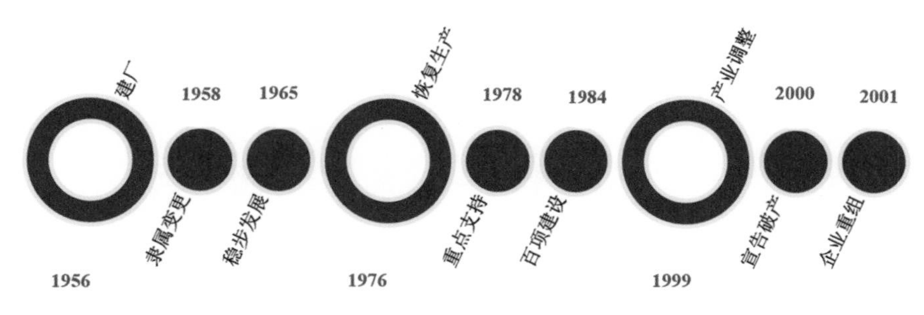

图 8.4 “杭丝联”历史变迁

(3) 改造效果

“丝联 166 文创园”利用原丝联厂旧址保留完好的苏联式大框架结构，依据其特有的锯齿型厂房（图 8.5）构建了涵盖广告设计、艺术创作、空间设计、视觉设计等多个文化创意功能的特色创意园区。据统计，“丝联 166 文创园”已有近 100 家企业入驻，每年的总经营额可达 5 亿 ~ 6 亿元。

(a) 内景（一）

(b) 内景（二）

图 8.5 厂房内部改造效果

在 2015 年召开的 G20 杭州峰会筹备工作动员大会上，时任中共浙江省委书记夏宝龙曾对“丝联 166 文创园”做出较高评价。在杭州丝联 166 文创园内，有一批优秀文创企业的领军人，他们所带领的团队，专业领域涉及建筑设计、博物馆设计和布展、园林景观设计、工业产品设计、艺术创作、视觉艺术、室内软装、服饰、饰品设计定制、摄影艺术和教育、咨询、产品展示以及与园区相配套服务业态。

8.2.2 LOFT 49 文创园

(1) 项目概况

LOFT 49 文创园位于杭州市拱墅区通益路 111 号（原杭印路 49 号），现隶属于杭州蓝孔雀化学纤维有限公司，其开创了杭州市文化创意产业与旧工业建筑共生的先河。

（2）历史变迁

LOFT 49 创意产业园前身可追溯到建于 1958 年的杭州化纤厂，20 世纪 90 年代中期成为杭州蓝孔雀化学纤维（股份）有限公司棉纶厂厂区，主要生产粘胶长丝，是浙江省知名的化纤龙头企业，曾入选全国国有企业 500 强。然而，随着时代的变迁，杭州市面临经济结构调整。2010 年，位于杭印路片区的老厂区迁至郊区，蓝孔雀化学纤维（股份）有限公司制定了应对现代制造业的“两轮驱动”发展计划，如图 8.6 所示。

图 8.6　杭州蓝孔雀化学纤维（股份）有限公司“两轮驱动”发展计划

（3）改造效果

2002 年 9 月，杜雨波和他的美国 DI 设计公司率先入驻，随后 LOFT 49 文创园（图 8.7）又迎来了一大批充满热情与创意的艺术家和设计师。LOFT 49 文创园充分利用厂区既有建（构）筑物，又合理保存旧工业遗留，创造了一个环境宜人、工业风浓郁的创意乐园，园区平面图见图 8.8。

LOFT 49 文创园作为杭州市工业与旅游较好融合的先例，先后引起了省、市地方政府与主流媒体的多方关注与支持，作为旧工业区再生项目的成功范例，LOFT 49 文创园吸引众多科研团队到实地考察学习。迄今为止，园区在各项评选中屡获殊荣：2005 年 杭州首届生活品质评比——最具生活品质区块；2007 年“中国创意产业园区新锐榜”——“最具品牌价值园区”；2009 年 园区当选“拱墅区首批文化创意产业园”；2013 年 园区当选“杭州市特色工业设计基地（园区）”。

图 8.7 LOFT 49 创意产业园

图 8.8 LOFT 49 园区平面图

8.2.3 中国扇博物馆

（1）项目概况

位于拱宸桥西的中国扇博物馆是通益公纱厂的旧址所在，通益公纱厂曾是浙江省规模最大、设备最先进、最具社会影响的三家民族资本开办的近代棉纺织工厂之一，是杭州近代民族轻纺工业发展历程的实物见证，也是杭州市拱墅地区近代工业区形成的奠基石。在其旧址上遗存的旧工业建筑，也是杭州清末、民国时期工业建筑的典型代表，具有深厚的历史文化价值。

现通益公纱厂旧址范围内保留一幢办公楼——杭州一棉有限公司离退休人员服务中心卫生所旧址（图 8.9），其余几间厂房已改造为中国扇博物馆与手工艺活态展示馆（图 8.10）。

图 8.9 杭州一棉有限公司离退休人员服务中心卫生所旧址

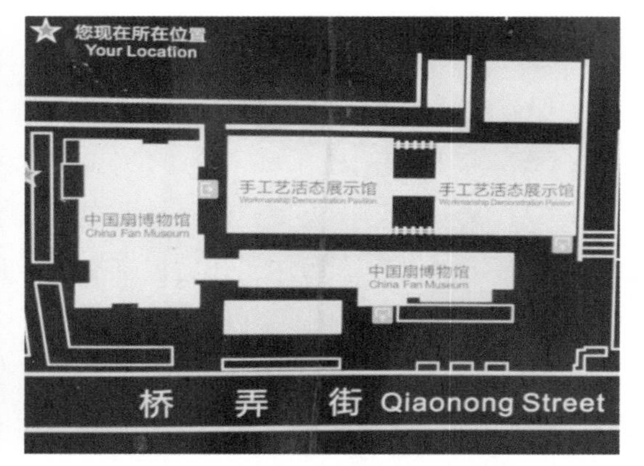

图 8.10 通益公纱厂旧址保护利用平面示意图

（2）历史变迁

鸦片战争的爆发坚定了“洋务派”兴建机械化棉纺厂的决心。1889 年，清代杭州名绅丁丙、晚清官僚庞元济等共同出资建造通益公纱厂。随着《马关条约》的签订，杭州作为首批通商口岸被打开，拱宸桥被选为杭州海关关址。为抓住商业先机、丁、庞等人便选址于拱宸桥地区。筹建期间，清政府投入大量资金购置先进器械、雇佣工人。尽管后来通益公纱厂又经历多次转手与更名，但是它作为浙江首屈一指的民族工商业，其努力办厂的精神大大促进了浙江民族资本工业的发展。

1956 年，通益公纱厂实行公私合营，并更名为杭州第一棉纺厂，同时投资新建厂房、更新设备，随后与其他兄弟工厂合并。后来，伴随着新中国社会主义管理体制的有效实施，杭州第一棉纺厂迅速成为浙江省轻纺行业的龙头企业之一。

在 21 世纪初，杭州第一棉纺厂被香港查氏集团整体收购，更名为杭州一棉有限公司，但是后来由于产业结构调整以及自身经营不善，几年后宣布破产。同年，因运河西岸绿地改造，拱宸桥地区大部分沿运河的旧工业建筑被拆除，杭一棉厂址地块大部分变为房地产楼盘，仅留下了三幢厂房及一幢办公楼作为文物保留。

（3）改造效果

2009 年 10 月，以 1 号老厂房为基础改造而成的中国扇博物馆正式对外开放（图 8.11）。中国扇博物馆的建立是基于杭州的老字号王星记扇子，与传统博物馆不同的是，这座博物馆注重体现市民文化，以及展馆毫不掩饰的工业风氛围。

（a）入口

（b）工艺品

图 8.11　中国扇博物馆及馆藏

2011 年 5 月，以 2、3 号厂房为基础改造而成的手工艺活态展示馆对外开放，它将工业遗址物质文化遗产与传统手工艺非物质文化遗产保护完美结合，以身怀绝技的手工艺人现场表演的动态形式，直观地展现杭州乃至全国的制剪、制伞、制扇等非遗手工技艺（图 8.12）。

现如今，位于运河沿岸桥西历史街区内的通益公纱厂工业建筑遗存，倚靠其饱含历史沉淀的人文气息，成为杭州市运河风景游览区必不可少的组成部分。这些年代悠久的旧工业建筑犹如一颗颗散落在运河两侧的城市历史遗珠，正在逐步串联，伴随着运河申遗成功，这些历史遗存将再次点亮古老运河的历史文明。

(a) 内景（一）

(b) 内景（二）

图 8.12　手工艺活态馆内部照片

8.3　杭州市旧工业建筑再生利用展望

8.3.1　杭州市旧工业建筑再生利用现状分析

杭州市旧工业建筑再生利用的发展建立在城市工业变革的基础上。随着杭州近代工业向现代工业的转变、改革，以及近年来对工业布局的调整，杭州市区产生了一大批近现代旧工业建筑。经过不断地调整与适应，杭州市的旧工业建筑再生利用在 20 世纪末初露头角。在 21 世纪，杭州市仍将紧紧依托“历史文化名城”和“风景旅游城市”的底蕴，使旧工业建筑再生在城市建设中大放异彩，持续发扬杭州市工业人文情怀，创立独具特色的杭州工业旅游体系。以下从再生模式和再生机制两方面阐述杭州旧工业建筑再生利用现状。

（1）再生模式

经过数十年发展，杭州市旧工业建筑再生模式几乎涵盖了所有主流模式（图 8.13），各类再生模式也使城市中的旧工业建筑重新焕发生机。但总体而言，杭州市旧工业建筑再生模式中占主导地位的仍是创意产业园。

自 2002 年 LOFT49（杭州蓝孔雀化学纤维有限公司）开始的一段时期内，依托旧工业建筑的文化创意产业得到迅猛发展。随后，2007 年，杭州市提出打造“全国文化创意产业中心”的目标，同时快速推动文化创意产业的发展，坚持把文化创意产业园区作为发展文化创意产业事业的主要平台。由此，创意产业园成为杭州市许多旧厂房再生利用的主流模式，那些散布在京杭大运河两岸的多家近现代大型国营工厂和仓库也成为了享誉全国的“运河天地”文化创意产业园。在模式上，杭州市旧工业建筑再生模式沿河而生、串珠成链，缘运河文化而漫漫发展，不局限于一园一区、一地一楼，而是围绕京杭大运河两岸选取合适的历史文化遗存和旧工业建筑进行再生，形成一种独具特色的“一园多点”的园区模式。

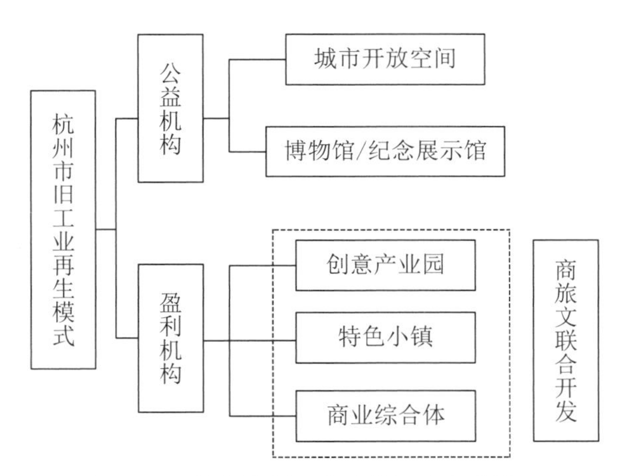

图 8.13 杭州市旧工业建筑再生模式概况

（2）再生机制

杭州市在旧工业保护模式上已经形成了由“点、线、面”三种保护形式构成的多层次保护框架。上城区、下城区两个老城区内以点状分布为主，如杭州肉联厂家属宿舍、浙江矿业公司旧址等。京杭大运河是以前杭州商贸活动的主要联系通道，在运河两侧分布着许多仓库、油库、造船厂等工业厂房，他们依托运河呈线状分布，如京杭大河造船厂、国家厂丝储备杭州仓库、杭州丝绸印染联合厂等。面状分布区域主要是半山、石桥一带的重工业区和闸口一带的铁路工程遗产区。

杭州市工业遗产保护框架以点为基础构成单位，通过点形成保护片和保护廊道的形式来实现对工业遗产的保护。这种由点至面的保护模式在整体上对工业遗产的保护有很大的优势，可以把城市更新对工业遗产产生的破坏降到最低。杭州市以规划政策为导向结合企业自发的保护与开发，形成了以“自上而下”为先导，“自下而上”以跟进的保护再利用模式。

8.3.2 杭州市旧工业建筑再生利用前景展望

杭州市依托旧工业建筑的再生利用项目发展涉及方面颇广，且独具特色，但关于未来该如何紧贴城市的发展战略，进一步挖掘城市旧工业再生利用潜在价值，笔者仍有以下见解。

首先，要加深对旧工业建筑内涵的理解。不同的再生模式有着不同的特点，如何将旧工业建筑的内涵自然地凸显在不同模式上，从而做到“不忘初心”，应该为此付出精力研究。

其次，要不断刷新对旧工业建筑范畴的认知。绝大多数旧工业建筑再生利用项目基本都只注意到工业建筑本身，而对于与近代工业生产相关的其他遗产对象，如工业运输及相关基础设施就很少涉及。这种问题在国内旧工业建筑再生利用中普遍存在，这与对旧工业建筑范畴的认知模糊有关。工业建筑本身虽然无疑是最能体现工业文明的载体，但如果因此忽视了对其他载体的再生利用，必然也会造成工业文明的流失。因此，杭州市要进一步推进城市旧工业区的再生利用，注重对其他工业遗产的传承和保护。

最后，基于杭州市由“西湖时代”走入“运河时代”，并逐步迈入“钱塘江时代”，杭州市旧工业建筑再生利用也将以“由点及线再成面”的区块式发展。作为长江三角洲城市群的一员，杭州市旧工业建筑再生利用要立足更大的平台，进行统筹兼顾。

第 9 章　温州市旧工业建筑的再生利用

9.1　温州市旧工业建筑再生利用概况

9.1.1　历史沿革

作为浙江省南翼中心城市，温州市是中国首批对外开放的港口城市之一。改革开放以来，以民营经济为主要特征的温州工业企业发展迅速，创造了著名的“温州模式”，并形成以鞋、服装、汽配等为主题领域的特色工业系统。

进入 21 世纪，随着产业结构的不断调整、城市化进程的不断推进以及市场经济的不断发展，该经营模式面临着巨大的挑战，许多旧工业企业或破产倒闭，或外迁郊区，中心城区内出现了大量闲置的旧工业建筑。温州市的工业发展概况如图 9.1 所示。

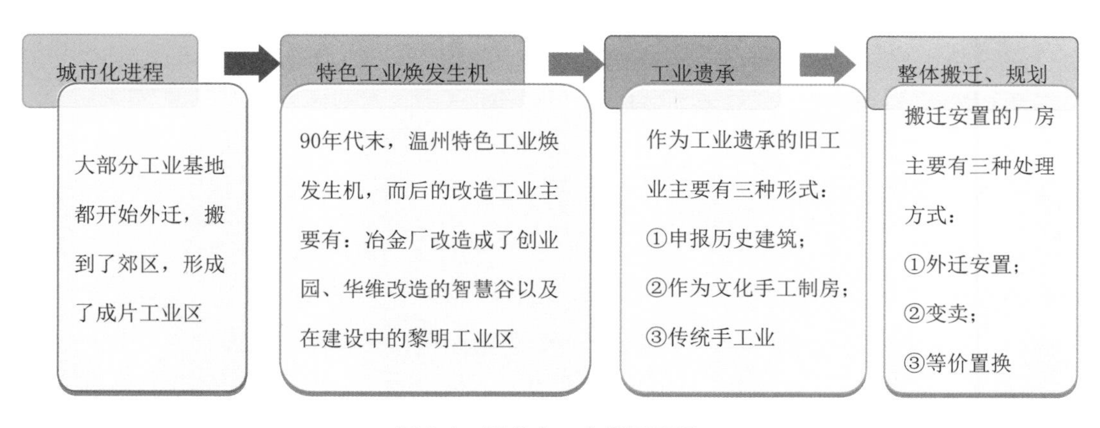

图 9.1　温州市工业发展概况

9.1.2　现状概况

温州市旧工业建筑再生利用于 2008 年在冶金机械厂先行先试，目前已形成较为完整的城市有机更新政策体系，在全市走出了民企旧厂区连片更新的新步伐，如表 9.1 所示。温州市利用老工业区和厂房来发展文化创意产业的做法，不仅树立了温州城市文化品牌，也树立了旧工业建筑保护与利用的先行典范，同时也在全省得到了充分肯定与广泛借鉴。

温州市旧工业建筑再生利用相关政策汇总　　表 9.1

生效时间	条文名称	发文字号	发文部门
2009 年	关于印发温州市工业用地项目评估暂行办法的通知	温政办〔2009〕156 号	温州市人民政府办公室
2009 年	关于促进温州市中心城区功能转变和产业结构优化实施细则（暂行）的通知	温政办〔2009〕97 号	温州市人民政府办公室
2012 年	关于加快推进市区工业用地二次开发进一步促进工业有效投资的实施意见（试行）	温政发〔2012〕76 号	温州市人民政府
2013 年	关于促进和支持文化发展的若干意见	温委发〔2013〕68 号	中共温州市委 温州市人民政府
2016 年	关于创新市区工业用地供应方式的实施意见（试行）	温政办〔2016〕74 号	温州市人民政府办公室
2020 年	关于进一步加强工业用地高质量利用全周期管理的若干意见	温政办〔2020〕53 号	温州市人民政府办公室
2020 年	关于印发有序推进温州市区中心城区工业用地功能转变实施方案的通知	温政办函〔2020〕26 号	温州市人民政府办公室
2022 年	关于印发温州市老旧工业区改造提升三年行动方案的通知	温政办〔2022〕74 号	温州市人民政府办公室

通过旧工业建筑再生利用，实现了都市现代元素与城市历史文脉、都市生活品质与城区功能分类、都市产业布局与城市人居环境的和谐统一。通过对旧工业厂区内部和周边道路的全面修整以及对工业厂房的全面改造，原有旧厂区或成为高品质商业商务区，或成为高品位生活居住区，形成了新都市商业、新绿色商业和新人文商业。

9.1.3　再生策略与模式

温州市遵循“以人为本、保护第一、持续发展”的理念，按照“政府可承受、企业可接受、政策可操作、发展可持续”的策略，在城区内划分了不同的都市型功能区，以片区为单位，依照旧厂区的规模、功能、状况、环境以及周边组团衔接，秉承“宜商则商、宜文则文、宜居则居、宜工则工”的宗旨，按照实施主体、运作方式、土地功能等不同，因地制宜地实施三种城市有机更新模式，达到旧厂区与城市其他肌理的同步有机更新与协调和谐统一，如表 9.2 所示。

旧工业建筑再生利用模式比较　　表 9.2

项目	三个不变、园区连片	统一征收、整体改造	功能主导、自行改造
实施范围	城市工业区范围内总用地面积在 150 亩以上、符合城市规划功能调整要求的旧厂区	城市工业区范围内布局散乱，设施落后、利用低效、规划确定改造的旧厂区	城市工业区范围内、规模工业区以外符合规划调整要求、片区功能要求，不损害公共安全的零星单体厂房
实施主体	政企结合型	政府主导型	企业自主型

续表

项目	三个不变、园区连片	统一征收、整体改造	功能主导、自行改造
更新机制	在保持建筑主体结构不变，土地性质不变，所有制关系不变的前提下，政府将制定计划，吸引投资和支持服务，企业负责运营，市场配置资源	规划控制为公共服务设施和低效土地开发利用的旧厂区，由政府主导统征统拆统建	符合规划功能要求的前提下，由企业自行或联合其他企业进行有机更新，并按产业定位补缴土地收益金（或出让金）
政策处理	缴纳土地收益金	货币安置、置换办公用房、营业用房及工业用地异地安置	补缴土地收益金（或出让金）
政策突破	工业园区划分三类区域严格实行产业准入限制；土地收益金收缴依照不同区块和产业导向采取不同优惠标准；允许符合条件的旧厂房进行局部改造或厂房间联通，并办理临时建筑许可手续，同宗土地允许部分单体建筑临时转变使用功能	在城市建设房屋征收、城中村改造、农房改造集聚建设、中低收入市民保障房建设“四策合一”的政策框架下实行统征统拆	在片区完成整体改造和符合功能要求的前提下，零星单体厂房自行有机更新的探索实践，产业准入以市场配置为主
目前成效	滨江街道“黎明·92”文化创意园、南汇街道吴桥健康产业集聚区初显成效	涂田工业区、鲍州工业区、南汇街道龙沈工业区、吴滨巷工业区、双屿街道岩门制革基地等工业区完成（或正在）改造	温州米房创意园、中国鞋都鞋革城、温州华威软件创意园、1958 老码头文化创意园等多家企业完成更新
主要特色	政府统筹、产业集聚、品牌改造，保证政策延续和文化传承，避免有机更新造成“二次低小散”，实现政府、企业、市场三方共赢	保证规划实施，实现改造彻底	优点是企业自主性强，能够根据政策要求和市场需求灵活运作；不足是难以形成规模化、品牌化改造，容易造成“二次低小散”

9.2　温州市旧工业建筑再生利用项目

9.2.1　东瓯智库创意产业园

（1）项目概况

东瓯智库创意产业园位于温州市区黎明街道新城，前身为温州市黎明工业区。这一工业区作为城市东进发展、“退二进三”的片区，在历经修整改造后成为由温州市经济和信息化委员会主管、浙江奥美力文化传媒有限公司投资、浙江东瓯智库创意产业开发有限公司运营管理的大型综合性文化创意产业园。园区规划建设面积 25 万 m²，整个园区的建设，分三期开发和改造，总投资在 1 亿元以上，如图 9.2 所示。

图 9.2　东瓯智库创意产业园

（2）改造历程

东瓯智库在再生利用过程中主要经历了以下三个阶段：

第一阶段（2011 年 6 月至 7 月）：准备阶段。项目拟申请及立项后，温州东瓯智库创意产业园项目建设项目管理团队成立。设置相应的业务负责人，负责整个项目建设的指导、监督和实施，解决整体决策关系中的主要问题，制定总体规划及分步实施计划。

第二阶段（2011 年 8 月至 12 月）：试运营阶段。建立信息发布中心，广泛接受各界创意设计精英和企业的加入，并根据具体情况采取相应的合作方式，共谋发展。有计划、有步骤地全面开展中心的各项业务，及时了解创意设计行业的现状。全面收集国家和世界主要地区的创意产业和市场，建立中央数据库，全面培训中心人员。与重点企业建立长期、固定的沟通机制，了解市场发展趋势，综合掌握各种必要信息，通过详细的会议讨论制定短期工作计划。跟踪中心试运行期间的项目进度，并随时进行调整，改善中心业务部门的工作，进入正常工作状态。

第三阶段（进入 2012 年以后）：步入正轨阶段。园区已成为温州制造业的重要组成部分，是传统产业转型升级的主要动力和重要的经济增长点。被打造为温州制造业“创意中心”的产业园区，其影响力辐射至周边地区，成为温州乃至浙江创意产业的亮点以及浙江省创意设计的最大平台。

项目有足够的土地用于发展创意文化产业园区，开发的后续空间广阔。在首期发展的基础上，将根据已落户企业的发展需要及时制定项目的二期、三期开发计划。努力打造一个产业完整、业态良好、规划合理、管理规范、规模宏大、亮点纷呈的大型创意文化产业园。

（3）改造效果

一方面，东瓯智库在再生利用过程中通过系统的规划及合理的设计，对园区内的道路、绿化、标识及建筑等方面都进行了改造，具体如下：

总体形象：园区内道路宽敞、绿树掩映、环境整洁、幽静怡然。

街道绿化：园区绿化属于偏现代风格设计。街道两旁及中央分隔带的树木和绿篱，以及布置有序、造型别致的花坛、街心花园等，在为园区增添美妙的绿色之时，也为人们增添一份自然舒适之感。

指示标识：园区指示系统规范，视觉效果明朗。从入园前的路口到园区内每一个楼层，直至每一个工作室都设置有醒目的标识，而且这些标识具有连贯性、持久性、准确性、艺术性和趣味性等特点。

建筑外立面：建筑物外立面是深灰和橘黄两种颜色，整体线条流畅，呈几何形状布局，风格独特大气，引人注目，视觉效果强烈。

色彩元素形成：园区的整体建筑采用统一的色彩元素装饰，呈现出团结、包容、开放、亲和的魅力，也彰显出文化创意产业的蓬勃生机。

另一方面，园区有卡伊红酒文化会所、端越网视、小茶悦会、招财居、席会咖啡、嘉乐迪音乐工厂、鲜果搭、大宅门宾馆等众多配套服务场所，为顾客和消费者随时提供娱乐交友、商务交流、餐饮购物、文化教育、展览展示、会务接待等服务。

9.2.2　学院路 7 号 LOFT

（1）项目概况

浙江创意园学院路 7 号 LOFT 的前身是温州冶金机械厂，总建筑面积 2.1 万 m^2。2008 年，由浙江工贸职业技术学院和温州日报报业集团合作成立浙江创意园文化传播有限公司，按照“三个不变”模式对旧有厂房进行更新。再生利用过程中既保留了历史印迹，又加入了现代时尚元素，成为温州市首个 LOFT 创意园区。该创意园区位于学院中路 7 号，又被称为“学院路 7 号 LOFT” [37]。

（2）改造历程

学院路 7 号 LOFT 项目前身是温州冶金机械厂，因为生产工艺的淘汰，进而出现了亏空，后又闲置，才设法进行改造利用。原厂房标准面积 110m × 39m，层高为 10m，双跨。改造计划为学校占地 340 亩，创意楼占地 25 亩。2007 年，在做校园总体规划时，经过了环境的整体评价，考虑到学校长期内不再办厂，主要发展教育，又考虑到当时已经有在校学生，因此在规划时是采用一个点一个点分块进行改造。厂房的结构主要是大框架结构，且都是标准厂房，水电管线及道路交通只在内部有所改动，外部基本没有变化。当时冶金机械厂已经停产，机器也作为固定资产进行改造，原有设备已基本废弃，只保留了在创意园门口的供观赏用的机器，如图 9.3 所示。

（a）设备展示

（b）水槽景观

图 9.3　观赏景观

（3）改造效果

在此项目改造利用过程中，浙江工贸职业技术学院与温州市报业集团合作，由于报业集团隶属温州市政府，因此温州市给予了报业集团部分税收优惠政策。整个改造过程是以报业集团为主体，学校为辅助，但后来报业集团出现操作困难，因此浙江工贸学院成为主要的投资主体。改造投入资金大概500多万元，主要是用于主体框架改造加固，内部装修由各个商家自行设计解决。项目主要是用于创意设计，同时也为学生提供实习基地，如天一角是最早改造的厂房，天一角餐饮公司承办时与学校也做过这方面的交涉，条件就是为学生提供实习基地（图9.4）。

(a) 影视文化基地　　(b) 创意学院

图9.4　改造效果图

9.2.3　花园1956文化创意产业园

（1）项目概况

花园1956文化创意产业园原为温州渔业机械厂，位于温州市黎明中路96号，毗邻各大商业圈，区位优势明显。园区占地面积103亩，是浙南地区最大的文化创意产业集聚区。项目总投资5亿元，改造面积5万余m²。花园1956文化创意产业园是一个花园式的创意体验休闲公园，集电影、制作空间、创意设计、婚礼策划、展览、文化、娱乐和艺术培训于一体。拥有设计摄影、电影、酒店、创意零售、餐饮套餐、大学创业项目等业态，着手打造高端、时尚的文化产业聚集区和文化商业的核心消费区。

（2）改造历程

1956年，渔业机械厂作为温州第一批国有企业在此创办工厂，从事海洋捕捞设备的制造。随着城市有机更新、“退二进三”、“优二强三”等政策引导，政府鼓励和引导工业园区、老旧厂房进行产业转型或规划改造，劳动密集型的鞋革、服装等第二产业陆续退出，鼓励文化创意、商贸服务等第三产业进驻，盘活工业老厂房，使其融入创意，获得新生。

园区再生利用过程中遵循“修旧如旧”的原则，在不改变原有建筑基本格局和主要设施的前提条件下，对旧厂房外观和内部空间重新设计，并包装大量的工业元素，并尽可能还原保持工厂的“原始味道”。

(3) 改造效果

根据调研了解到，花园 1956 文化创意产业园的发展和改造没有采取激进的做法，而是采取了一种温和的、循序渐进的方法。改造工作注重修复，完成复古与新潮的融合。园区内保留了一些渔业机械厂遗留的物品，记录这里曾经的点点滴滴。

园区内基础设施也进行了升级改造，完善了园区内的基本功能，如图 9.5 所示。对路面进行的改造，使得路面平整，人车分流，缓解园区交通压力，设计了 1000 多个停车位，解决了停车困难的问题，以此来吸引更多的游客来此参观，创造更多的潜在收益。

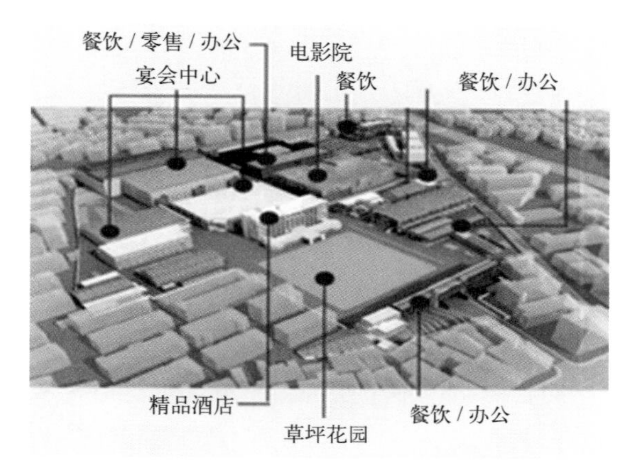

图 9.5　花园 1956 功能分区

9.3　温州市旧工业建筑再生利用展望

9.3.1　温州市旧工业建筑再生利用现状分析

目前，温州市的城市建设在旧工业建筑的修复和园区环境改善方面仍存在轻视态度，通常以整体拆迁为主要方式。虽然这有利于旧工业园区的整体改善，但在原有基础上改善、修复各类设施，也是激发城市活力的有力手段。大面积拆迁对旧工业建筑园区基础文化设施建设都造成了很严重的破坏，同时相较于旧工业建筑再生利用，大面积拆迁重建也浪费了大量的资金。温州市旧工业建筑再生利用主要存在以下两个方面的问题。

(1) 经济上对企业的改造活动缺乏政策倾斜。对于企业而言，追求更高的经济价值是他们进行改造更新的直接原因，只有提供充分的利益才是打动企业的关键。在 2011 年前，企业普遍反映，根据现行的土地出让金和收益金补缴的规定，企业需要支付的“退二进三”成本过高，经济账不划算。虽然 2011 年出台的《关于加快推进中心城区功能转变和产业结构优化的补充意见》(温政办〔2011〕144 号) 较之前的政策给出了更大的优惠，但利益分配的平衡点仍未找准，难以对企业形成较大吸引力。

而相对于违规的改造活动，规范操作的成本过大。通过调研分析，温州市区存在企业擅自（未经审批）进行“退二进三”的情况，而且量大面广，尤其是地理位置优越的区域，改造的活动更加频繁。如此大规模的违规改造未得到任何制止和惩戒，从侧面可以看出，企业“退二进三”违规成本低，而根据政策导向进行正规审批却需补缴相关规费，相比之下，规范操作的企业就少之又少。相对于新建项目，原址改造成本也过大。

另外，为了引入“退二进三”的投资者，企业主们设法绕开现有政策中“权属不变”的规定。比如，在实施“退二进三”之前实行股权合作，或通过民间协议去约定新进投资者的股权。不过这两种规避“权属不变”的方式对于企业来说，都不能完全解决存在的问题。第一种方式，永远持有则已，只要是在任何节点上选择出售，照样需要缴纳因土地增值而产生的20%企业所得税，而规范的品牌投资者，一般不愿意接受这种有较大风险的事前股权合作方案。第二种方式，由于不能合法地体现投资人的持有状态，存在很大的纠纷风险，也难以让投资者接受。

（2）审批上对旧工业区改造地块缺乏绿色通道。为推进旧工业区改造更新，使企业“退二进三”有可操作的审批流程，温州市政府于2009年发布了实施细则，这一细则由温州市发展改革委员会、工商局、国土局和规划局四个改造工作的核心部门联合起草制定，现依然适用。不仅如此，各区、功能区在各自的细化政策里还专门为此设置了“联席会议”等联动制度，然而在调研过程中发现，企业仍觉得审批艰难。

9.3.2　温州市旧工业建筑再生利用前景展望

浙江省拥有丰富的自然资源禀赋和优势。浓厚的文化底蕴和充足的民间资本，为文化创意产业发展提供了良好的文化基础和经济基础。2006年4月18日，首届中国工业遗产保护论坛在江苏无锡召开，此时世界各地已对知名的、大型的工业遗产进行了各种不同手段的保护和利用，温州市总体规划借此东风，对城市旧工业建筑的未来和发展也作出了反应。但相对于其他城市，温州市对旧工业建筑的再生利用的重视程度不足，目前并没有像北京798艺术区、上海田子坊等那样非常成功的改造案例。温州市政府在工业建筑遗产保护利用中应起主导作用，对于旧工业遗址尽可能在原基础上整体修缮，尽量不推倒重建。

温州市政府在工业建筑保护利用过程中可考虑以下几点建议：

（1）应加强地方旧工业建筑的保护工作。就地直接保护是首选措施，只有当社会经济发展有压倒性的需求时才考虑拆迁和或迁移保护，除非其对整个遗址的完整性有利，那么不鼓励重建或者恢复到过去的某种状态。工艺流程、公益文化等是工业遗产的重要组成部分，应详细记录，保存历史记录和文献、企业档案、建筑图纸和工业样品。工业遗产的保护需要确保过程的完整性，同时彻底了解其过去的用途和各种工业过程。

（2）旧工业建筑再生利用有利于可持续发展，工业遗产可以在经济衰退地区发挥重要作用。通过振兴和利用旧工业建筑园区，保持区域活力，社区居民可以获得可持续的就业机会和心理稳定。因此，除非旧工业建筑具有特殊和突出的历史意义，否则通常鼓励对旧工业建筑再生利用，将工业区的娱乐、旅游活动和工业遗产保护相结合，以确保其继续得到保护。

（3）提高公众对工业遗产的兴趣并认可其价值。有关部门应通过展览和媒体等方式展示工业遗产的价值，确保人们能够方便地获取信息并方便参观遗产。而建立专业的工业和技术博物馆则是保护和传承工业遗产、建立工业遗产路线和国家遗产地的重要途径，也能够丰富工业技术传播的方式。此外，也应鼓励中小学生阅读有关工业遗产的专业资料，参与保护和利用的实践，以提高工业遗产保护意识。

第 10 章　宁波市旧工业建筑的再生利用

10.1　宁波市旧工业建筑再生利用概况

10.1.1　历史沿革

宁波市是长三角南翼经济中心，也是浙江省重要的港口工业城市，地理位置优越，自古便是对外贸易的重要口岸，工业历史悠久，是我国首批沿海对外开放城市和先进制造业基地。在历史发展的浪潮中，宁波市经历了从内河经济、沿江经济、河口经济到海港经济这 4 个阶段。作为如今新崛起的港口城市，宁波的工业发展也经历了多次空间位移和产业转型，形成了以国际贸易为核心的创新型城市。

宁波市的工业发展随着国家地缘环境与经济社会变迁发生了巨大变动。在产业转型的浪潮中，宁波中心城区的工业产业快速外迁至郊区，部分工业用地已被置换为创意产业园，且逐渐趋于完善，对周边环境、生产、消费和居住等方面都产生了不容可忽视的提升效应，成为旧工业建筑再生利用项目的典范城市之一[38]。

10.1.2　现状概况

宁波市旧工业建筑主要分布于鄞州区（原江东区）与江北区，且重点集中于较繁华的三江口区域。江东区曾建有数以百计的大型工厂，其建筑本身具有沿江带状分布和东延条状分布的特点。在城区段的甬江、奉化江东岸，从北到南有江东北路、江东南路沿，江连成的十几公里的公路带，这一区域曾分布着以和丰纱厂、太丰面粉厂等为代表的规模较大的 50 多家企业。而三江口区域作为曾经船运发达、工业密集、商业繁荣的中心城区，不仅留存有丰富壮观的旧工业建筑，同时也蕴含着丰富的精神文化。

宁波市首次将旧工业建筑再生利用为文创园区可追溯至 2007 年《宁波市关于加快推进都市产业及相关服务业发展的若干意见》（甬政发〔2007〕129 号）的出台。该意见是宁波市政府为调整工业结构、优化资源配置、完善城市产业功能、改善生态环境、扩大就业、提高城市综合竞争力的战略决策。如此功能置换不仅有利于提高城区工业土地资源的利用率、集聚高素质人才，并且对于创新型城市建设与经济发展也能够做出巨大贡献。

2016 年上半年，宁波市出台《宁波市级文化创意产业园区认定及管理办法》（甬文改办〔2016〕5 号）。截至 2019 年 1 月，评定出两批共 20 家市级文化创意产业园区和 31

家市级培育文化创意产业园区。宁波市政府 2018 年政府工作报告指出，宁波文创产业增加值占地区生产总值比重已增至 7%。可见，文创产业不仅成为了新的经济增长点，并且在推动传统产业转型、促进产业结构调整方面发挥了重要作用[39]。

10.1.3 再生策略与模式

在产业转型升级过程中，大批工业企业转产、停产，部分工业用地或闲置，或零星混杂于商业地块，影响城市区块功能布局，造成土地资源浪费。在建设用地有限、土地供需矛盾日益突出的背景下，宁波市政府于 2011 年出台政策，明确规定符合条件的老厂房可以“退二进三”。在政策处理上，政府加大了对总部经济、城市综合体、新兴物流、商贸等现代服务业的土地供应供给，加快产业结构的优化升级。通过政府收购储备、企业自行改造、土地置换、建筑物功能改变、完善新增工业用地供应方式等途径，推动传统块状经济向现代产业集群的发展。

宁波“腾笼换鸟”战略实施较早，但政策文件的形成是在 2013 年初。此政策的决策是以产业体系调整为重点，扶优汰劣、挖潜存量，来推动企业竞争力和资源能源利用效率的提升；同时，突出强调建立倒逼机制，按照《土地管理法》《闲置土地处置办法》等有关规定法规，加大对闲置土地的处置力度、加快淘汰落后产能、强化企业项目用能管理[40]。

10.2 宁波市旧工业建筑再生利用项目

10.2.1 宁波书城

（1）项目概况

宁波书城由宁波太丰面粉厂改建而成，书城位于宁波市江东北路甬江大道 1 号，用地面积 40500m^2，总建筑面积 81686m^2，总投资 8 亿元。通过对原宁波太丰面粉厂遗留厂房进行改造，宁波书城利用 8 幢建筑组成了极具港城历史文化韵味的港城建筑群落。以“甬江边的城市书房”为主题，打造“书香宁波”氛围，成为城市新名片和文化地标。宁波书城作为三江六岸文化长廊的重要组成部分，以“书市、书展、阅读与交流”为主题，以媒体传播为平台，聚集文化创意产业，辅之以文化消费、文化传播、文化生产、休闲观光等多元功能。

（2）改造历程

宁波太丰面粉厂（图 10.1）于 1931 年由戴瑞卿等人创办。1954 年公私合营，宁波太丰面粉厂已经发展为行业代表性企业，并日渐成为宁波经济史上地位显著的工厂。1993 年，宁波太丰面粉厂和中国食品集团有限公司合资，成立宁波中策太丰食品有限公司。但随着宁波市三江六岸文化长廊的规划，工厂改迁他处。2005 年，宁波日报报业集团成功竞标，由德国莱昂建筑师事务所整体设计规划建设为宁波书城，如图 10.2 所示。

设计方案刻意保护和加强了原有的工业特征，并通过“一本打开的书”的构想，结合原面粉厂区内的现存建筑，使原有的工业城市印象得以保留。此外，项目充分利用空间叠加法，即以保护性利用为出发点，用保留的工业建筑作为主体，对建筑外墙、内部空间、室外环境等进行综合改造，根据功能需求增建新建筑，同时保留原有风貌，兴建了一组风格独特、书香氛围浓郁的建筑群落。

图 10.1　宁波太丰面粉厂原貌

图 10.2　宁波书城全景

处于地块北端新建的一号楼，根据功能对开间和高度的要求，以一种和与原来建筑相同的正方形建设，现用作酒店。二号楼原有钢结构筒仓被取消，但楼梯间作为典型的竖向元素保留了下来，并通过砖石结构的扩建得以利用。这个塔楼设置了小的办公单元，并和酒店以及四号楼一起定义了一个向水面开敞的广场。

三号楼由沿江的八个筒仓改造而成，原功能为储蓄面粉用的筒仓，如今被设计成三个单元，成为书城最有特色的建筑之一，如图 10.3 所示。原有的筒仓上又扩建了 3 层的餐厅，并带有室外阳台，人们可以在这里充分领略三江口全貌。筒仓与四号楼相连的空中廊桥被保留下来，作为补充入口，使建筑空间更加灵活多样，如图 10.4 所示。

图 10.3　由筒仓改造的三号楼

图 10.4　保留的空中廊桥

四号楼原来是面粉厂仓库，如今改为通用商业空间。五号楼原为两层面粉仓库，与它南面原六号楼的部分合并被改建为公厕，两个建筑物在它们之间的区域拥有一个带玻璃顶的前厅。朝甬江部分的筒仓也被保留了下来，这十分有利于原面粉厂特征的保护和加强，底层部分现用于旅游信息中心或展览空间。

七号楼为原锅炉房，现再生利用为餐厅，位于厂区南端入口处。地块南面的八号楼是宁波书城的主楼建筑，其形式酷似一本巨大的打开一半的“书”。红色砖墙编织纹理代表封面，墙面水平和垂直的遮阳片代表内页。其中横卧在地上的半本书（4 层）是新华书店，而其站立着的另一半（16 层）则是办公楼，如图 10.5 所示。

（a）新华书店外观

（b）八号楼全景

图 10.5　八号楼“一本打开的书”项目

原有建筑的结构特点也成为了再生利用的优势，由于建筑体本身体量厚重，可以作为一个热量的储存体，即可以利用钢筋混凝土结构在室外温度的变化中吸收冷热，改善建筑内部的小气候（被动式节能原理）。同时，为达到最佳的利用效果，室内楼板将不会再安装新吊顶。新建部分将采用钢结构，来提供更大的空间跨度，同时也降低了对原有建筑的荷载。值得注意的是，项目中用于封闭立面的双层 U 形玻璃（玻璃之间有透明保温材料 TWD）具有极好的透光性，且热工性能极佳，其阻热性能相当于一面封闭的墙体 [41]。

（3）改造效果

宁波书城自 2010 年 5 月落成开放至今，已发展为宁波市文创产业园区的领军者——宁波书香文化园。园区以新华书店为主体，发展创意设计、手作体验、艺术培训和轻餐饮等文创业态，互融互通，实现文化产业的集聚效应。原有建筑中的 8 个高大的面粉筒仓已转型为“太丰仓艺术楼”，内有邵洛羊艺术馆、何业琦工作室等，并常年举办各类艺术展览，来丰富园区的文化内涵。

宁波书城引入了“城市书房”的概念，以图书销售、藏书展示与交换、阅读交流为主题，围绕“书”这一核心，并配置四大功能板块，使其成为兼具图书流通中心、媒体会展传播中心、文化创意产业中心、滨江阅读展示休闲中心四大作用的多功能城市文化中心，也使得宁波太丰面粉厂这一旧的载体拥有了新的表达。

10.2.2　和丰创意广场

（1）项目概况

和丰创意广场是由原和丰纱厂改造而成。该项目地处三江口核心区域，是一个在宁波市委、市政府的推动下建立的都市高端写字楼群，位于宁波市鄞州区江东北路317 ~ 495号。项目西起滨江大道，东至江东北路，南起民安路，北至通途路。南北距离约550m，东西约200m，总用地面积约10.54万m^2，总建筑面积约34万m^2。2011年10月20日，宁波市和丰创意广场正式开园，专业办公写字楼面积13.6万m^2，1 ~ 4层为创意体验式高端江景商业街。

（2）改造历程

1998年5月，随着宁波市纺织工业的大规模重组，和丰纱厂等40多家国有纺织企业重新整合，共同创立了宁波维科集团股份有限公司，和丰就此完成自己的使命，融入了宁波维科集团。和丰纱厂申请破产后的第六年（即2003年），宁波市文化局将“和丰纱厂”列为宁波市第三批文物保护点，如图10.6所示。

2007年末，由宁波工业投资集团有限公司、宁波市城建投资控股有限公司和江东区国有资产投资公司共同出资，组建宁波和丰创意广场投资经营有限公司，并负责改造项目的开发建设、招商和运营管理。改造以结构安全鉴定为基础，对原和丰纱厂办公楼建筑外观和内部构件进行修缮，采用科学的设计方案与施工技术，最大程度保护文物建筑安全、保存原有建筑风貌，保证了工业建筑的原真性，如图10.7所示。

图10.6　和丰纱厂老厂房历史照片

图10.7　和丰纱厂老厂房现状

和丰纱厂有着不可替代的历史文化价值，对其进行就地重建或局部更新成为探索工业建筑历史文化价值的又一实践。因此，在宁波市文化局、规划局的推动下，对和丰纱厂以集聚文化创意产业为核心进行原貌再生[42]。宁波市政府部门既充分考虑社会发展需求，又结合和丰纱厂的历史文化价值，使得大部分历史建筑得以保留（如议事厅小洋楼、和丰纱厂老厂房），如图 10.8 所示；并结合现代元素，建立五座商务大楼——和庭楼、丰庭楼、创庭楼、意庭楼和谷庭楼。五座现代商务大楼的 1 ~ 4 层是商业街，其余楼层均用于商务办公出租[43]，如图 10.9 所示。原来的议事厅小洋楼现改造为“华珍门”艺术品展示中心，用作定期会展，处处体现着纺织“文化”与现代“创意”相互融合的主旨，让传统建筑的历史价值与现代文化的创意设计理念相结合。

图 10.8　议事厅小洋楼实景图

图 10.9　新建商务楼实景图

（3）改造效果

和丰创意广场作为宁波推进创新型城市、智慧城市建设、提升服务业发展水平、加快经济转型升级的重要平台和载体，同时也开创了国内由政府为主导、国有资本出资，打造全新大规模、高水平工业设计与创意产业集聚区的先河。早期，地方政府与宁波和丰创意广场投资经营有限公司成为和丰创意广场空间实践的主导力量，后期又将创意修复的空间提供给创意群体，进而再次拓展生产与再生产的关系，最终不仅成功解决城市土地危机，并且实现了产业升级和土地租差的获取。

和丰创意广场作为宁波市工业设计产业发展“一核多点”的核心，以国内外高端设计机构、研发机构以及为设计企业提供服务的知名中介机构作为重点招商对象，始终致力于打造集工业设计与创意、研发、交易、展览、孵化等功能于一体的产业集聚区。

10.2.3　1956 创意园

（1）项目概况

1956 创意园原为宁波变压器厂[44]，园区占地面积 6.3 万 m^2，位于宁波市江北区宁慈路与康庄路交会地段，是宁波首批市级创业平台，也是目前宁波规模最大的庭院式LOFT文化创意集聚平台。项目建设过程中利用原厂车间布局，巧妙地划分出7个组团，二期增设8、9、10号组团，共入驻了百余个工作室，明确地阐释了低密度、庭院式办公空间的魅力，如图10.10所示。

（a）八瓦IP梦工厂

（b）金峨生态

图10.10　入驻企业

（2）改造历程

宁波变压器厂始建于1956年，位于宁波市江北区，是宁波现代工业起步的见证，如图10.11所示。20世纪90年代初，作为原机电工业部重点企业的宁波变压器厂本是全国中小型变压器主导企业之一，随着传统国企的改制和“退二进三”产业政策的逐步实施，原宁波变压器厂也难逃改革的命运。2007年，工厂因国企改制而闲置，环境开始变得脏乱，后厂房用于出租，部分建筑甚至因使用不当、缺乏修缮而倒塌。

2009年，宁波工业投资集团全面分析了原宁波变压器厂的改造价值，在最大程度保留主体设施的前提下，对原厂建筑外观和内部进行改造[45]。项目投资3500万元，分两期进行改造，将宁波变压器厂打造成宁波最大的LOFT创意园区。凭借宁波变压器厂蓄载50余年的工业历史，并融合创意、文化和设计等后现代元素，让锈迹斑斑的老厂房重获新生，如图10.12所示。

为了更好地整合资源，发挥产业集群效应与发展规模经济，园区提出了“文化创意区、时尚创意区、创意培育区”的创新规划理念。其中“文化创意区”内主要是艺术创作类企业；“时尚创意区”内主要是动漫、摄影广告、艺术设计等类别的企业，充满前卫与动感；“创业培育区”为年轻人搭建创业平台，推进科技型、创意型企业的孵化与培育。每个区由多个组团构成，形成相对独立又相互呼应的办公集群氛围。

更独特的是除了各个不同主题的组团，设计师留出了很多“共享空间”，如艺术展示中心、商务服务中心、设计师主题公园等，用于创意设计、展示、交流，提供充足的互动空间，使不同领域的艺术工作者和各类时尚元素在这里相互碰撞。园区里的景观让建筑物与自然生态环境自然融合，茂林修竹、庭院迂回，随处点缀着水池、园艺小品、木椅凉伞、设计别致的指示牌，使这里成为宁波市罕见的休闲式院落办公场所，如图 10.13 所示。

图 10.11　宁波变压器厂

图 10.12　1956 创意园正门

(a) 景观（一）

(b) 景观（二）

图 10.13　园区景观

（3）改造效果

1956 创意园通过旧工厂改造，很好地体现了生态化景观设计理念，针对园区特点，充分利用绿化好、景观空间丰富的优势，使其成为宁波城北的一个文化创意产业高地。旧工厂改造过程中，在保留原有树木的基础上增加园区绿化面积，倾力打造低密度高绿地率的“庭院式”办公体验区域。同时，园区将一些废旧生产设备和改造过程中产生的多余石材放置在道路两边的草坪中，留存了老变压器厂的工业文化，使之成为园区独特的文化景观小品，如图 10.14 所示。

（a）结合工业景观的入口绿化

（b）随处可见的工业元素

图 10.14　园区文化景观小品

10.3　宁波市旧工业建筑再生利用展望

10.3.1　宁波市旧工业建筑再生利用现状分析

宁波市是一个轻工业聚集的城市，且其轻工业大多起源于家庭式小型作坊。随着社会经济的快速发展和产业结构的变更，许多工厂都不复存在。近年来，宁波市各级部门高度重视设计产业的发展，坚持把发展设计产业作为实现产业结构升级的重要举措。在政府引导下，设计产业规模不断增长扩大，政策体系初步建立逐步完善，集聚平台正在形成，设计创意氛围日益浓厚，对经济社会发展有显著的促进作用。但是在发展过程中，仍存在着若干值得思考和持续探索的地方。例如资产的国有化、土地性质、环境容量等问题不能妥善处理，旧工业建筑难以留存，且相关资料缺乏。

根据浙江省委、省政府的部署，宁波市于 2013—2015 年，深入开展“三改一拆”的三年行动。在旧厂区改造方面，坚持将“零增地”技术改造与“腾笼换鸟”相结合，并最大程度上减小对企业生产经营的影响。

10.3.2　宁波市旧工业建筑再生利用前景分析

在旧工业建筑再生利用过程中，一般会遇到以下几个矛盾：①原工厂工人的安置问题；②旧工厂资产的国有化；③关于土地性质的问题，即不让可转用商业用地；④环境容量问题。在化解这些矛盾时，应首先坚持旧工业建筑改造的基本原则，即“三不变”原则——企业主体不变、建筑主体结构不变、土地性质不变；其次针对不同企业采取不同的政策，采用“一事一议”的方式处理各种问题。

为实现宁波旧工业建筑的合理再生，以及已建成园区的可持续发展，可参考以下措施：

在旧工业建筑保护利用设计中的基本思路可对原建筑要素采取拆分和重构两个基本措施。拆分指的是选择性地保留要素，当大量的工业建筑、构筑物和相关设施结束生产功能后，如何进行取舍，是一个首先需要解决的工作。我们可以在兼顾是否与未来改造后功能搭配、兼容的基础上，用价值评估体系评估后进行取舍。重构则是寻求一种新的建筑结构，即将保留下的元素重新进行关联组合，这是一项富有创意的工作。其目的在于让历史要素仍然具有整体意义，而不是推倒重置。这也是从功能性转化为纪念性、从体层面转化为底层面、从全部转化为部分的存在方式。

第 11 章　济南市旧工业建筑的再生利用

11.1　济南市旧工业建筑再生利用概况

11.1.1　历史沿革

济南市的近代工业起源于官办企业，涉及面粉、纺织、印染、化工、造纸、机械、五金等 35 个行业，其中面粉业、制造业、纺织业为当时的支柱产业 [46]。据统计，开埠通商至抗日战争爆发是济南近代工业发展的繁荣时期。后由于诸多原因 [47]，一些企业呈现出生产不景气的现象，甚至破产消失。目前济南留存的旧工业建筑皆出于上述行业，因此也可通过留存的旧工业建筑反映出济南不同时代的产业变迁。济南市的旧工业建筑留存情况呈现出完全保留、部分保留以及消失殆尽 3 种态势。根据济南市工业发展的历程 [48]，可以将不同阶段的济南旧工业历史分为从 1875 年至今的七个时期，如图 11.1 所示。

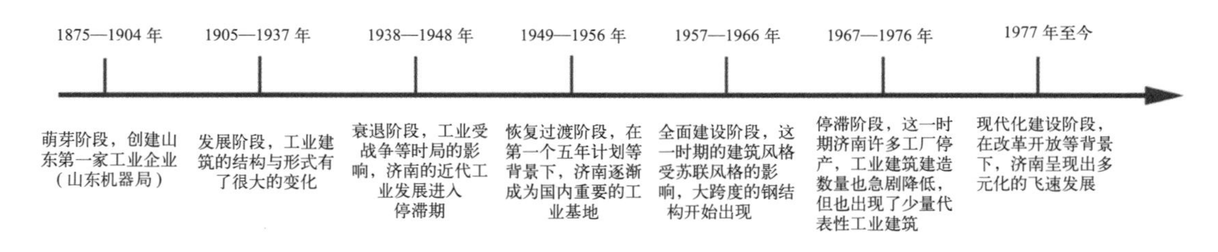

图 11.1　济南旧工业建筑发展阶段

11.1.2　现状概况

济南经历了近代工业萌芽时期、近代工业快速发展时期、计划经济时期这 3 个重要演变时期，积淀下了丰富的工业遗产 [49]，如国棉系列、造纸系列、机床系列等。济南也对老旧工业厂房进行过旧工业建筑再生利用的实践，如依托原济南啤酒厂对旧厂房进行整体规划后改造为 D17 文化创意产业园；对原济南皮鞋厂老厂房进行深度改造后成为西街工坊；将济南变压器厂打造为集特色酒店、创意产业于一体的“红场 · 1952”文化创意产业园等。具体的旧工业建筑现状统计见表 11.1。

济南市旧工业建筑汇总表现状统计表　　表 11.1

序号	建筑名称	建设年代	现状建筑概述	照片
1	山东造纸厂	1909 年	原为泺源造纸厂，是山东第一家机制纸厂，也是全国最早的机制纸厂之一。原有建筑已经拆除	
2	济南染织厂	1916 年	前身为东盛元染织厂，电视剧《大染坊》的原型。厂区现已被拆除	
3	成丰面粉厂	1921 年	20 世纪 90 年代初停产。2007 年遭遇火灾。2010 年免遭棚改影响，基本被保存。2019 年年初进行修缮	
4	济南第三棉纺织厂	1934 年	前身为仁丰纱厂，20 世纪 80 年代破产，2016 年被拆除	
5	济南机车车辆厂	1951 年	国营企业，仍在使用	

续表

序号	建筑名称	建设年代	现状建筑概述	照片
6	白马山啤酒厂	1954 年	前身为济南石料厂，20 世纪 80 年代转厂生产啤酒。原有建筑只剩下门头，其余已被拆除	
7	山东建筑机械厂	1956 年	1994 年改为股份制企业，现原有建筑已拆除	
8	济南火柴厂	1958 年	前身为振业火柴厂。1994 年，济南火柴厂被收购，厂房于 2009 年推倒，原址上建起了银座晶都国际广场	
9	济南第二钢铁厂	1958 年	隶属于济钢集团，现在厂区完全荒废	

续表

序号	建筑名称	建设年代	现状建筑概述	照片
10	济南啤酒厂	1975 年	济南趵突泉啤酒在这里诞生。2006 年老厂区陷入停顿状态，废弃的厂房基本保留。2012 年开始被打造为 D17 文化创意产业园	
11	山东电影洗印厂	1975 年	隶属于山东省新闻出版广电局管理，仍保持着原貌	

经现场调研，济南旧工业建筑现状呈现出以下特征：

（1）分布区位特征

济南市的近代工业大多分布在胶济铁路与津浦铁路沿线以及小清河与护城河的沿线等交通发达的地区，如图 11.2 所示。

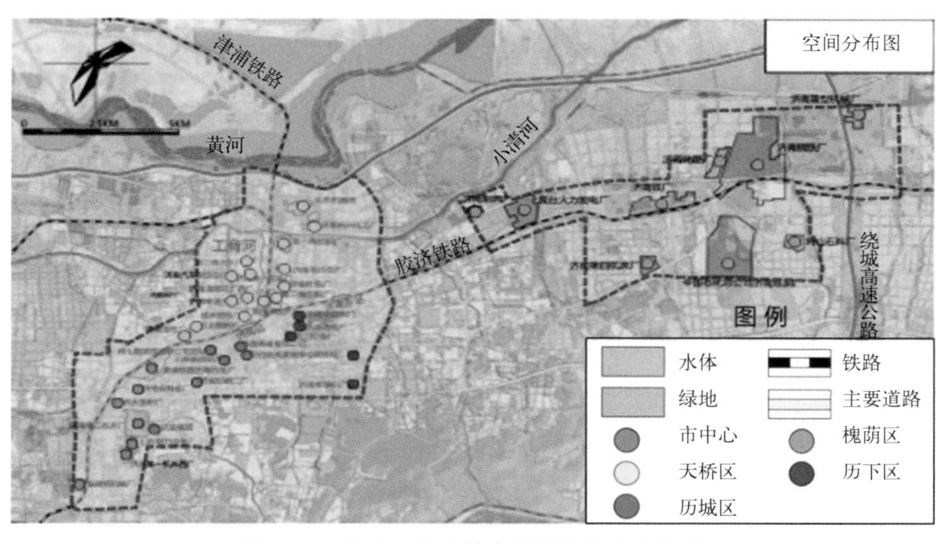

图 11.2　济南工业建筑空间区位分布示意图

（2）建筑特征

①建筑拆毁严重：随着济南城市发展的需要，部分旧厂区的用地性质发生了变化，部分原机械设备和建筑实体未进行价值评估便被拆除，如济南电灯公司、山东铜元局、成丰纱厂等。

②建筑种类较多：济南开埠通商后，吸引了众多外商以及青岛和烟台地区的投资者，这一风潮也渐渐影响了济南工业建筑功能类型的发展，也因此产生了仓储建筑、厂房建筑、住宅楼、办公楼等多种类别。

③建筑风格多元化：济南现存工业遗产按不同风格划分，可分为苏联式、中式、西式以及中西合璧式 4 种，其多元化也体现在不同行业风格中。苏联式建筑风格大多为仓库、大型厂房，代表建筑为 1953 茶文化创意产业园（原 711 部队铁路运输专用仓库）；中式建筑风格代表为皇宫照相馆旧址；西式建筑风格多被领事馆、银行业等采用；中西合璧风格的建筑大多保留了中国传统建筑的合院形态，但在细部处理上呈现出了大胆的西洋风格。

11.1.3　再生策略与模式

（1）再生政策

2003 年 9 月，济南市确定了“东拓、西进、南控、北跨、中疏”城市规划十字方针，并制定了“退耕还林”“回归城郊”等城市建设政策，同时也因此造成许多城市区域的工业遗产被移走和清理，损失严重。

2011 年 11 月 24 日，济南市委办公厅、济南市人民政府发布了《关于加快文化产业振兴发展的意见》，并提出“对可以进行创意设计的老工业园区、老厂房进行保护性开发利用，建立创意设计、动漫游戏、影视制作、艺术创作等专业创意产业基地”。

2015 年 10 月，济南市规划局展开了一项关于工业遗产和中心城市遗产保护战略的研究（图 11.3、图 11.4），目的是征集整个城市的工业遗产，研究的重点是对工业遗产状况、分类标准、总体保护规划和典型案例进行分析。

2016 年初，济南市城市更新局启动了《济南市棚户区改造规划（2016—2020 年）》编制工作，棚改对象除了旧住宅区外还有旧厂区、旧院区。

2017 年 5 月济南市规划局开展了“中心城区工业遗产调查和保护利用策略研究”工作，全面摸清了中心城区工业遗产家底，并将工业遗产首次纳入法定保护体系，梳理出“强保”工业遗产名单、推荐名录，如图 11.4 所示。

（2）再生模式

①衔接法定规划，纳入历史文化名城保护体系

济南市首次将工业遗产首次纳入法定保护体系，制定出三个保护等级的名单，将其动态纳入历史建筑和名城保护体系，如图 11.4 所示。将其中调查到的 9 处工业遗产纳入文物保护单位名录，19 处纳入历史建筑名录。

图 11.3　济南工业遗产建筑保护战略格局规划示意图

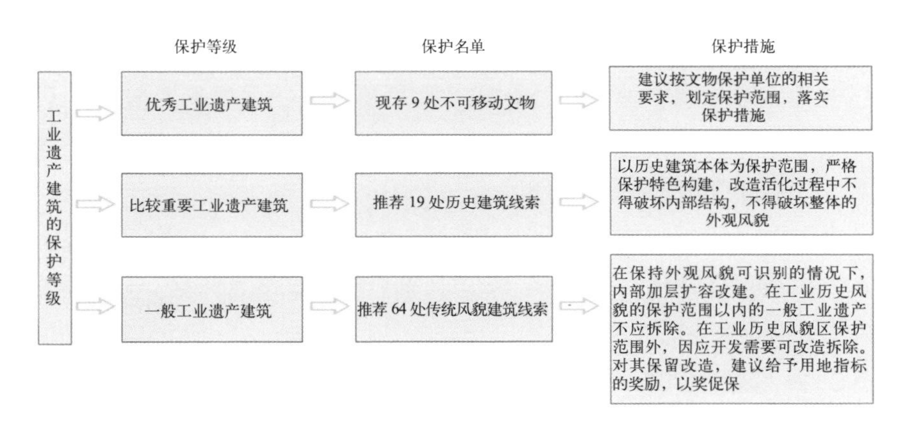

图 11.4　工业遗产保护等级

②引导转型发展

济南市相关部门以中心城区的“中调内优”为抓手，将老工业厂区融入与小清河、工商河、胶济铁路、津浦铁路的“两河两路”遗产廊道，通过绿道和公共景观提升优化“工业围城”的城市风貌，并规划出 9 个发展功能分区，以指导工业遗产融入城市转型。

③探索保护利用模式，推动政策出台

济南市政府部门积极探索典型产业类型项目在用地管理、审批等方面的创新，因地制宜，采用完全保存、局部保存等不同方式，对开发项目中的工业遗产进行保护和妥善利用，明确用地和建设控制要求，确定合理的规划技术指标，推动一批工业遗产保护项目实施落地，如图 11.5 所示。

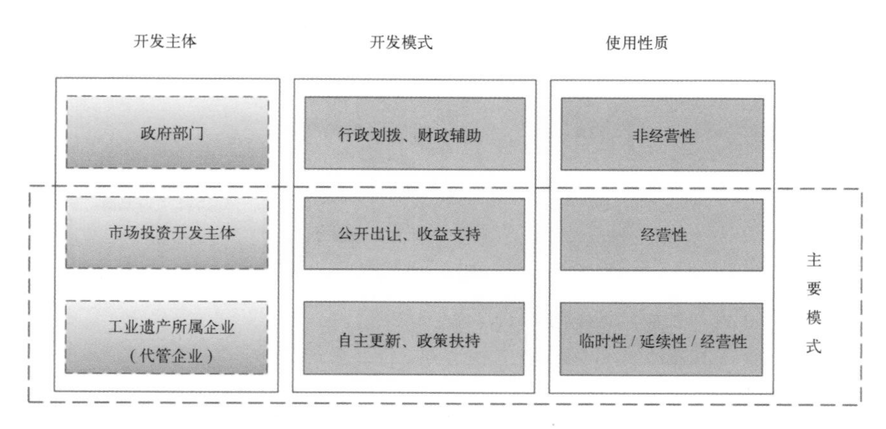

图 11.5 保护利用模式

11.2 济南市旧工业建筑再生利用项目

11.2.1 成丰面粉厂

（1）项目概况

成丰面粉厂位于济南市天桥区成丰街 25 号，紧邻火车站，由苗氏兄弟于 1921 年创办 [50]。厂区主要由制粉楼、办公楼、仓库和锅炉房组成。由于生产需要，于 1929 年将制粉楼扩建成为当时济南规模最大的面粉制作车间。但后来面粉厂的经营逐渐失意，生产基本停滞，厂区的建筑主要用于出租。

办公楼建于 1922 年，主体平面呈“凹”字形，为两层砖混结构，层高 4m；占地面积约 450m^2，屋脊标高 13.5m，勒脚高 1m，具有典型的巴洛克风格，相对保存较好，仅是内部的木质结构有腐蚀的迹象。

制粉楼是该厂的主要生产车间，建于 1933 年，共 8 层（图 11.6）。1 ～ 7 层用于安装面粉加工成套机械，8 层用于安装润湿小麦的水箱。在停产之后一直保存完好，但 2007 年的火灾致使其内部结构发生严重毁坏，木质的梁、柱几乎全部烧毁（图 11.7）。但由于墙体较厚，并未发生明显的倾斜。

图 11.6 现存的成丰面粉厂制粉楼外景

图 11.7 火灾后的成丰面粉厂制粉楼内景

粮库的主要用途为仓储用房，始建于 1922 年，结构为砖砌体单层木屋架，屋脊高 14m，其造型风格及结构体系如图 11.8、图 11.9 所示。

图 11.8　粮仓库房南山墙

图 11.9　粮库内部柱、梁结构

（2）改造历程

2018 年 11 月 12 日，济南旧区改造投资服务有限公司发布“成丰面粉厂防护加固修复工程招标通知”，拟对成丰街 25 号的成丰面粉厂进行加固修复，使其成为济南标志性的文化主题创意园。

根据项目规划展示（图 11.10），创意园区主要包含创展空间、民族工业展览馆、文化创意集市等内容。原厂区最南侧的办公楼改造成主题餐厅，位于中心区域的原成品仓库改造成综合空间，最东侧的原粮库改造成创展空间，最西侧仓库改造成创客空间，最北侧只剩空架的高楼顶部全部重新加固篷盖，东侧外墙加装采光窗，改造成民族工业展览馆。

图 11.10　成丰面粉厂加固修缮规划鸟瞰图

11.2.2　西街工坊

（1）项目概况

西街工坊创意文化产业园由济南市皮鞋厂老厂房改造而成（图 11.11、图 11.12），是济南市首批重点文化产业项目之一。项目共设四个功能分区：创意区、文化包容区、活力区和休闲区。到目前为止，该产业园已吸引了 40 多家高端文化企业来进行文化成果展示、创意设计、书画作品创作等业务。园区还开辟了 3000m² 的面积建立“西街工坊大学生创业孵化基地”，目前已有 30 多支大学生创业团队进驻园区，创业项目包括绘画、音乐、舞蹈、雕塑和其他艺术形式。

图 11.11　西街工坊宣传照

图 11.12　西街工坊创意文化产业园

（2）改造历程

西街工坊作为济南市首批的 7 个重点文化产业项目之一，于 2013 年 6 月 22 日正式开放，是济南市的西城重点改造项目。其周边商业氛围浓厚，包括创意园区、文化包容街区、活力街区、自由街区、时尚街区等不同经营形态，涵盖创意、文化、艺术、动漫、时尚等产业。

园区的改造设计虽对北京“798”的改造创意理念有所借鉴，但它追求更简单的艺术风格。园区共占地 22 亩，建筑面积 3 万 m^2，分为南北两座庭院式建筑。其中主楼有 3 层，一楼为文化产业展区，二、三楼为文化产业办公区，楼层高 4.5m，每层有 12 部电梯。园区改造前一片荒芜，如图 11.13 所示。主楼的改造采用钢结构和玻璃幕墙，正面采用红砖和白墙的组合，如图 11.14 所示。

（3）改造效果

园区的位置较为偏僻，隐匿在 20 世纪 90 年代的居民楼之中。在园区调研的过程中发现，园区人流量较少。通过走访调研，总结了如下问题：

①园区定位不够清晰，西街作坊的初衷是建设一个综合文化产业园。但引进的业态不符且过杂，不能形成内部经营与周边产业的互补发展形势。

②缺乏专业的经营团队，优秀的产业园区需要引进专业的投资经营公司，也必须具备其他园区所没有的业态，才能实现管理的创新与提升。而当前园区对企业入驻未设门槛，有租必应，实际上这些零散的企业并不能够体现创意产业园的商业价值。

③文化氛围欠缺，西街工坊周边基本上没有任何与文化相关的成熟产业，文化氛围较差，无法吸引有影响力的企业，同时也无法带动周边消费水平的发展。

图 11.13　园区改造前

图 11.14　园区改造后

11.2.3　D17 文化创意产业园

（1）项目概况

济南啤酒厂为济南啤酒集团前身，成立于 1975 年。2013 年获得批准，将老工业区改造为文化创意园产业园，即 D17 文化创意产业园（以下简称“D17”）。厂区平面图见图 11.15。

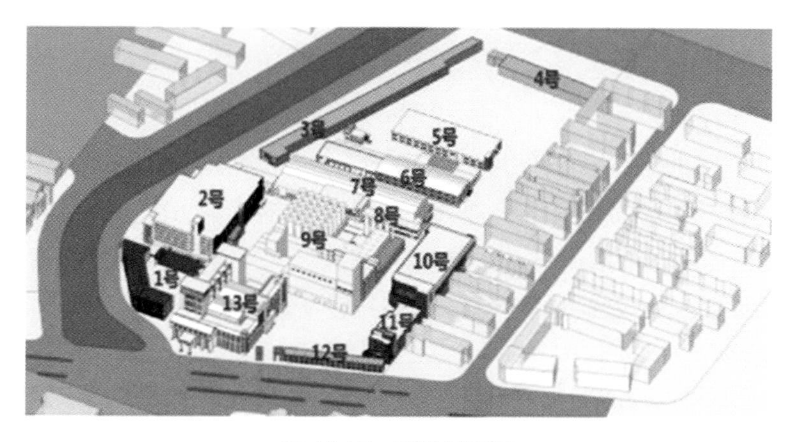

图 11.15　厂区平面图

（2）改造历程

D17 文化创意产业园将文化创意、工业旅游、餐饮娱乐、啤酒文化体验等形式结合起来，打造济南啤酒国际文化园，如图 11.16 所示。济南啤酒厂老厂区（图 11.17）、糖化车间、啤酒发酵罐（图 11.18）等建筑就坐落于此。

（a）园区 D17 标志图

（b）发酵罐现状

图 11.16　D17 现场实拍图

图 11.17　济南啤酒厂旧址

图 11.18　啤酒发酵罐原貌

（3）改造历程

D17 虽然被二次开发，但仍作为国企进行运营，其运营模式主要是场地出租。对于原有建筑的改造全部由租赁企业自行进行，而且 D17 对于业态分布并没有任何划分。据开发运营部门称，园区 51 座建构筑物的企业入驻率可以达到 90%，因此目前并不打算做任何宣传。D17 租赁业主表示客源来源于老客户以及企业名声。

（4）改造效果

园区虽然进行了部分改造并引进了部分商业项目，但始终没有形成鲜明的特色。目前厂区内已存在多种商业业态，主要有古堡啤酒工坊、金海岸演艺大舞台、浅深休闲会所、保龄球、KTV 等多种休闲娱乐场所，也有大量闲置厂房。由于缺少统一的规划设计，整个园区显得杂乱无章、没有鲜明的特色。而且 D17 文化创意产业园仅拥有面向精英人群的高档会所、俱乐部或精品酒店，这种急于更新改造的利益回收，运用纯市场运作的方式，并没有起到显著的文化传承的效果。只是把旧产业园区重新包装，实现对外盈利，没有景观的塑造，没有对原厂区生态进行修复。对于济南来说，旧工业区改造项目刚刚起步，保护与改造仍处于探索阶段。

11.3　济南市旧工业建筑再生利用展望

11.3.1　济南市旧工业建筑再生利用现状分析

尽管近几年济南市开始对旧工业建筑进行全力保护工作，但是在实际的改造再利用过程中却面临许多困难，这涉及认识观念、法规制度以及经济社会等多方面的因素[51]，主要表现在：

①管理制度不够健全：缺乏一个部门对旧工业建筑进行统一管理。与历史文化遗产相比，工业遗产所涉及的部门更多且各级部门数量更多，加之各部门对旧工业建筑改造设计的自身出发点不同，所涉及的利益主体也更多。

②保护对象不成体系：工业遗产在传统的文化遗产保护体系中的定位仍然不够清晰。部分部门按照一般文物建筑的进行“冻结式”保护，或者仅仅作为有工业特征的景观资源“过度改造”。“活化利用”中的盲目跟风、过度商业化等问题不断出现。

③保护管理政策缺失：目前，除了北京、上海、杭州等少数城市之外，工业遗产保护普遍缺乏政策的引导和规范，没有形成工业遗产保护管理的长效机制。济南旧城区优越的部分工业遗产被企业用于以“经济自救”为目的的转租，改造为商场、批发市场、家具城、农贸市场、仓库等。这些简单的商业利用模式缺乏有效的引导，往往会对工业遗产的风貌特征和结构安全造成破坏。

④保护利用模式单一：目前济南改造运营比较成熟的几处工业遗产，如 D17、西街工坊等，大多采用的都是创意园区的商业化改造运营模式。封闭式的运营管理和单一化的功能设置，导致这些创意园区成为城市中的孤岛，缺乏与周边社区的功能、空间联系。这种改造模式，非但不能为资源紧缺的旧城提供应有的配套设施和开散空间，反因商业功能的植入给周边地区交通等方面带来更大的压力。

⑤保护信息传导不畅：工业遗产以生产工艺为核心价值，除了常规的厂房、仓库之外，还涉及大量的生产设备、传输设备等工业构筑物，这些有保护价值的遗产组合在一起，形成错综复杂的空间关系。在工业遗产普查、测绘、建档等工作中，常规的二维图纸难以表达清楚工业遗产的真实状况。由于保护信息不完整等原因，部分工业遗产在保护管理过程中遭到有意无意的破坏，似乎在所难免。

11.3.2　济南市旧工业建筑再生利用前景展望

济南市工业遗产保护规划提出，保护济南作为中国近代第一个开埠通商内陆省会城市的“工、商、城”城市空间发展格局特征；整体保护“两河”（工商河、小清河）、“两路”（胶济铁路、津浦铁路）构成的工业遗产廊道；以“厂区”作为工业遗产保护要素整合的基本单元，划定工业历史风貌区；对工业遗产单体进行分类分级保护。这些虽表现出当前济南对工业遗产的重视，但仍需注意以下几点：

①提高旧工业建筑再生利用意识

工业遗产在济南市遗留下来的历史建筑中占据一定的比例，但由于缺乏对工业遗产相关理论的了解和宣传教育，政府部门以及当地民众对工业遗产进行再生利用的意识薄弱，也并没有形成有效的再生利用机制。

②从聚焦单体走向建构体系

济南市将工业遗产作为一种遗产类型全面纳入历史文化名城保护体系之中，丰富名城内涵，完善保护内容。将工业遗产廊道、工业历史风貌区、工业遗产建（构）筑物和工业非物质文化遗产的“三种尺度、四个层次”的保护要求，融入历史文化名城的历史文化街区和文物、历史建筑及非物质文化遗产的保护体系。

③从规划设计走向制度设计

基于政府管理需求，提出工业遗产保护利用的系统性工作框架，搭建包括保护规划、制度建设和实施管理三方面的保护体系，并提出三者衔接的工作建议和实施抓手，衔接法定规划，纳入保护名录，推动政策出台。结合土地管理和审批流程，提出符合城市规划管理需求的实施模式，面向政府部门、市场投资开发主体和工业遗产所属企业提供包括行政划拨、公开出让和自主更新的多元化实施模式，促进全流程保护和合理利用。

第12章　青岛市旧工业建筑的再生利用

12.1　青岛市旧工业建筑再生利用概况

青岛市位于山东省东北部，是一座典型的滨海城市。从19世纪末到21世纪初，青岛经历了多次重要城市规划调整。其中，2021年编制的《青岛市国土空间总体规划(2021—2035年)》是目前指导城市发展的最新版本，1994年编制的《青岛市城市总体规划（1995—2010)》对青岛城市结构进行了较为重大的调整。1900—2021年期间青岛市制定的城市规划相关文件整理见表12.1。

1900—2021年间青岛市制定的城市规划相关文件　　表12.1

时间	规划文件
1900年	德占时期制定的《青岛城市规划》
1910年	《青岛市区扩张规划》
1935年	国民政府第一次统治时期制定的《青岛市施行都市计划方案初稿》
1939年	第二次日占时期制定的《青岛特别市地方计划》《青岛特别市母市计划》
1950年	《青岛市都市计划纲要（初稿)》
1978年	《青岛市城市总体规划（1980—2000)》
1994年	《青岛市城市总体规划（1995—2010)》
2004年	《青岛市城市总体规划（2006—2020)》(征求意见稿)
2009年	《青岛市城市总体规划（2011—2020)》
2020年	《青岛市国土空间总体规划（2021—2035年)》(公示版)

青岛市地理条件优越，曾先后被德国和日本侵占并进行殖民统治建设，之后又经北洋政府和国民党政府的统治建设[52]。在此期间青岛市兴建工厂，如今在城市中留有各个历史时期独具工业特色的建筑。旧工业建筑是青岛文化历史的见证，也是工业文明进程中的重要载体，折射出青岛地区璀璨的历史，推动了这座历史名城的发展。我们在对青岛市旧工业建筑再生利用情况进行调查研究时发现，城市发展有利于推动旧工业建筑再

生利用的发展，这也为后续研究提供了参考价值。

12.1.1　历史沿革

青岛是我国东部沿海地区的重要港口城市，自 19 世纪末到 20 世纪中叶，青岛市经历了 7 次主要变革，见表 12.2。

青岛市经历主要变革（1897—1945 年）　　表 12.2

时间	经历的变革
1897 年	德国借口“巨野教案”发动侵华战争，签订《胶澳租借条约》，青岛被殖民统治
1900 年	德军将其作为德国军事基地、贸易港口和行政经济中心，开始对青岛的城市进行建设，并制定《青岛城市规划》
1914—1922 年	日军根据 1910 年德国人制定的城市规划，建设填充了如今市北区的大部分区域和市南区的部分地段，形成规模较大的日本风格商住区，并扩展到四方和沧口一带
1922 年	华盛顿国际会议上，中国与日本签订了收回青岛的条约，由北洋政府接管，实际上收回的青岛升格为半殖民地城市，城市的政治经济仍由日本掌控
1929 年	南京国民政府结束了北洋政府对青岛的统治，城市进入进一步发展时期
1939 年	二次世界大战时期，日本又一次占领青岛，在制订《大青岛发展计划》中扩大了市区规模
1945 年	日本投降，国民政府接管青岛，其后国内局势动荡不安，内战使社会经济陷入空前危机

在德国占领青岛期间，为满足其驻军和移民饮食生活服务的需求，德国人开办了食品加工工厂，主要包括总督府屠宰场、青岛啤酒厂、哥伦比亚蛋厂、青岛汽水厂、青岛葡萄酒厂等。1902 年，德商在沧口设立了青岛第一家缫丝厂——德华缫丝厂。1916—1936 年间，日商在青岛建立的纱厂，连同青岛民族纺织企业华新纱厂被称作九大纱厂。至 20 世纪 30 年代中期，青岛成为中国继上海之后的第二大纺织工业基地。抗日战争胜利后，日商纱厂被收归国有。新中国成立之初，青岛纺织业产值占青岛市全部经济总量的 75.9%，成为青岛经济发展的支柱。直到 20 世纪 80 年代中期，纺织业都作为带动青岛经济增长的主要力量，推动了青岛城市化建设的进程，因此纺织业被称为青岛的“母亲工业”。

12.1.2　现状概况

纺织业在青岛旧工业中占据重要地位。纺织业的老旧厂房，具有建筑体量大、开间与进深尺寸较大、厂房挑高较高等特点，给建筑的再生利用留了较多的空间。近几年，青岛纺织业旧工业建筑的再生利用主要成果见表 12.3。

青岛纺织业旧工业建筑的再生利用主要成果　　表 12.3

类别	成果
文物保护相关法律实施	将部分极具历史、科学、艺术价值的旧工业建筑纳入各级文物保护名录，根据文物保护相关法律实施严格的保护与再生利用措施
未被列入名录的存档与保护	分布在青岛市北区和四沧区的纺织工业建筑颇多，但由于年限未到、历史价值不突出、建筑风格的限制等原因，许多建筑未被列入相关文保单位的保护名录，相关的档案记录与保护利用都由所在区政府部门监管
工业建筑改造为博物馆	2009 年，青岛纺织博物馆在青岛天幕城内开馆运营。2014 年，依托青岛国棉五厂，成立了青岛纺织谷。2017 年，青岛纺织博物馆携 2000 件老物件从青岛天幕城迁入青岛纺织谷，这是青岛纺织工业情怀的回归

12.1.3　再生策略与模式

现阶段，青岛市旧工业建筑更新改造主要采取的再生模式有文化创意产业园、综合商业区、博物展览馆三种再生模式。

（1）文化创意产业园模式

旧工业厂房极具工业特色，且富有历史的厚重感，与文艺风格的设计工作室、摄影工作室、广告公司以及木工工艺、花艺等手工艺工作室、LOFT 餐厅、咖啡店、酒吧等文创产业形成鲜明风格比对，使之与现代气息结合，为旧厂房注入新生力量。

（2）综合商业区模式

综合商业区改造模式在旧工业区改造中较为常见，它可充分利用原厂区工业元素，打造极具现代气息的商业文化街，利用引流优势，带来商业收益。青岛天幕城就是以原青岛丝织厂和印染厂的旧厂房为基础，经过对厂房的立面进行设计改造，成为综合商业街宣传、招商、引流的一大亮点。

（3）博物展览馆模式

博物展览馆模式通常用于工业历史悠久，文化渊源浓厚的工业厂区。代表案例为位于青岛市登州路 56 号的原青岛啤酒厂，始建于 1903 年，再生利用时，通过啤酒这一元素，将历史建筑和现代建筑进行有机融合，强调对青岛啤酒厂早期建筑风貌的保护和功能延续。

12.2　青岛市旧工业建筑再生利用项目

随着改革开放的深入与城市房地产业的兴起，在推进工业地块“退二进三”政策引导下，作为第二产业的工业企业逐步退出城市核心区，形成了一些工业建筑遗存 [53]。同时，随着城市化进程的加速、民众的生活方式逐渐改变，以及人们对城市旧工业建筑认知程度不断提高，对其进行保护与利用的新课题逐渐进入人们的视野。

12.2.1　青岛纺织谷

（1）项目概况

青岛纺织业既是青岛市的“母亲工业”，又是青岛纺织工业体系发展的基石，保护与利用纺织工业遗产也是保护青岛工业发展历史路径的内在需要。青岛纺织谷的所在地是有着 80 余年历史的青岛国棉五厂的老棉纺织厂区，规划总占地面积约 730 亩。青岛处于东北亚经贸关键节点，并且有着宽广的辐射度，万国文化的兼容并蓄造就了宜居的人文环境，对创业者和高端人才有强大的吸引力，而这些都造就了青岛纺织谷（以下简称“纺织谷”）优越的先天条件。

（2）厂区现状

厂区主入口处矗立着一座名为“华秀 168”的建筑小品，如图 12.1 所示。整座建筑小品呈梭形，象征着穿梭在纺织棉纱之间的梭机，周边加入了工业齿轮零部件的设计元素，体现出整个园区的纺织主题。进入园区不远处，一座具有年代感的老水塔伫立在厂区广场的中心，如图 12.2 所示。据了解，这座水塔是青岛国棉五厂的老棉纺织厂区建厂不久后修筑的水塔，由于当时厂区还没有实现自来水的供应，为了满足生产生活用水的需要，国棉五厂决定修筑这样一座水塔。用水泵将水送至水塔顶部的储水罐内，在重力的作用下，从储水罐内放水即可满足全园区用水的需要。在旧厂改造规划过程中，管理者决定将这样一个在当时对厂区发挥重大作用的“老物件”保留下来。

图 12.1　纺织谷雕塑“华秀 168”

图 12.2　纺织谷老水塔

原青岛国棉五厂内的空旷场地也被合理利用，改造为纺织主题的广场，如图 12.3 所示。厂区街道在原有街道的基础上进行了局部改造，如图 12.4 所示。

原有旧工业厂房，具有建筑体量大、室内空间开阔、内部可利用的有效建筑面积充足等特点，纺织谷厂区内部分厂房留作仓库使用。如图 12.5 所示，这是一座以啤酒为主题的仓库，外立面的设计也具有年代感和历史感，吸引着年轻游客来此休闲游玩。为了增加使用面积，部分商家对内部进行改造，留有中间部分，形成“天井”，在四周部分设置局部增层，如图 12.6 所示。

图 12.3　纺织主题广场

图 12.4　厂区内街道

图 12.5　啤酒主题仓库

图 12.6　啤酒主题体验店

厂区内零星摆放的建筑小品都极具工业特色，例如具有历史年代感的纺织机、原有生产过程中纺织车间使用的排风机等，如图 12.7 所示。厂区广场墙的彩绘色彩绚丽，极具现代感，如图 12.8 所示。除了使用油漆彩绘外，还加入了彩色灯光效果进行氛围渲染，如图 12.9 所示，光影交错下的纺织谷更添历史的厚重感。

（a）景观小品（一）

（b）景观小品（二）

图 12.7　厂区内景观小品

图 12.8　厂区广场墙绘

图 12.9　彩色灯光效果外墙立面

博物展馆改造需要较大的室内空间，青岛纺织博物馆·历史馆是利用旧工业厂房再生利用改造而成，如图 12.10 所示。博物馆内展示的多是与纺织厂相关的物件，如图 12.11 ～ 图 12.13 所示，其中陈列着的棉纺厂旧时的奖状、相关证件、纺织机械等，无一不诉说着纺织厂繁荣的历史。

图 12.10　青岛纺织博物馆·历史馆

图 12.11　博物馆内陈列奖状

图 12.12　博物馆内陈列证件

图 12.13　博物馆内织布机

（3）改造效果

纺织谷在旧工业建筑再生利用方面取得了较大的成效，将原有废弃的厂房加以改造利用，既保留了原始的工业特色，又为原有的旧厂区增加现代化的气息。但调研发现，纺织谷对厂区的规划以及业态分布都不够明确，有待进一步改善。

12.2.2　青岛天幕城

（1）项目概况

青岛天幕城位于青岛市市北区，是建于 2007 年的一条特色美食街。天幕城工程的建设范围包含寿光路北至辽宁路、南至登州路的区域，覆盖了原青岛丝织厂的老旧厂区。总长度约 460m，总建筑面积 10 万 m^2，总营业面积 7 万 m^2，天幕面积 8900m^2。特色美食街东邻台东商贸区，西接青岛电子信息城，南北与青岛啤酒街、青岛文化街相贯通，形成了四通八达的网状商业圈 [56]。天幕城最大的建筑特点和艺术特点就是水幕和天幕电影，化自然景观为人文景观，以人文景观展现自然景观，给人以震撼、新奇的视觉享受。

（2）改造历程

经调查，老城区内的登州路河道，原来是杂草丛生的断壁残垣。曾经垃圾遍地、污水横流、破败不堪，再加上原青岛丝织厂经营不利，厂房资源闲置，导致附近居民的生活环境十分糟糕。2007 年，市北区政府为了改善民生环境，推动特色经济的发展，开始对这一“瓶颈”区域进行“变废为宝”式的全新打造。在青岛天幕城的改造中，市北区对登州路这条老河道进行了截污处理，铺设了污水管道，解决了雨污混流的问题 [54]。在原厂区布局的基础之上搭建出穹形天幕，面积可达 8900m^2，运用声光电技术，在室内空间营造出壮丽的自然景象。而且在对于厂房的立面再设计过程中，并没有简单地大拆大建，而是创造性地把青岛市民大礼堂、亨利王子饭店、胶澳总督府、胶澳帝国法院、大港火车站、青岛花石楼等 20 多处具有代表性的老建筑做成微缩景观浓缩于此，形成了一道独特风景线。青岛天幕城的代表性景观如图 12.14 ～ 图 12.17 所示。

图 12.14　青岛天幕城侧门

图 12.15　天幕

图 12.16　天幕城内景

图 12.17　青岛天幕城正门

（3）改造效果

天幕城外观的再设计中，设计者通过研究分析工业建筑文化与青岛地域特色之间的联系，提取了红砖、花岗石等传统材料，将其和金属、玻璃、涂料等现代材料相结合。同时又因其本身所具备的工业特质，很容易使人联想起与厂区有关的历史信息，在天幕城沿街外立面上大量地使用这些材料，形成整体的协调与局部的对比关系，为协调新旧整体风格起到积极的作用 [55]。

12.2.3　青岛啤酒博物馆

（1）项目概况

1903 年，英德商人在登州路 56 号开办了德国在中国兴建的第一家啤酒厂——日耳曼啤酒公司青岛股份公司（青岛啤酒厂前身），这是青岛乃至山东的第一家啤酒厂。青岛啤酒厂作为百年老厂和百年工业建筑，为青岛地区的发展做出了可观的贡献。青岛啤酒厂先是作为青岛市历史文物保留下来，之后随着人们对历史遗产的认识和保护意识逐渐增强，青岛啤酒厂又升级为国家级文物保护单位。

（2）改造历程

青岛啤酒集团将老厂房改造成啤酒博物馆。青岛啤酒博物馆以啤酒这一元素为媒介，将历史建筑和现代建筑有机融合起来，打造出现代工业建筑保护领域的行业博物馆。一方面强调对青岛啤酒厂早期建筑风貌的保护，另一方面突出对老厂房的合理改造利用。青岛啤酒厂旧址建筑主体分为办公楼、宿舍楼和糖化大楼，共同构成青岛啤酒博物馆的主体展览区 [56]，如图 12.18、图 12.19 所示。三座建筑外貌的主要特点是红色坡顶、红色清水墙立面，以白色木质门窗及白色装饰线装饰出韵律感，硬山墙、门窗顶部、室内木质构件均有华丽雕刻，建筑风格、色调和艺术图案带有典型的异域特色。青岛啤酒博物馆于 2003 年 8 月 15 日正式对外开放，与此同时，在青岛啤酒博物馆的西侧还建有一座超大型复古式酒吧——青岛啤酒吧，营业面积约 1000m^2。博物馆所在街道以啤酒作为主要元素，建成了“啤酒文化商业街”，沿街都是具有青岛啤酒特色的店铺，整条街都被啤酒文化所渲染。啤酒街入口处设计有一座啤酒瓶形状的拱门雕塑，它由倾斜的酒瓶、喷洒而出的酒水和酒杯组合而成。该雕塑是啤酒街的一大特色，如图 12.20、图 12.21 所示。这一设计具有代表性，得到了青岛市民的认同和喜爱。啤酒街随处可见各种各样与酒文化相关的景观小品，如图 12.22、图 12.23 所示，洋溢着浓厚的酒文化氛围。

图 12.18　青岛啤酒博物馆园区正门

图 12.19　青岛啤酒博物馆主体外观

图 12.20　啤酒街入口雕塑

图 12.21　酒桶小品

（3）改造效果

青岛啤酒博物馆的改造不仅融入城市风貌和历史文化之中，更融入到了市民的日常生活中。完整、丰富、创新的展示模式，沉淀出青岛啤酒丰厚的底蕴和内涵，也让青岛啤酒博物馆在中国的酒类博物馆中脱颖而出，成为“中国工业旅游的旗帜”。

图 12.22 啤酒街特色井盖

图 12.23 啤酒瓶小品

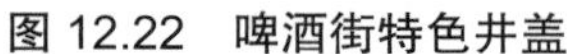

12.3 青岛市旧工业建筑再生利用展望

12.3.1 青岛市旧工业建筑再生利用现状分析

旧工业建筑的保护与利用是一项系统性工程，提高对旧工业建筑的认知水平、提高保护与利用水平、对旧工业遗产进行清查，以及不断探索新的保护与利用方式，才可以形成良性循环。青岛市应发展多样化的工业旅游模式，推动文化产业复合升级，着力引进文旅休闲、工艺品场馆等创新产业项目，将创意产业项目作为城市功能提升的战略支点，全面打造城市工业文化品牌，进一步营造城市创意氛围，激发社会各界的创意活力，充分发挥工业文化遗产在城市可持续发展中的重要作用[58]。青岛市部分旧工业建筑改造前后的对比见表 12.4。

青岛市部分旧工业建筑改造前后对比 表 12.4

编码	原厂厂名	建厂年代	改造项目名称	开发时间	当前用地性质	保留建筑面积 /m^2	企业类型（按投资性质）
1	青岛啤酒厂	1903	青岛啤酒博物馆	2003	工业用地	4000	国有
2	青岛刺绣厂	1954	创意 100 产业园	2006	工业用地	23 万	民营
3	青岛北海船厂	1898	青岛奥帆中心	2006	公共用地	13.8 万	政府
4	青岛丝织厂	1919	青岛纺织博物馆	2009	工业用地	4600	国有
5	青岛国棉一厂	1919	联城置地红锦坊住宅区商业配套	2009	居住用地	23.5 万	国有控股
6	青岛国棉五厂	1934	青岛纺织谷	2013	工业用地	2500	国有
7	青岛四方机厂	1900	青岛工业设计产业园	2010	工业用地	12.5 万	国有

目前，青岛工业遗产保护利用项目主要有产业园、博展馆、商业、景观公园这四种改造形式。其中以产业园项目最多，从项目数上占到一半左右，建筑面积上更是占到

88%。大多数旧工业建筑保护利用项目没有对所在地块的用地性质加以变更，86% 的项目所在地块的用地性质仍为工业用地。从不同再利用形式所需花费的改造成本上看，博展馆及景观公园的改造成本最高，平均达到 11000 元 /m^2，商业及产业园项目的改造成本相对较低，基本在 3000 元 /m^2 以下。

12.3.2　青岛市旧工业建筑再生利用前景展望

旧工业建筑作为人类文明生产力发展的重要见证，具有十分重要的文化价值；同时工业遗产作为城市重要象征，又具有潜在的巨大的经济价值。因此保护利用旧工业建筑能够发挥出重要作用，在此对青岛旧工业建筑再生利用提出以下三点前景展望：

（1）提高对工业建筑遗产的认知水平是对其进行保护与利用的基础。实地调研发现，青岛市旧工业厂区再生利用过程中缺乏科学的规划，业态分布不成体系，较多旧工业厂区房屋仅作为房屋租赁使用，没有对原有的旧工业建筑进行良好的保护和利用，使得工业文化氛围褪色、城市记忆逐渐衰退。

（2）旧工业建筑清查是对工业遗存保护与利用的首要步骤，因此需要相关部门设计保护利用方案。要对工业遗存进行清查，获得可靠的数据资料，并且在此基础上制定整体规划，编制出年度保护修缮建筑目录，按部就班地实施保护利用工程。

（3）大力加强法治宣传教育，走进基层开展主题宣传推介活动，进一步提升旧工业建筑保护利用工作的社会影响力，为青岛市留下珍贵的文化资源。

第 13 章　武汉市旧工业建筑的再生利用

13.1　武汉市旧工业建筑再生利用概况

13.1.1　历史沿革

武汉，简称“汉”，又被称作“江城”，地处江汉平原东部。长江及其最大支流汉江在城中交汇，将武汉城区划分为三部分，形成了武昌、汉口和汉阳三镇隔江鼎立的格局，如图 13.1 所示。

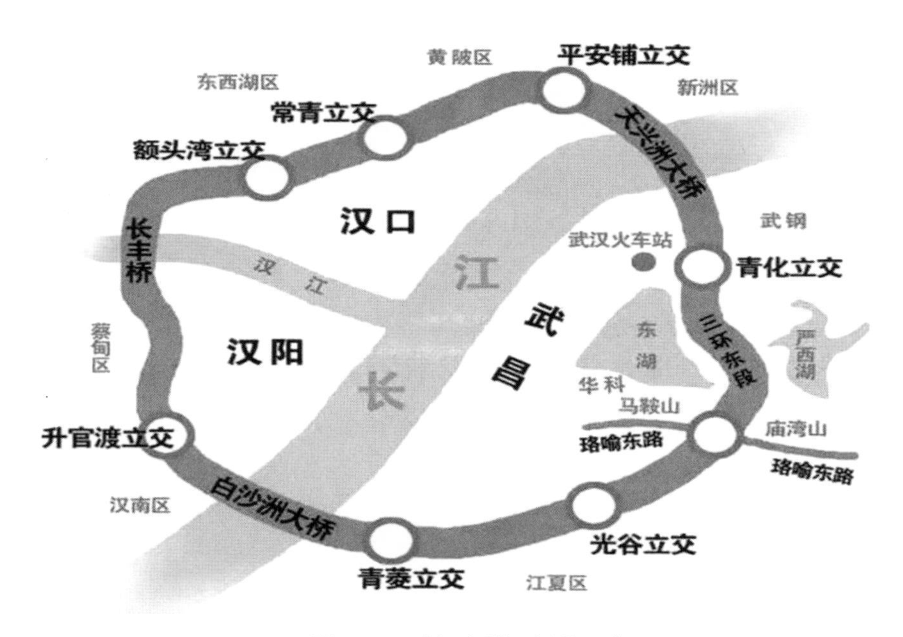

图 13.1　武汉市城区划分示意图

武汉市地理位置优越，作为中国经济地理中心，有着“九省通衢”的美称，同时也是华中地区重要的中心城市之一。武汉市现代工业最早成形于 20 世纪 50 年代，以冶金、机械、汽车、纺织为支柱产业，食品、化工、电子、轻工、医药和建材等产业也都有较大规模的综合性基地，在 20 世纪 80 年代有所发展的工业企业（如武钢、武重和武锅等武字头大型企业）高达 400 多家。

武汉市作为湖北省的省会，其工业发展历程与湖北省大致相似，按照关键事件及建筑特征对武汉市工业发展历程进行梳理，如表 13.1 所示。

武汉市工业发展历程　　表 13.1

时间跨度	事件	建筑特征
1860—1913 年	①汉口开埠、外资工业建立 ②张之洞督鄂、官办工业勃兴	多为外资兴办，大多位于汉口租界区，建筑风格多为古典主义
1914—1937 年	①南京国民政府兴办工业 ②外资企业仍具实力	
1938—1949 年	抗战时期企业西迁、工业衰落	工业衰落，建筑遗存较少
1949—1965 年	①先后历经理性发展与"大跃进" ②新中国工业得到初步发展	多为新中国政府兴办，以重工业为主，建筑风格和形式更偏现代化
1966—1976 年	"文化大革命"时期，工业停滞甚至倒退	工业衰落，建筑遗存较少
1976 年至今	①工业大发展 ②社会产业结构转型	第二第三产业兴起，旧工业建筑面临再利用问题

从表中可以看出，武汉市的旧工业建筑主要建设于 1860—1937 年和 1949—1965 年这两个时期，以下对这两个时期的工业建筑分别进行阐述 [57]。

（1）近现代工业发展时期（1860—1937 年）

19 世纪 60 年代初，汉口开埠，武汉市的工业得到了快速发展。在此期间的工业建筑大多由国外投资建设，多集中分布在汉口沿江的各国租界。1860—1913 年所建的工业建筑以砖木混合或砖混结构为主，部分为钢筋混凝土结构，多为 1 ～ 3 层的低层建筑，规模相对较小，如原汉口电灯公司，如图 13.2 所示。而在 1914—1937 年，由于时代更替发展和国外先进技术的引进，许多新材料和新结构被运用于工业建筑的建设。此时的工业建筑大多为多层钢筋混凝土结构，规模较之前扩大不少，如原日清轮船公司，如图 13.3 所示。

图 13.2　原汉口电灯公司

图 13.3　原日清轮船公司

（2）现代工业发展时期（1949—1965 年）

自新中国成立以来，经济建设一直是中国城市发展的最主要任务。而发展经济主要以工业发展为主，在此期间，武汉工业的发展得到了很大的提升。直到 1966 年“文化大革命”爆发，武汉的工业发展停滞不前，甚至出现倒退。在此阶段武汉市所建工业建筑大部分都位于靠近长江的武昌和汉阳附近的城区中。这一时期我国的工业刚刚起步，武汉市的新建工业建筑样式等也有较大变化，基本上继承了苏联式的做法，具有明显的苏联建筑“粗野主义”风格。

13.1.2 现状概况

在现阶段，旧工业建筑改造正热火朝天地进行。武汉市为全国重要的工业基地，其旧工业建筑改造也在紧锣密鼓地进行中。由于以往工业发展主要依靠水运交通，武汉现有的旧工业建筑大多分布在长江和江汉的沿江区域。武汉其他地方的旧工业建筑比较分散，仅在汉阳区有零散分布。由于近现代工业发展的特殊背景，这一时期的旧工业建筑分布相对集中。这样的分布使得武汉的旧工业建筑无法进行系统的规划，难以形成旧工业建筑区域改造。

武汉市在旧工业建筑改造过程中主要是将原有旧工业建筑改造成创意园区、商业住宅区、综合性办公区、综合性商业娱乐场所等，充分发挥旧工业建筑的历史文化价值，最大化发挥旧工业建筑对于周边经济效益的促进作用。其中，原湖北日报传媒集团印务公司印刷厂（楚天 181 文化创意产业园）和原中南汽修厂（花园道创意产业园）现已被作为新兴创意产业利用，而原武汉重型机床厂（复地东湖国际）和原 517 通讯仪表厂（万科润园）现被活化利用为商业住宅。

13.1.3 再生策略与模式

武汉市旧工业建筑可归为两类，一类为有着优秀历史底蕴的旧工业建筑，这类建筑几乎都建于 1860—1937 年期间，具有丰富的历史、社会、文化等方面的价值，即名副其实的工业遗产。由于此类建筑被列为文物保护单位，其改造与再生利用受到了一定程度的限制，因此导致改造手法相对简单，只能用修旧如旧的手法恢复建筑原貌，用功能置换的手段赋予建筑物新的功能予以再生。另一类为其他旧工业建筑，这些建筑因建设时间不长、没有发生特殊历史事件或保存不完好等原因未被列为文物保护单位。对于这类旧工业建筑的改造手法可以相对灵活，在发挥其使用价值的同时保存其历史。

针对上述的两类旧工业建筑，根据其再生现状，将武汉的旧工业建筑再生模式归纳总结为商业住宅区、宿舍及公寓建筑、创意园区、商业建筑和历史博物馆五大类，如图 13.4 所示。

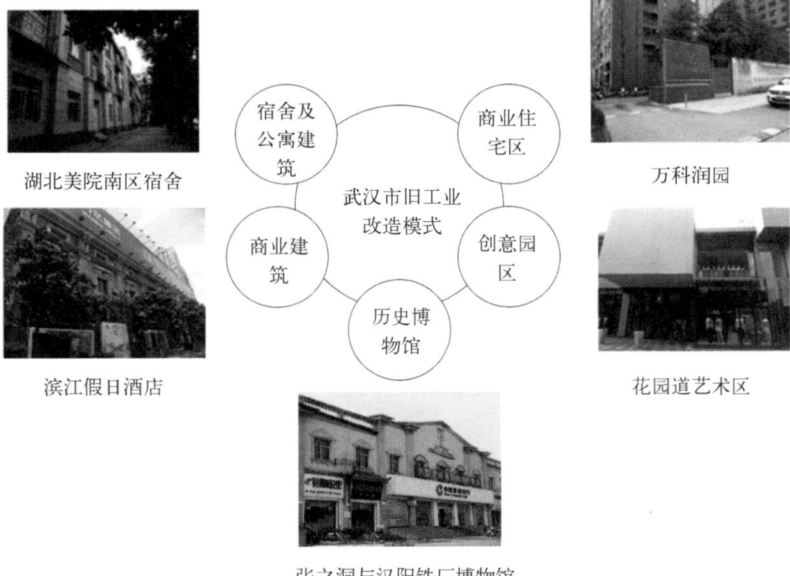

图 13.4　武汉市旧工业建筑改造模式

武汉市在旧工业建筑再生利用目标的选择上应遵循四点原则：(1) 考虑其改造后原有文化是否得到保留；(2) 在改造过程中对本土企业的发展是否起到积极的推动作用；(3) 改造活动对人民的生活是否产生负面影响；(4) 再生项目是否满足经济合理性。对于不具备突出文化价值的项目，更应从经济角度判断其再生的可行性。

13.2　武汉市旧工业建筑再生利用项目

13.2.1　403 国际艺术中心

(1) 项目概况

403 国际艺术中心位于武汉市武昌区中南路街武珞路 586 号，如图 13.5 所示。是由原武汉锅炉厂编号为 403 的双层车间工业遗址改造而成，总面积约 3429m^2。403 国际艺术中心基本保留了原 403 双层车间的框架结构，在原有的梁柱基础上增设隔墙，重新布设窗户与盖顶，在不改变原有形态的基础上使其再生。改造后的艺术中心由红椅先锋剧场、漫行咖啡书吧、留白艺术中心和原型创意创业帮四大核心品牌空间产品组成，其发展宗旨是传承文明、复兴文艺、启蒙新声。

图 13.5　403 国际艺术中心

（2）改造历程

原武汉锅炉厂（简称“武锅”）建于 1956 年，厂区占地面积约为 $52hm^2$。厂房建筑外墙多为裸露的红砖砌筑，内部结构为钢筋混凝土框架，大多为单层两跨厂房。为集中建设武汉新工业区，原有的重工业要进行统一规划搬迁，需对武锅的土地进行功能置换。武锅的改造在保留部分工业遗迹的同时，增添了人文气息，同时还使这块区域的经济活力得到了新的提升。武锅原址的大部分老厂房已经被拆除，只有 403 车间得到了保留。2012 年，该车间被《武汉市工业遗产保护与利用规划》列为武汉 8 个三级工业建筑遗产之一。

2012 年，在中铁大桥局和武汉理工大学土木与建筑学院等单位的协同工作下，403 车间被改造设计成 403 国际艺术中心。虽然 403 车间的再生利用是对建筑单体的改造，但在约 $3000m^2$ 的空间里囊括了小剧场、展览、书吧、健身房等设施，且各功能互相融合、补充 [58]。

（3）改造效果

①保留原结构，增添新构件。在满足安全和功能需求的基础上，增设柱子，彰显空间的美感，并对原有的屋架和屋顶天窗予以保留，如图 13.6 所示，体现了工业的结构美。

②拆分原有空间，加建新空间。艺术中心将宽敞的室内空间在水平和垂直上分别进行了拆分，以满足不同功能分区的需求。垂直空间通过楼板和楼梯进行划分和连接，如图 13.7 所示，水平空间被轻质隔断划分，形成了红椅先锋剧场、漫行咖啡书吧、留白艺术中心和原型创意创业帮四大板块。在入口处，加建了全玻璃幕墙走道，形成过渡空间，如图 13.8 所示，这种新与旧过渡的方法具有使空间有趣、改造简单和分区明确的特点。

图 13.6　屋顶天窗

图 13.7　室内楼梯

③保持外部环境，拓展新地下空间。由于原有工业建筑文化保护价值较高，不宜对原建筑进行大面积改造，403 国际艺术中心在对原始建筑保留的基础上，在相邻区域拓

展地下空间为运动中心，地下一层和地上一层一并采用空中连廊与原厂房进行衔接，如图 13.9 所示，具有新老空间共存的特点。

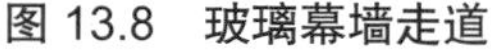

图 13.8　玻璃幕墙走道

图 13.9　空中连廊

13.2.2　汉阳造文化创意产业园

（1）项目概况

汉阳造文化创意产业园位于武汉市汉阳区龟山北路 1 号，园区占地面积约 90 亩，总建筑面积 4.2 万 m^2。2009 年以“科学规划、挖掘文化、强化特色、提升层次”为导向，按照“政府主导、企业参与、市场运作”的三元模式改造成为“汉阳造文化创意产业园”，如图 13.10 所示。汉阳造文化创意产业园中现存建筑 47 栋，其中新建建筑 31 栋，原有建筑 16 栋。园区中入驻企业共计 84 所，涉及文化创意（21 所）、广告传媒（9 所）、摄影（2 所）、装饰装修（9 所）、科技（7 所）以及餐饮（4 所）等。

图 13.10　汉阳造文化创意产业园

（2）改造历程

汉阳造创意产业园区最早源于 1894 年张之洞在龟山北建立的湖北枪炮厂（后更名为汉阳兵工厂）。由于著名的汉阳造步枪在此成功研制，因此新创意产业园以“汉阳造”命名。20 世纪 50 年代，“汉阳造”原址所在地成为国营大型企业 824 工厂和国棉一厂等的厂址，是老武汉曾经辉煌的见证者 [59]。

20 世纪 90 年代，由于经济结构的转型，原址的大型企业纷纷停产外迁，导致生产场所被闲置长达十余年。直到 2006 年，一些艺术工作者自发租赁这些老旧工业工业厂房作为办公场所，创意产业园初具形态。2009年，汉阳区委和区政府引进上海致盛集团，在遵循“科学规划、挖掘文化、强化特色、提升层次”的原则基础上，按照“政府主导、企业参与、市场运作”的三元模式要求，将百年工业遗址汉阳区龟北路一号原824厂，正式改扩建为“汉阳造”文化创意产业园。

（3）改造效果

各式的景观小品在改造后的园区中随处可见，展现了钢铁与艺术结合的魅力，如图13.11所示，对于营造整个产业园的文艺氛围起到了重要的作用。在原建筑的改造中，对原建筑结构予以保留，没有随意拆改，如图13.12所示。新建建筑与旧建筑之间体量基本协调一致，旧建筑多为建筑高度不高的工业建筑，如图13.13所示。从体量上来定位，园区整体比较和谐。

图13.11　机械景观小品

图13.12　保留原结构

图13.13　建筑外观

13.2.3 “江城壹号”文化创意园

（1）项目概况

“江城壹号”文化创意园位于武汉市硚口区古田四路47号，如图13.14所示，是由原武汉轻型汽车厂改造而成的。项目占地100多亩，建筑面积约7.1万m^2。项目由28幢老厂房组成，容积率为0.9，是武汉市目前为止体量最大的花园式时尚文化创意产业园。

图13.14　“江城壹号”文化创意园

（2）改造历程

原武汉轻汽厂是武汉历史上最重要的工业基地之一，但由于后期重工业的发展水平逐渐下降，其经济效益也开始不景气，最终导致停产，厂房也进而被闲置。

“江城壹号”是由上海圣博华康和上海原投公司投资建设而成的。在2012年，“江城壹号”运用先进的文化创意理念和全新的商业运作模式，采用“修旧如旧”的改造手法，在保存建筑历史的同时注入新的时尚元素，使原武汉轻汽厂重生，最终于2013年5月被打造成为创意产业园。

（3）改造效果

在“江城壹号”文化创意园的老厂房前，垂直叠放着 13 辆五颜六色的破损轿车，一时间成为当地一处独具创意的景观（图 13.15）。28 栋由老厂房改造的创意办公空间，整齐分布在林荫道两侧，展现出独有的建筑生态特色。在墙面的改造设计方面，设计师对原武汉轻汽厂的特色红砖墙面进行了保留（图 13.16），同时运用增设钢结构的方法划分空间（图 13.17），对原武汉轻汽厂房的内部结构进行了重塑，增加了使用空间，使改造后的厂房最大化地满足娱乐、休闲、餐饮等多方面的功能需要。

图 13.15　创意轿车标志

图 13.16　红砖立面墙面

图 13.17　增设钢结构

13.3　武汉市旧工业建筑再生利用展望

13.3.1　武汉市旧工业建筑再生利用现状分析

武汉市现有的再生利用的旧工业建筑可分为两大类：第一类旧工业建筑为优秀历史建筑，这类建筑因具有深刻的历史及社会文化等价值而被列为文物保护单位；第二类旧工业建筑为除优秀历史建筑以外的其他建筑，这些建筑由于年代不久远、没有发生特殊历史事件或保存不完好等原因没有被列为文物保护单位，除了要保存它们的历史价值，同时还要发挥它们的使用价值。以下主要从改造方法、改造程度和新功能定位三个方面对其现状进行阐述分析。

（1）改造方法

旧工业建筑再生利用改造方法可大体分为修复、加建和改建三种。在调研走访的武汉市旧工业建筑中，张之洞与汉阳铁厂博物馆采用了修复的方法，只是重新粉刷了外立面，重塑其原貌，建筑风格改变不大。原楚天印务总公司印刷厂老厂区采用了加建的方法，在保留原有结构的基础上，在相邻区域加建了几栋依托于它的附属建筑。其他的旧工业建筑大多采用了改建的方法，对原有建筑进行合理化设计，更新局部，内部空间合并，维持建筑原貌或者加入一些新装饰元素来改变其原貌。

（2）改造程度

在调研走访过程中发现，武汉市一些具有价值的旧工业建筑已被拆除或正待拆除以作为市投地储备使用。对价值被忽视的工业建筑进行拆除在旧工业建筑的处理方式中也较为常见，而对于已被改造投入使用的旧工业建筑来说，其改造程度也不尽相同。

在现已被再生利用的武汉市旧工业建筑中，对于有着优秀历史底蕴的旧工业建筑，为保留历史风貌的统一性，采用保留建筑原始风貌的做法（如张之洞与汉阳铁厂博物馆），其改造程度较低；而原武汉重型机床厂和原517通讯仪表厂被再生利用为商业住宅的一部分，在改造过程中它们都采取了保留原厂的某些如烟囱、火车头、铁轨等建（构）筑物作为景观，而将大部分原建筑拆除的做法，其改造程度较高；除这两种情况外，其他的旧工业建筑再生利用时不仅对原建筑历史价值和使用价值进行了不同程度的考虑，而且在设计时加入新元素，使得新与旧并存。

（3）新功能定位

如今，对创意产业和商业住宅的开发已成为时代发展的趋势，随着城市重工业发展的衰败，这种趋势在旧工业建筑再生利用领域也开始兴起。武汉市现已被再生利用的旧工业建筑的新功能主要为创意产业和商业住宅。原楚天印务总公司印刷厂和原中南汽修厂现已被作为新兴创意产业园区利用，而原武汉重型机床厂和原517通讯仪表厂现已被再生利用为商业住宅，这些被再生利用为创意产业和商业住宅的项目目前都已经改造完成并投入使用中。除这两类新功能的定位外，商业、宿舍、办公等功能也广泛出现在武汉市旧工业建筑再生利用项目中。

13.3.2 武汉市旧工业建筑再生利用建议

武汉市作为全国性的重要城市，在旧工业建筑改造方面的政策、模式、经验等相对于其他城市都较为健全，但是在具体的改造中还是有些许不足之处，建议如下：

（1）在改造前确定明确的指标，通过指标确定旧工业建筑的去留。旧工业建筑处理主要划分为两种，其一是保留原有建筑，在原有建筑的基础上按原建筑风格进行改造；其二是将其推倒重建。在武汉市调研过程中，还未明显发现武汉有关于这方面的指标，这样很可能就使得处理旧工业建筑时，在改造方案和推倒重建方案之间难以抉择。对于那些历史文化价值较高的旧工业建筑，政府应在宏观上赋予它们生存下去的机会，在改造项目中给予他们新的生机。然而，对于那些仅仅年代古老，自身却没有什么文化价值，存在与否影响都不太大，且改造所花费用远高于推倒重建的建筑，政府应通过鉴定规划，决定它们的去留。

（2）在旧工业改造中，应对旧工业建筑价值进行相应的评估，如历史文化价值、改造后的经济价值、社会效益等。政府在旧工业建筑改造中需做好前期准备工作，组织相关团队和部门对有价值的旧工业建筑进行全面的调研，并将调研和评价结果存档，要求开发商在改造该旧工业建筑时参考建筑资料、档案，并在改造过程中进行监督，防止过度改造对旧工业建筑原有的价值造成不可挽回的后果。

（3）政府作为旧工业建筑保护与改造的主导者，应当充分发挥群众保护工业建筑的积极性，在旧工业建筑处理中，应制定相应的法律法规和规范，对工业建筑进行保护。

第 14 章　长沙市旧工业建筑的再生利用

14.1　长沙市旧工业建筑再生利用概况

长沙市是湖南省省会、全国“两型社会”综合配套改革试验区、中南地区重要的工商业城市和交通枢纽。长沙市在近代历史中，沿湘江发展了造纸、造船、机械、纺织、医药等 24 个行业、创办了 124 家工厂；在抗日战争期间，本地企业规模达到 304 家；从新中国成立至 1989 年，长沙已有规模化的工业区 39 个，其中的代表见图 14.1。

以制造业为代表的第二产业虽为长沙的发展做出了不可磨灭的贡献，但也为城市后续的发展埋下了隐患。自 2001 年以来，长沙的城市建设用地不足，老工业区土地级差高、经济效益低下、环境污染等问题日益严重。为此，长沙市政府陆续发布了“退二进三”“退城进郊”等政策，导致大量工业企业退出市区甚至破产关停。停产后的工业厂区的处理成为目前城市更新中备受社会各界关注的焦点。

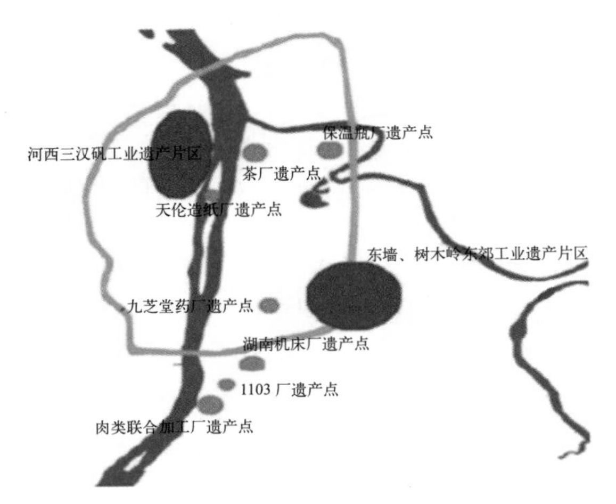

图 14.1　长沙旧工业建筑分布图

14.1.1　历史沿革

1998 年，长沙市开展了近现代保护建筑的调研工作，由此开始旧工业建筑的改造。2002 年，长沙市发布了《关于城市建设中加强文物和历史建筑保护的规定》，同年着手制定了《长沙市历史文化名城保护条例》，并在 2004 年批准通过，该条例的施行标志着长沙市旧工业建筑的保护工作进入了发展阶段；随后，长沙市又相继推出了《长沙历史建筑抢救保护管理办法》《长沙市文化遗产保护管理办法》等与旧工业建筑保护相关的规定及办法；到 2015 年 4 月，推出了与旧工业建筑保护相关的专项规划文件——《长沙市历史文化名城保护专项规划》。总体来说，长沙市虽然没有推出直接适用于旧工业建筑的管理办法和规定，但通过推出一系列涉及历史文化名城及历史建筑的保护规定和办法，间接推动了旧工业建筑保护工作走向法制化、规范化的道路。

14.1.2　现状概况

长沙市早期工业的发展，多依托铁路和航运，其中有大部分工厂的航运依托于湘江，分布在滨江区域，如裕湘纱厂、长沙锌厂、岳麓化工厂、天伦造纸厂、长沙市物资仓库等；也有一部分工厂分布在铁路沿线，如长沙肉联厂、长沙机床厂、长沙重机厂、长沙保温瓶厂等。目前，铁路沿线的老厂区由于自身体制及地理位置的劣势，改造的工作缓慢，尚处于废弃状态，如长沙肉联厂，长沙保温瓶厂等；而分布在长沙滨江区域的厂区，拥有坐落于湘江边上得天独厚的优势，得到了较为完整的保护，部分厂区的建筑至今仍然存在，如裕湘纱厂、天伦造纸厂、八道码头和南火车站广场等。旧工业建筑的再生利用主要由政府牵头完成，多改造为城市公共设施或城市公共开放空间。另外，也有一些旧工业建筑由开发商主导完成更新保护，如曙光 798 城市体验馆、长沙机床厂。

14.1.3　再生策略与模式

长沙市旧工业建筑的再生策略，首先是“摸清家底”，即积极开展旧工业建筑的普查工作，建立起保护制度。其次是在普查的基础上，挖掘旧工业建筑的文化价值，并积极探寻旧工业建筑与城市发展的契合点。最终在保护再生过程中实现旧工业建筑的经济效益、社会效益、环境效益共赢的局面，策略如图 14.2 所示。

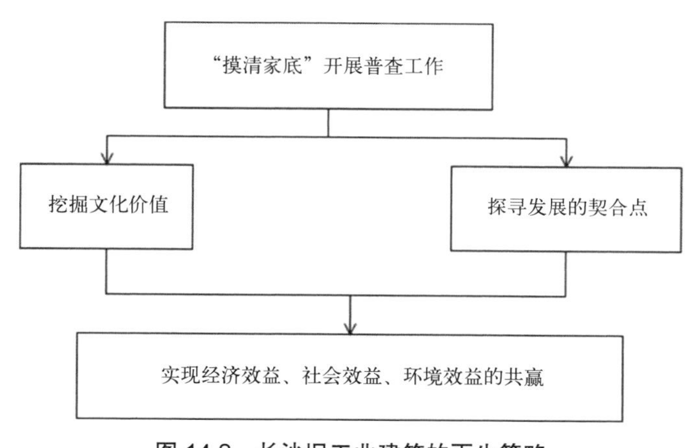

图 14.2　长沙旧工业建筑的再生策略

国务院在2014年对长沙市《长沙市城市总体规划（2003—2020年）》（以下简称《总体规划》）的审批意见中明确提出了“一轴两带多中心、一主两次五组团”的发展策略，结合《总体规划》中提出的“对近现代保护建筑和近现代优秀工业建筑予以保护，划定保护范围和建设控制地带，制订保护措施”的规划要求，可以将长沙的旧工业建筑再生利用模式大致分为如图14.3所示的4种。

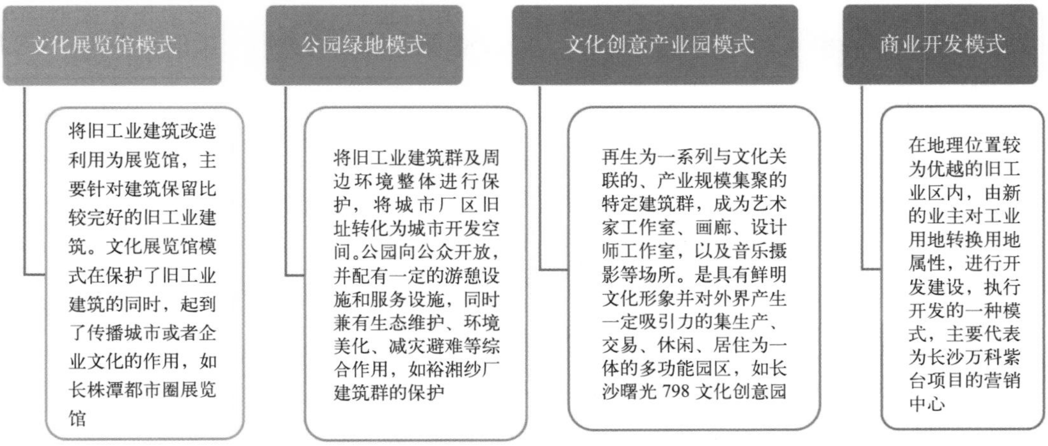

文化展览馆模式

将旧工业建筑改造利用为展览馆，主要针对建筑保留比较完好的旧工业建筑。文化展览馆模式在保护了旧工业建筑的同时，起到了传播城市或者企业文化的作用，如长株潭都市圈展览馆

公园绿地模式

将旧工业建筑群及周边环境整体进行保护，将城市厂区旧址转化为城市开发空间。公园向公众开放，并配有一定的游憩设施和服务设施，同时兼有生态维护、环境美化、减灾避难等综合作用，如裕湘纱厂建筑群的保护

文化创意产业园模式

再生为一系列与文化关联的、产业规模集聚的特定建筑群，成为艺术家工作室、画廊、设计师工作室，以及音乐摄影等场所。是具有鲜明文化形象并对外界产生一定吸引力的集生产、交易、休闲、居住为一体的多功能园区，如长沙曙光798文化创意园

商业开发模式

在地理位置较为优越的旧工业区内，由新的业主对工业用地转换用地属性，进行开发建设，执行开发的一种模式，主要代表为长沙万科紫台项目的营销中心

图14.3　长沙市旧工业建筑再生模式

14.2　长沙市旧工业建筑再生利用项目

14.2.1　曙光798城市体验馆

（1）项目概况

曙光798城市体验馆位于长沙市芙蓉区曙光北路119号，是由曙光电子管厂的旧厂房更新改造而来，如图14.4所示。其占地面积达60亩，总建筑面积为55000m^2。

图14.4　曙光798城市体验馆

（2）改造历程

2012年，广东商会收购曙光电子管厂，并开始曙光电子管厂的改造更新。改造融合了汽车展览、销售、文化展览、婚纱摄影等多种业态。广东商会致力于将长沙曙光798打造成一个商业、文学、创意融合的文化产业园，如图14.5所示。

（a）规划效果图（一）

（b）规划效果图（二）

图 14.5　长沙市曙光 798 城市体验馆规划初期效果图

（3）改造效果

2012 年 11 月 16 日，曙光 798 正式开园，彼时的园区定位为高端豪车销售中心。但到 2013 年，由于经营不善，汽车销售展厅全部撤离。随后曙光 798 便开始了转型工作，采用文创园的再生利用模式。如图 14.6 所示。

（a）文创公司进入园区内

（b）婚礼策划公司进入园区内

图 14.6　长沙市曙光 798 城市体验馆的文创产业

除文化产业外，曙光 798 也加入了体育产业，将原来的旧厂房改造成体育运动场馆，如图 14.7 所示。

在老厂区道路的基础上，改造也对路况进行了整修，规划了消防通道，并且合理规划了停车位、停车场等，如图 14.8、图 14.9 所示。

从曙光 798 发展的现状来看，最初高端豪车馆的定位对其并不合适，该定位虽可以提升片区品质，但难以迅速聚集很高的人气。相反，可以从一些高热度、高人气的业态类型入手，突出地域特色。从旧工业建筑保护的角度来看，曙光 798 继承并保护了原厂区风貌，但仍可继续增强保护力度，发掘并修复原建筑，使其重新具有使用价值，更好地体现建筑的文化和历史。

（a）体育馆外部

（b）体育馆内部

图 14.7 由旧工业建筑再生利用的体育馆

图 14.8 园区内部整修后的道路

图 14.9 园区内部的地上停车场

14.2.2 万科紫台

（1）项目概况

万科紫台位于长沙市天心区，前身为1912年创建的长沙机床厂，改造后成为一商品住宅小区改造前后对比如图14.10所示。其规划建设用地达到61601m^2，总建筑面积为163254m^2。

（2）改造历程

在丽江路上工厂旧址的入口，规划了乔木、背景墙和硬质铺地，构筑了城市公共广场，形成了具有工业气息的城市外部空间，如图14.11所示。古树、机车轨道同时被保留下来，随后增加花架及景观小品，丰富了小区的绿化环境，营造出自然与人文和谐共存的宜人环境，如图 14.12 所示。休闲区布置在厂房园区的后勤内院，与入口广场联系紧密且相对独立。休闲区连接了绿化景观道路，是整个小区的中心，如图 14.13 所示。在多层住宅的立面将工业元素纳入到设计之中，同时在红砖外墙的立面上采用百叶、凸窗、落地窗等现代化的设计，这使得住宅建筑既继承了工业建筑的传统特色，又不失现代感，如图 14.14 所示。

（a）再生利用前

（b）再生利用后

图 14.10　长沙机床厂再生利用前后对比

图 14.11　万科紫台外部广场

图 14.12　外部广场主轴景观

图 14.13　生态休闲区

图 14.14　工业特色新建建筑

145

(3) 改造效果

此次改造将部分原有厂房改造为小区的销售中心。对原有厂房的改造秉持“结构合理、经济可行、维护方便”的原则。在其外部，选用废旧钢材，刷以铜漆，使入口具有年代感。而此外，外立面以原始厂房为背景，结合玻璃幕墙，实现了新与旧的结合，如图 14.15 所示。

(a) 销售中心外部（一）

(b) 销售中心外部（二）

图 14.15　旧工业建筑再生利用为销售中心

此次改造对局部空间进行增层分隔，形成了两层的阁楼。并且，加固原有厂房中的桁架，并加设新的钢构件与其呼应。最后，植入现代化的沙发、地毯、灯具等陈设，增强了内部空间的现代感，如图 14.16 所示。

(a) 销售中心内部（一）

(b) 销售中心内部（二）

图 14.16　销售中心内部的再生重构

总体来说，长沙万科紫台项目是比较成功的，在成功利用了旧工业建筑的同时，也比较好地保护了长沙机床厂的厂房。旧工业建筑再生利用的方式也对房地产开发起到了宣传的作用。在开发过程中坚持保有一定比例的工业风格，在修复工业污染的前提下，大幅提升了社区的绿化环境。

美中不足的是，改造中拆除了大部分的旧工业建筑，一定程度上降低了项目的文化价值。但在商业开发中，为了保证经济效益、响应新的功能需求，部分文化价值的牺牲似乎是必然的。总之，长沙万科紫台项目延续了旧工业建筑再生利用的改造手法，重视内在的文化价值，并以此来减弱商品房数量增长过快带来的边际效应，为其他的房企提供了一种营销的新思路和符合潮流的新做法。

14.2.3　裕湘纱厂

（1）项目概况

裕湘纱厂自 1912 年创办，至今已有超过百年的历史，其发展沿革如图 14.17 所示。

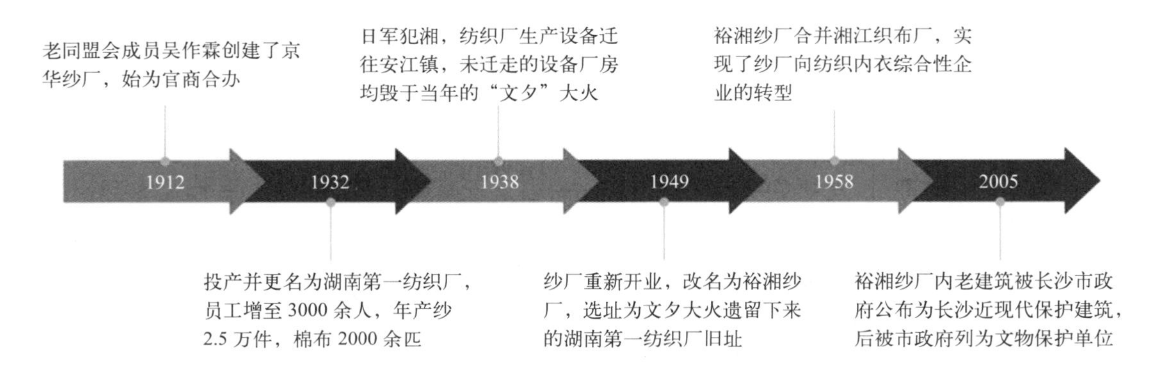

图 14.17　裕湘纱厂发展沿革

裕湘纱厂位于长沙市岳麓区湘江中路，是湖南近现代工业建筑的代表作，也是长沙现存的唯一一处民国时期工业遗产，具有较高的历史和艺术价值（图 14.18）。

图 14.18　裕湘纱厂的门楼

（2）改造历程

2007 年，长沙市政府确定将裕湘纱厂作为工业遗址进行修缮性保护。2009 年 6 月 17 日，由长沙市政府投资，对裕湘纱厂进行保护性改造（图 14.19）。厂区改造过程中，除了保留下来的旧工业建筑，还新修约 1000m^2 的看台，以便市民更好地观赏沿江风景和纳凉，如图 14.20 所示。

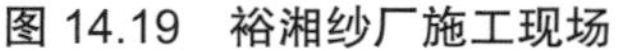
图 14.19　裕湘纱厂施工现场

图 14.20　裕湘纱厂改造后的看台

2009年，裕湘纱厂的保护性改造完成并正式对市民开放。纱厂外立面采用的是高敞的拱券外围廊结构，楼檐外伸，外观为暖色，坡屋顶，老虎窗，是现代建筑与西方古典建筑的结合，如图14.21所示。

（a）裕湘纱厂修复前三层楼外貌

（b）裕湘纱厂修复后三层楼外貌

图 14.21　裕湘纱厂修复前后三层楼对比

交通组织上，保留接入地块内部的中央道路，将原滨江游走路线作为主要的亲水路线，用以引导游客游览湘江，满足滨水旅游的需求，并实现地块内部的基本交通功能[60]（图14.22）。

（3）改造效果

裕湘纱厂作为长沙市民国时期的建筑，为长沙湘江西岸增添了一道独特的风景线。裕湘纱厂的改造具有很高的参考价值，改造之后的裕湘纱厂在保留原有建筑的前提下焕发生机，周围环境也焕然一新，不仅解决了现场脏乱差的问题，还提高了当地形象，是旧工业建筑再利用中的一个成功案例。

裕湘纱厂再生利用项目的成功也带动了湘江西岸的经济发展，吸引了包括保利、万科在内的房地产公司对湘江西岸的投资开发；同时，改造后的裕湘纱厂很好地融入了“湘江百里画廊”整体规划，得到了市民的认可，不仅提升了裕湘纱厂的社会效益，也带动了自身的发展。

距离裕湘纱厂的保护性改造已过去十余年。在这十余年中，裕湘纱厂建筑群出现老化的迹象，但这些老化现象并不影响裕湘纱厂整体改造的成功。正因为周边环境的改善、基础设施的完善，这一改造成功带动了湘江西岸的发展，湘江西岸商业圈很快形成。而裕湘纱厂建筑群无疑已占据了发展的先机。优越的地段加上深厚的文化底蕴，裕湘纱厂未来的发展势头良好。

（a）内部向南的沿江小道

（b）内部向北的沿江小道

图 14.22　裕湘纱厂内部的沿江小道

14.2.4　长株潭都市圈展示馆

（1）项目概况

长沙天伦造纸厂位于长沙市河西石岭塘橘子洲内。天伦造纸厂始建于 1946 年，工厂于 20 世纪 70 年代倒闭。原酿纸车间厂与橘洲客栈结合，改造为长株潭两型社会展览馆。天伦造纸厂的改造工程于 2011 年 3 月完工，是全国首个以资源节约型、环境友好型社会建设为主题的展览馆。2022 年 7 月，长株潭两型社会展览馆升级改造为长株潭都市圈展示馆，打造了一个数字化沉浸式、互动型的展馆。

（2）改造历程

1978 年，天伦造纸厂因保护湘江水质而被列为限期搬迁的重点项目，其旧址于 2011 年被改造为长株潭两型文化展览馆，以“两型社会”为主题，分为“国家战略”“顶层设计”“阶段成果”“未来展望”四个篇章，积极响应了“两型社会”的发展潮流，促进长沙长株潭“两型社会”建设综合配套改革试点工作完成。2022 年 7 月，在推进强省会战略和长株潭都市圈建设的背景下，该馆以长株潭都市圈展览馆的形象全新亮相，分为序厅、强省会战略厅、都市圈建设厅、都市圈体验厅四个主题展厅，集中展示强省会战略实施和长株潭都市圈建设的重大成果，以3D投影、裸眼反算等多种技术给观众带来沉浸式的互动体验，如图14.23所示。

(a) 展示馆外景

(b) 展示馆内景

图14.23 长株潭都市圈展示馆内外景

依托橘子洲的美丽风光，长株潭都市圈展示馆周边绿化景观的改造也十分成功，加上由工业构件做出来的建筑小品，使得橘子洲景区别有一番风味，如图14.24所示。

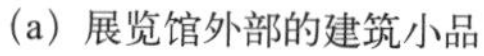

(a) 展览馆外部的建筑小品

(b) 展览馆外部的绿化景观小品

图14.24 长株潭都市圈展示馆外部小品

(3) 改造效果

天伦造纸厂被改造成集科普性、教育性、创新性、趣味性于一体的多功能展示馆。展示馆内部将包括触摸屏、电子翻书、虚拟驾驶、多通道投影、多媒体、3D弧幕影院等的现代技术融入展览之中，实现了传统与现代的有机结合[61]。

2011 年，展览馆总参观人数已达到 11 万人次，2012 年突破 20 万人次，大力推动了长沙旅游业的发展。天伦造纸厂的改造工作属于节能环保的范畴，符合“资源节约、环境友好”理念，为“两型社会”的建设工作提供了一个良好的展示窗口。

长株潭都市圈展示馆是湖南省强省会战略、推进长株潭都市圈建设的集中缩影，充分展示了长株潭都市圈规划发展成就，人文底蕴及区域活力。现代科技与旧工业建筑的结合，为天伦造纸厂提供了新的活力，延续了历史的同时，也提升了文化价值。天伦造纸厂的成功改造也为处于风景区内的类似旧工业建筑提供了一个完好的改造思路。

14.3　长沙市旧工业建筑再生利用展望

14.3.1　现状分析

长沙本土旧工业建筑改造项目仍在发展之中，同时也在学习外地已有的改造保护经验，逐步将城市的旧工业建筑保护工作向规范化、合理化的方向推进。但是在发展的过程中，笔者也发现了长沙市在旧工业建筑改造方面的不足，主要包括：

（1）长沙本地的旧工业建筑改造工作开展力度不够。对既有的旧工业厂区虽然采取了一定的保护措施，但仅仅只是静态的保护，并没有将其进行再生利用，目前长沙本地依旧存在很多处于闲置状态的旧工业建筑。

（2）政府在旧工业建筑保护与利用方面还没有形成一个完善的体系。2013 年长沙市住房和城乡建设委员会开展了长沙市第三批近现代历史保护建筑的调研和确认保护相关工作；国务院在 2014 年关于长沙市城市总体规划的批复文件中，提出了对近现代优秀工业建筑予以保护的要求；2015 年长沙推出了与旧工业建筑保护相关的专项规划文件——《长沙市历史文化名城保护专项规划》。从已查阅的相关文件的颁布时间来看，政府对旧工业建筑以及相关的历史文化建筑的保护重视力度还需加强。

（3）改造激励政策不多。笔者在进行相关政策的网络调研和实地调研时，并未查阅到与旧工业建筑再生利用十分切合的激励政策，这也是导致开发商和业主对旧工业建筑再生利用重视程度不够的原因之一。

（4）改造后的维护工作投入不够。从长株潭都市圈展示馆的改造工程到裕湘纱厂保护性改造工程，都存在政府投入资金进行保护和改造以后，后期的维护工作投入不够的情况，导致改造后的建筑出现老化的迹象。

14.3.2　前景展望

虽然直到最近几年，旧工业建筑的再生利用才走入大众的视野，但是长沙作为湖南省省会、长江中游城市群和长江经济带重要的节点城市，与国内同类城市相比拥有丰富的旧工业建筑存量，所以在制定保护旧工业建筑的措施中必须保持对历史建筑负责的态度，可从以下5个方面入手。

（1）界定清楚旧工业建筑的范畴：对于旧工业建筑的保护，首先要弄清楚什么是旧工业建筑，哪些东西属于旧工业建筑的范畴，而旧工业建筑中哪些又是具有保护价值的，并在保护范畴中。其中除了物质性遗产外还应包括非物质性遗产，如原厂区生产线上的工艺流程、工业发展历史等[62]。

（2）加快推进相关保护规划的编制工作：科学的规划是科学指导旧工业厂区及旧工业建筑保护和利用工作的基础和前提。明确包括开发模式、整体布局、建筑风貌等规划要求，界定和控制保护区内影响和破坏历史文化风貌的行为，会使得旧工业建筑保护和利用的思路更加清晰，保证其保护利用效果[63]。

（3）明确价值审定原则，建立价值评价体系：在城市的发展过程中，不可能对所有的建筑进行保留，这就决定了旧工业建筑的保护要有取舍。因此，对旧工业建筑的价值审定工作显得尤为必要和紧迫。通过价值审定，明确具有保护价值的、具有代表历史阶段特征的旧工业建筑，使有价值的旧工业建筑获得“新生”。

（4）灵活置换建筑功能：随着时代的变迁，旧工业建筑原有的功能虽然已经退出了历史舞台，但旧工业建筑所具备的历史气息和文化内涵，仍然具有较大的开发利用价值。

（5）加强事后维护力度：加强对旧工业建筑再生利用后的运营维护，通过制度保障建筑的后期运营。首先需要制定管理法规并建立管理机构；其次，加大宣传力度，努力提高全社会的保护意识。此外，日常的维护务必到位，避免日常使用中各类安全事故的发生，延长建筑的使用寿命。

第 15 章 广州市旧工业建筑的再生利用

15.1 广州市旧工业建筑再生利用概况

15.1.1 历史沿革

广州市位于珠江三角洲三江交汇处。发达的水运、密布的水网为工业运输提供了便利。加之岭南地区物产丰富，以地方原材料为基础的传统加工业形成较早，为广州市的工业发展奠定了产业基础。清朝末年，随着“一口通商”政策的实行，广州成为中国重要的港口城市，传统加工业、船舶制造业都因港口贸易得到快速发展，进一步为广州近代工业的发展创造了条件。从明清时期到改革开放，广州工业的发展大致经历了如下 5 个阶段。

（1）1840 年之前

早在隋唐时期，广州就是“海上丝绸之路”的发祥地之一。海上丝绸之路的兴盛，促进了广州手工业的发展，也逐步推动了冶金业、制造业的兴起。明清时期，广州最早出现了资本主义萌芽，当时广州的冶金业和制造业在全国已处于领先地位。随着港口贸易的兴盛，广货也畅销海内外。

（2）1840—1911 年

第一次鸦片战争以后，随着西方列强的入侵，中国原本封闭的市场面貌发生了改变，外国资本开始大量涌入中国半开放的贸易市场。如 1851 年，大英轮船公司职员柯拜在黄埔开设船坞，从事修船业务，这也是外国人在中国开设的第一个造船坞。随后，外国资本在珠江开展航运，在白鹅潭建立仓库和码头，在黄埔外港修建船坞，广州近代工业由此开始起步。

1861 年，洋务运动兴起。代表洋务派的官僚资本试图发展军事工业，振兴经济，在广州及其附近地区兴办了一批近代军工厂和制造厂，具体如表 15.1 所示。

从 19 世纪 60 年代开始，许多归国华侨及一部分商人开始在广州及其附近地区投资，兴办工厂，创办了一批近代企业，民族工业也随之产生。比如陈淡浦创办的陈联泰机器厂，最早是一家手工机械工厂，后来发展成机器制造厂，能够开展修船和造船业务，成为广州近代第一家民族资本工业企业。在第一次鸦片战争以后的 60 年间，广州出现了 30 多家传统手工业企业，大多数规模较小，机器设备简陋，未能长时间维持。

1840—1911 年间，兴建的工厂多为单层的砖木结构，规模较小。

广州市 1840—1911 年工业发展历程 表 15.1

时间	工厂
1873 年	两广总督瑞麟创办广东机器局
1875 年	两广总督刘坤一创立增埗军火局
1876 年	两广总督刘坤一购买黄埔船坞，作为广东机器局的造船厂
1884 年	两广总督张之洞扩充广东机器局，先后改名为制造军械局、石井兵工厂、广东兵工厂
1889 年	中国第一家机器制币厂广东钱局建成，开始机械生产铜币、银币

（3）1911—1949 年

在 1911 年辛亥革命爆发至 1937 年抗日战争爆发的这 26 年间，广州的工业发展取得了辉煌成果。政府建立了许多近现代工业建筑，涵盖电力、纺织、机械等多个行业。20 世纪 30 年代初，民国政府规划建立西村工业区与河南工业区，比较著名的工厂如表 15.2 所示。

1911—1949 年民国政府建立的部分工厂 表 15.2

工厂名称	建成时间	主要特点
西村士敏土厂	1928 年	当时华南地区规模最大的水泥厂，采用荷兰进口设备
省营广东纺织厂	1934 年	主要生产纺织产品，畅销国内外，采用英美进口设备
省营广东饮料厂	1934 年	华南第一家啤酒厂，生产啤酒和汽水，采用捷克进口设备
西村发电厂	1934 年	广州发电厂前身，采用德国进口设备，供电西关一带
省营广东制纸厂	1938 年	当时全国规模最大、设备最先进的纸厂之一

此外，洋行商行在珠江两岸建设了不少码头和仓库。比如太古洋行的太古仓，怡和洋行的渣甸仓，日商的大阪仓等。这些洋行仓库都采用了当时较为先进的结构和技术。到 1945 年，广州的工业已有了一定的规模和格局。

1911—1949 年间，兴建的工厂大多为砖混结构，建筑风格多样，体现了当时的建设水平与工艺。

（4）1949—1978 年

新中国成立以后，全国进入了社会主义建设的新时期，广州的工业快速发展，取得了许多辉煌的成就，见表 15.3。

建国初期广州工业发展历程　　表 15.3

时间	工业发展方向	主要建设成果
“一五”期间 1953—1957 年	食品加工业，纺织工业	新建扩建了广州华侨糖厂、广东罐头厂、广州造纸厂、广州绢麻厂、广州发电厂等一批大型工厂
“二五”期间 1958—1962 年	钢铁工业，重工业	新建了广州钢铁厂、夏茅钢铁厂等七间钢铁厂
“三五”“四五”期间 1966—1975 年	基础工业、重工业	建成了汽车制造厂、拖拉机厂、轮胎厂、棉纺织厂、石油化工厂等一批大型工厂

1949—1978 这近 30 年间，兴建的工厂大多是砖混结构和混凝土结构，多采用苏联式现代风格。

（5）1978—2000 年

1979 年，中央提出“调整、改革、整顿、提高”的经济方针。广州响应中央的号召，以轻纺工业为发展重点，对工业结构进行调整。1984 年，国务院批准在黄埔东缘建立经济技术开发区。到 20 世纪 90 年代末为止，共有 30 多个工业部门、12 个工业系统分布在广州地区，形成了多元化的工业格局。在此期间，大量工厂从城区迁往城外，从而加速了广州工业的郊区化进程。

1978—2000 年这 22 年间，兴建的工厂多注重使用功能的构建，建筑风格则较为简洁，装饰很少。

15.1.2　现状概况

目前，广州的旧工业建筑，主要集中分布在西村、白鹅潭、员村、黄埔四个片区。如图 15.1 所示。

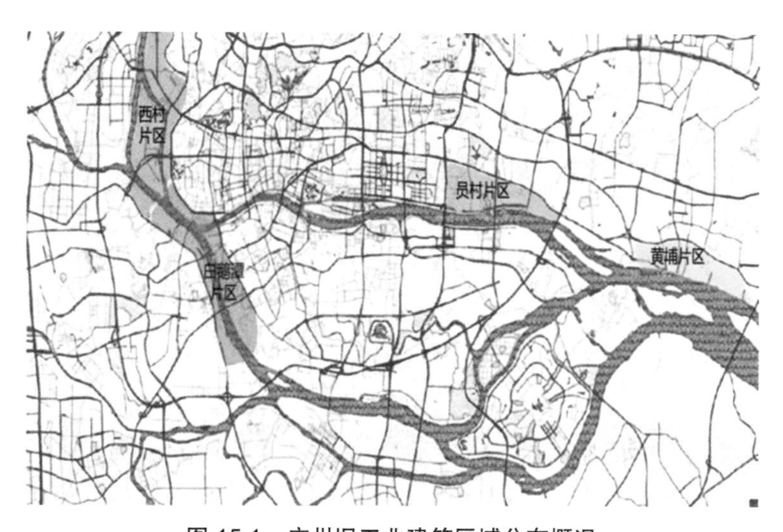

图 15.1　广州旧工业建筑区域分布概况

广州的旧工业建筑由于其地域因素及发展历程，具有一些不同于其他城市的特点，汇总于表 15.4。

广州旧工业建筑特点 表 15.4

序号	特点	形成原因
1	亲水性	珠江水运是广州地区的主要运输方式，沿江建厂有利于运送货物和原材料
2	技术先进性	广州的工业建筑通常都采用了当时的新技术，新结构和新材料。部分在设计技术和施工质量方面都达到了国际先进水平
3	多样性	广州的工业遗存类型众多，时间跨度大，风格多样
4	地域特性	广州地处岭南，夏季漫长，高温多雨，通风、隔热、遮阳是建筑设计考虑的主要因素

15.1.3 再生策略与模式

1）改造模式

现阶段，广州的旧工业建筑更新改造主要有以下三种模式。

（1）创意产业园与文化创意社区

近年来，广州城市产业转型的一个基本特征就是大力发展文化创意产业。

选择创意园、产业园的改造模式，一方面与广州的政策引导和支持有关。广州市政府为创意产业的发展制定了相关的规划，如《广州市文化建设规划纲要（2004—2010 年）》（穗办〔2004〕16 号）、《广州市文化产业发展“十一五”规划》等；出台了相关的扶持政策，如《广州市进一步扶持软件和动漫产业发展的若干规定》（穗府〔2006〕44 号）、《广州市人民政府关于加快软件和动漫产业发展的意见》（穗府〔2006〕45 号）等；并于 2009 年底成立了文化创意产业领导小组，负责全市文化创意产业发展的规划研究、政策制定、产业指导等工作。此外，各区级政府也制定了各类扶持办法和优惠政策，大力引导和促进创意产业的发展。

另一方面，选择这种模式与文化创意产业的空间需求以及活动要求相关。文化创意产业活动更加青睐自由度高、可塑性强的空间，特别是能够根据活动内容和活动需求进行灵活分隔与布置的空间。而旧工业建筑通常结构坚固、空间高大，能够针对活动需求进行灵活布置，改造为创意空间正好合适。

（2）休闲旅游区

将旧工业建筑改造为旅游资源中的工业文化景点或公共资源中的休闲娱乐空间，符合当今社会大力发展旅游业的趋势，也能为城市创造经济效益。经过改造后的特色旅游或休闲场所满足了人们对城市休闲、游憩空间的需求，也能在一定程度上延续城市历史和记忆。具体的改造案例如太古仓旧码头改造为太古仓时尚园，广州针织厂改造为广州动感小西关 [64] 等。

（3）主题商业区

一些旧工厂地处城市中心区或核心地段，人流密集且交通便利，本身就具有商业开发的区位优势。此外，商业空间对采光、通风和围护结构热工性能要求较低，也为商业改造带来便利。旧工业建筑独特的内涵、气质和美感，又可以成为商业包装的亮点和特色。具体的改造案例如广州铝材厂改造为启秀茶叶城，广州电池厂改造为花城往事美食文化园等。

2）更新改造的主要方法

目前，广州旧工业建筑更新改造的主要方法包括以下两个方面：空间功能转换和工业元素利用。这是时下更新改造的主流，也是活化旧工业建筑最直接、最快速的方法。

（1）方法一：空间功能转换

①功能转换

保留旧工业建筑原有结构框架，更新内部的设备和设施，使原内部空间适应新的使用功能需求，从而将其转换为其他用途。这种方式操作起来比较简单，初次投资也较少，通常只需对建筑结构进行修缮和加固，增加必要的楼梯、出入口，以满足现行的规范要求。改造主要集中在内部装修、门窗更换和设备更新上，建筑外观则进行局部修缮或保持不变。如图 15.2 所示，T.I.T 时尚发布中心的再生利用正是采用了此方式进行改造。

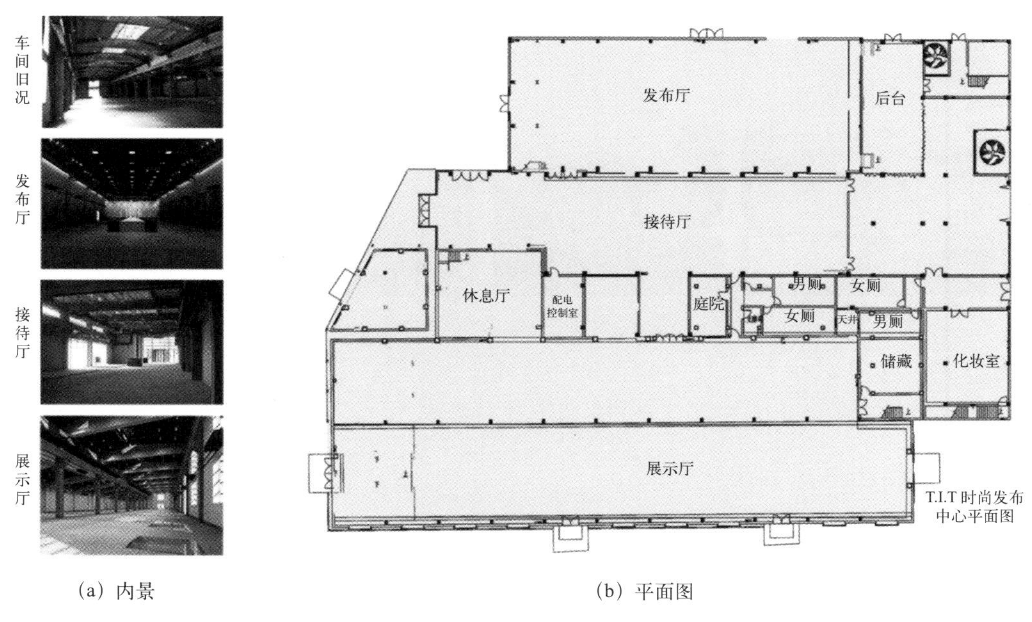

（a）内景　　（b）平面图

图 15.2　T.I.T 时尚发布中心的再生利用

②空间划分

根据新的使用功能，项目对原来高大单一的工业生产空间进行垂直或水平的再次划分。这种方式主要适用于单层厂房、仓库等大空间的旧工业建筑的改造设计。划分后可形成更多尺度适宜的使用空间，在增加使用面积的同时也适应了新的使用需求（太古仓码头的1、2、3、4号仓的改造效果如图15.3所示）。

(a) 1号仓

(b) 2号仓

(c) 3号仓

(d) 4号仓

图15.3 太古仓码头改造后现状

③加建扩建

在原来的结构和基础上，根据使用需求，对旧工业建筑进行适当的加建和扩建，最常见的是加建门厅、连廊等。原来功能简单、流线单一的厂房，在改变使用功能后需要根据用户需求的不同，划分成多个功能区，另外对出入口也有了更高的要求。具体实例如图15.4所示，信义会馆中为厂房加建的一系列门厅，在原来的基础和体量上用玻璃、轻钢、百叶等材料搭建了现代“阳光房”，完善使用功能的同时也在一定程度上形成了新旧对比。

(a) 门厅（一）

(b) 门厅（二）

(c) 门厅（三）

(d) 门厅（四）

图15.4 信义会馆加建门厅

(2) 方法二：工业元素利用

①作为景观小品或特殊装饰

利用遗留下来的一些工业元素，比如生产工具、机械装置，以及水塔、锅炉之类的构筑物，作为厂区环境中的景观小品或建筑整体中的特殊装饰。这些工业元素外形特殊，并具有超常的尺寸和强烈的视觉冲击力，经过清洗改造和艺术加工后可吸引人们前来欣赏。如图15.5所示。

(a) 小品（一）

(b) 小品（二）

(c) 小品（三）

(d) 装饰（一）

(e) 装饰（二）

图 15.5　创意园中的小品和装饰

②作为场景符号或场所元素

利用遗留下来的一些工业元素，比如生产设备（锅炉）、运输设备（铁轨）、历史画像、文字标语，结合经过特殊创作的艺术雕塑，营造艺术的气息和氛围，打造某种特定场景和场所，使人们顿足联想，产生共鸣，如图 15.6 所示。

(a) 场景（一）

(b) 场景（二）

(c) 场景（三）

图 15.6　创意园中的场景

15.2　广州市旧工业建筑再生利用项目

15.2.1　广州 T.I.T 文化创意产业园

（1）项目概况

T.I.T 创意园的前身是广州纺织机械厂，1956 年由 20 多家私营纺织机械厂公私合营组建而成。广州纺织机械厂在 1996 年发展到鼎盛时期，成为全国百家重点纺织机械器材企业之一，职工达到 1400 多人。1999 年，由于国家的宏观调控、激烈的市场竞争和其他因素的影响，广州纺织机械厂的经营逐步下滑，陷入亏损。最终，广州纺织机械厂于 2004 年正式停产。

2007 年，为贯彻落实广州“腾笼换鸟”“转型升级”的产业调整政策要求，在市政府牵头指引下，土地的产权方（广州纺织工贸集团）与投资方（深圳德业基投资集团有限公司）合作，组建了广州新仕诚企业发展股份有限公司，投入资金约 1 亿元，对广州纺织机械厂进行改造。经过一年半的时间，萧条破败的老厂区被改造成了焕然一新的 T.I.T

创意产业园。2010 年 8 月，T.I.T 创意产业园的一期改造完成，并正式对外开放。T.I.T 创意产业园占地约 9.3 万 m^2，总建筑面积约 5.3 万 m^2，绿地率高达 90%。园区现状如图 15.7 所示。

（a）创意园内建筑

（b）创意园内景观

图 15.7　广州 T.I.T 创意园

（2）改造历程

从 2010 年 8 月开园，T.I.T 创意园的发展经历了以下 2 个主要阶段。

第一阶段：2010—2012 年（服装产业链模式）。作为 20 世纪 50 年代建立的国营大厂，广州纺织机械厂的转型具有先天的优势——拥有纺织服装行业的完整产业链。在改造之初，广州新仕诚发展有限公司参考了成熟的创意园案例，规划将旧工厂改造为特色鲜明的现代纺织服装产业基地，包含产品发布、时尚设计、信息咨询、专业培训等服务内容，围绕纺织厂的老本行——服装行业，吸引国内外时尚界的著名设计师、著名模特、著名企业、著名品牌进园发展，集创意、艺术、文化、商业、旅游体验于一身，打造涵盖“服装设计、产品研发、展示发布”的专业平台。在服装产业链模式的规划定位下，T.I.T 创意园被划分为 6 大功能区，包含了设计区、创意区、商业文化区、配套服务区、红酒区和时尚发布中心，以及配套的酒楼和公寓酒店等服务设施。改造后的 T.I.T 创意园取得了良好的收益与社会效应，2010 年，T.I.T 创意园被评为广东省、广州市重点建设项目；2011 年，T.I.T 创意园被评为中国纺织服装时尚创意基地。

第二阶段：2013 年至今（产业基地模式）。T.I.T 创意园最初的定位是围绕服装服饰产业链，坚持引进服装设计和研发企业，以便形成产业集群。但服装产业占用的场地和空间较大，而 T.I.T 创意园位于广州新城市中轴线的核心节点上，寸土寸金，原来的产业链发展模式与园区的发展之间产生了矛盾。在新的形势下，T.I.T 创意园将部分占地需求较大的企业移植，引入了科技产业，开始进行自我革命。2013 年 11 月，微信总部迁入 T.I.T 创意园，租下二期的 3 栋楼进行统一装修。微信的入驻，提升了 T.I.T 创意园的影响力和关注度，也打开了园区新定位的新发展空间。继微信入驻后，T.I.T 创意园先后引进了互联网企业、电商平台，以及科技类企业，其中包括有 CCIC 联合文创，铂涛集团孵化器，联我众创空间等。T.I.T 创意园开始向产业基地转型。根据笔者的调研，目前，在 T.I.T 创意园内，除了有服装服饰类企业入驻以外，还有文化传播、设计类、互联网、电商、科技类等类别的企业，以及园区配套的酒楼、酒店公寓和其他企业存在。在原有服装产业的基础上，T.I.T 创意园开始向产业基地和创意科技孵化器的模式转变。如图 15.8 所示。

(a) 创意园内建筑（一）

(b) 创意园内建筑（二）

图 15.8　广州 T.I.T 创意园二期项目

(3) 改造效果

广州纺织机械厂的改造保留了大部分厂房、车间、仓库以及附属用房，遵循了“修旧如旧，尊重历史”的原则。该部分用房被适度修缮后转换功能，主要用作设计，办公和展示。

原纺织机械厂内的木模仓库、发电房、托儿所、卫生所等小建筑，被改造成时尚设计区，向国内外一流的设计师、服装品牌提供创作空间和展示空间。而 8m 多高的装配车间、机械车间、喷漆工场、维修车间和铆焊车间，被改造成面向服装相关企业的创意办公区。位于中间的铸造车间，则改造为园区的时尚发布中心，包含 T 台秀场，艺术展示，服装发布等功能。

更新改造过程中，原厂房、车间、工场内的机器设备被拆除，部分有视觉冲击力的设备经过重新涂刷后作为景观小品，放置在园区各处，并配以功能说明牌。当年铸造车间的退火炉则被原地保留下来，并配以工人雕塑，成为园区内的一个独特场所。如

图 15.9 所示。

经过统一的规划、设计、改造，T.I.T 创意园特色鲜明，其基础设施和景观环境都得到了比较好的维护和更新。部分经过选择保留下来的机器设备在经历清洗、维修、重新涂刷后，或与现代雕塑结合，或独自成为焦点，形成艺术景观，营造的整体艺术氛围让许多游客印象深刻。修缮后的建筑和机器也让人们可以了解当年纺织机械厂的历史，从而传承了厂区的历史文化记忆。

(a) 工业雕塑（一）

(b) 工业雕塑（二）

图 15.9　广州 T.I.T 创意园内工业雕塑

15.2.2　太古仓码头

（1）项目概况

太古仓码头位于海珠区革新路 124 号，地处珠江后航道，靠近白鹅潭，原为广州港集团河南分公司内一装卸作业码头，由 3 座 T 字形码头、7 座仓库和后方场地及其他建筑物组成。整个码头区域占地约 7.1 万 m^2，其中陆域面积约 5.4 万 m^2，码头岸线长 312m。

（2）改造历程

根据广州市委、市政府关于广州市珠江两岸景观整治和“退二进三”总体部署的要求，太古仓码头于 2007 年 6 月正式停止装卸作业，拉开了转型开发的序幕。

在保留原有码头区完整性、真实性，在其历史内涵的基础上，太古仓项目通过注入新的内容，引进创意设计工作室、电影院、特色酒吧等业态，将太古仓码头转型打造成一个集文化创意、展贸、观光旅游、休闲娱乐等功能于一体的广州“新城市客厅”。项目现状如图 15.10 所示。

目前太古仓 1、2 号仓为国际葡萄酒采购中心，建筑功能为批发零售及配套餐饮；3 号仓为太古仓展示库，建筑功能为展览展示和配套餐饮；4、5 号仓为太古仓时尚创意园；6、7 号仓为太古仓电影库；8 号仓为唐苑会所；保税仓为南粤嘉宴大酒楼。

(a) 太古仓码头内建筑

(b) 太古仓码头入口

图 15.10　广州太古仓码头

(3) 改造效果

如图 15.11 所示，码头内的仓库式建筑是太古仓重要的历史见证物之一，它与仓库所形成的江岸景观被给予了严格的保护。在保护原有码头区完整性和真实性的基础上，太古仓项目保留码头及其江岸景观作为临时公共活动场所的功能，并沿用其码头的功能，作为游艇码头继续使用，既保留了人们对太古仓的记忆，又维持了太古仓码头的场所感。另外，场地内抛锚用的船栓、墙上的文字和郁郁葱葱的古老榕树分别是珍贵的人文及自然景观要素，保护这些元素及维护古树花木的自然生长，能使太古仓码头更有历史感和纪念意义。

(a) 太古仓码头内建筑（一）

(b) 太古仓码头内建筑（二）

图 15.11　广州太古仓码头建筑

15.3 广州市旧工业建筑再生利用展望

15.3.1 广州市旧工业建筑再生利用现状分析

1）地理分析

从分布状态来看，广州的旧工业建筑再生利用项目主要集中在经济活力较为旺盛的天河区和海珠区。海珠区主要集中在白鹅潭地区，以太古仓、信义会馆、1850创意园、宏信922等为代表；天河区主要集中在员村片区，以红专厂、广纺联、T.I.T创意园、507创意园等为代表。除此之外，白云区、番禺区、增城区等距离核心城区较远的地区则以地方政府主导的创意产业园为主，园内多为20世纪70—80年代建成的钢筋混凝土结构新型厂房，政府对此类厂房改造力度普遍较大，令其转换功能，进而极大地促进了区域经济发展。

2）政策落实情况

从2008年至今，广州市旧工业建筑改造的政策演进与实践历程可分为两个主要阶段：

（1）积极推进阶段（2008年至2010年6月）

2008年3月，广州市政府颁布了《关于推进市区产业“退二进三”工作的意见》（穗府〔2008〕8号），鼓励优先利用旧厂房出租或自营创意产业，并且规定企业搬迁后的原址土地原则上应纳入政府储备用地，但在符合城市总体规划的前提下，也可利用原址从事除房地产开发以外的第三产业。

2009年12月，广州市政府出台《关于加快推进“三旧”改造工作的意见》（穗府〔2009〕56号），这份文件是广州市“三旧”改造的纲领性文件，该规定的发布标志着广州市“三旧”改造步入统一规范阶段。该规定出台后，广州市“三旧”改造工作办公室同国土部门、规划部门等相关职能部门制定了一系列配套政策措施，并在全市范围内根据项目的不同特点，成功推进红专厂、T.I.T创意园、太古仓码头等旧工业建筑改造项目落地落实。

在该阶段，广州市关于旧工业建筑改造政策体系初步建立，“退二进三”政策快速推进，政府遵循“政府引导，市场运作”的原则，充分调动市场积极性，促使市场资金踊跃参与改造，为改造工作营造了高效的行政服务环境。

（2）深化完善阶段（2010年6月至今）

2012年6月，为了更加科学有序，高效高质地推进旧工业建筑改造工作，广州借鉴参考了深圳、佛山等地的先进经验和做法，出台了《关于加快推进三旧改造工作的补充意见》（穗府〔2012〕20号），对当时的“三旧”改造政策进行了必要的补充和完善。2013年8月至今，广州市政府再次全面梳理，深化完善“三旧”改造政策。2018年广州市城市更新局发布的《关于深入推进村级工业园更新改造的实施意见（征求意见稿）》提出政府收储集体旧厂房用地，补偿比例最高可达 60%。

在这一阶段，广州市政府开始注重成片地推进改造项目，同时改造的速度相对放缓，坚持“政府主导，成片连片，配套优先，应储尽储”的原则，全面深化完善改造政策，稳步有序地推进改造项目。2010 年以来，广州市累计批复旧厂房改造项目 221 个，改造面积达 11.96 km^2，重点推进广州联合交易园等项目，加快传统工业向现代服务业的转型发展。

15.3.2　广州市旧工业建筑再生利用前景展望

在城市更新的推动下，广州旧工业建筑面临的机遇与挑战并存。作为曾经华南地区最大的工业城市，目前珠江地区最大的经济体，因受利益驱使，工业遗产的保护承受着巨大的压力。部分企业、开发商对城市文脉与集体记忆不管不顾，导致许多工业遗产惨遭灭顶之灾。作为新中国轻工业代表的第十一橡胶厂一夜之间被拆除；承载着一代人记忆的广州造纸厂轰然倒塌；被称为“广州 798”的红专厂（原广州罐头厂）也在拆与不拆之间挣扎。然而，入选了历史建筑名单的广州第二棉纺厂吹响了反“拆”的号角。与此同时，政策的放宽为广州工业遗产的改造利用带来契机。近年来，广州市政府对于旧工业建筑再生利用的政策越来越多，扶持力度也越来越大，广州旧工业建筑有望得到更有力的保护与利用。

第 16 章　深圳市旧工业建筑的再生利用

16.1　深圳市旧工业建筑再生利用概况

深圳市自成立特区以来，城市发展经历了多次转折。深圳作为改革开放的窗口城市和试点城市，创造了“深圳速度”，年均经济增长率高达 314.25%，位居亚洲甚至全世界范围内同类城市的前列。在社会保障和基础设施建设等其他方面，深圳也处于国家前列。随着“国际化城市”定位的确立，深港双城的深入诠释，深圳的城市发展将迈入一个新的阶段[65]。

无论是创新指标还是宜居指数，深圳市都是全国名列前茅的一线城市，然而，深圳也面临着建设用地资源不足等问题。因此，废弃建筑和废弃土地资源（如旧工业建筑及其厂区）的重建和再生利用将成为这个特大城市的必然选择。

16.1.1　历史沿革

深圳市是改革开放后迅速崛起的大型新兴城市。早期深圳的开发建设需求迫切，发展高速粗放，无法实现长期的经济效益，产业升级带来的城市功能置换需求日益迫切[66]。因此，深圳市旧工业建筑再生利用问题早在 20 世纪 90 年代末期就已产生，随着城市的发展，更新活动逐步开始，主要经历了三个发展阶段。

（1）探索阶段

2000 年 7 月至 2008 年 3 月为深圳市旧工业建筑再生利用的探索阶段。深圳市旧工业建筑再生利用项目的发展与深圳市工业发展历程息息相关，在这一阶段，深圳市工业发展与旧工业建筑再生都经历了三个时期，如表 16.1 所示。

深圳市工业发展历程　　　　表 16.1

年份	阶段	描述
1979—1993	快速起步阶段	“三来一补”占比较大，产业发展布局分散
1993—2000	急剧膨胀阶段	由劳动密集型产业向资金与技术密集型产业过渡
2000—2008	聚集提升阶段	产业结构优化升级，产业竞争力不断加强

在 1993 年之后，第二阶段迅速扩张，深圳市旧工业建筑再生利用需求已经出现，而早期工业区的再生利用工作已于 2000 年完成，旧工业建筑的再生利用即将迈入探索中高速发展的聚集提升阶段。2007 年 3 月，深圳市人民政府发布《关于工业区升级改造的若干意见》（深府〔2007〕75 号）。这标志着深圳市在探索旧工业建筑再生利用工作方面取得了重要成就。

（2）试点阶段

2008 年 3 月至 2010 年 12 月为深圳市旧工业建筑再生利用的试点阶段。深圳市人民政府办公厅发布的《关于推进我市工业区升级改造试点项目的意见》（深府办〔2008〕35 号），天安数码城厂房公寓区、福田燃机电厂、金地工业区等 11 个工业建筑厂区改造项目（总用地规模约 88hm^2）被纳入工业区改造试点项目。此举标志着深圳市旧工业建筑再生利用工作从探索阶段进入到了试点阶段。此后，深圳市全力推行老旧工业区更新改造试点工作，这也体现了政府对推动旧工业建筑再生利用工作的决心。相关政策的梳理如图 16.1 所示。

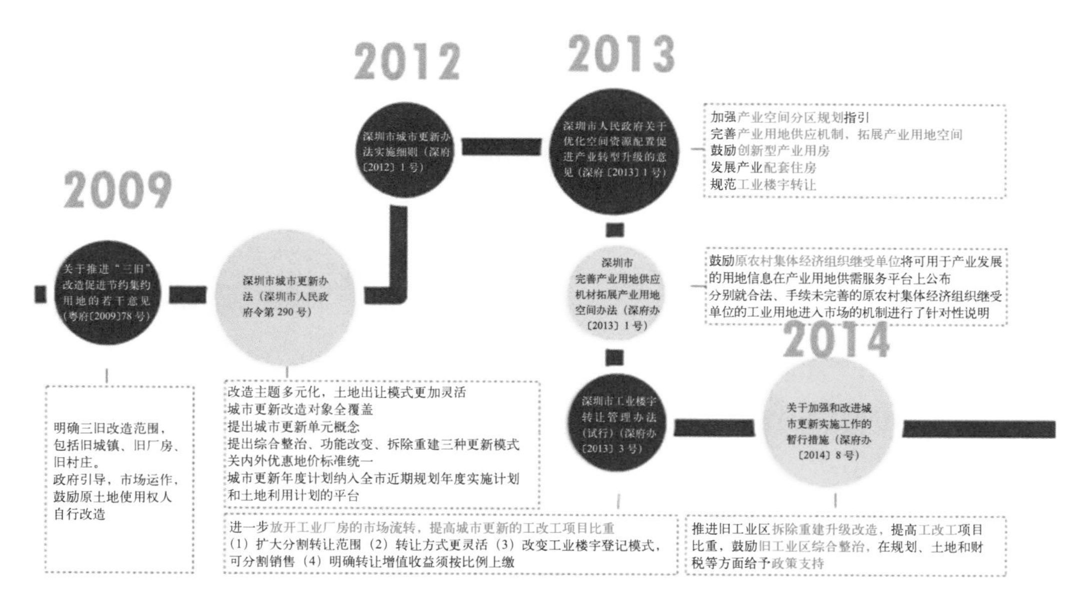

图 16.1　深圳市旧工业建筑再生利用相关政策梳理

（3）全面铺开阶段

2011 年 1 月至 2020 年 12 月是深圳市旧工业建筑再生利用工作全面铺开的阶段。据统计，深圳市城市更新用地面积约 24km^2，其中旧工业建筑厂区再生利用面积占比高达 57%，如图 16.2 所示。因此，旧工业建筑再生利用已经成为深圳市存量土地规划的主力军，是解决城市发展空间不足的重要突破口。根据《深圳市工业区升级改造总体规划纲要（2007—2020）》，深圳市工业区更新改造工作从 2011 年正式进入全面铺开阶段，此项工作将逐步提高产业结构调整的速度，加大城市功能置换力度，持续到2020年。目前的深圳已结束全面铺开阶段，有必要对深圳市已经改造完成的旧工业建筑再生利用成果进行梳理，总结其更新改造过程中的经验教训，为下一阶段旧工业区功能置换更新工作提供指导和实践经验。

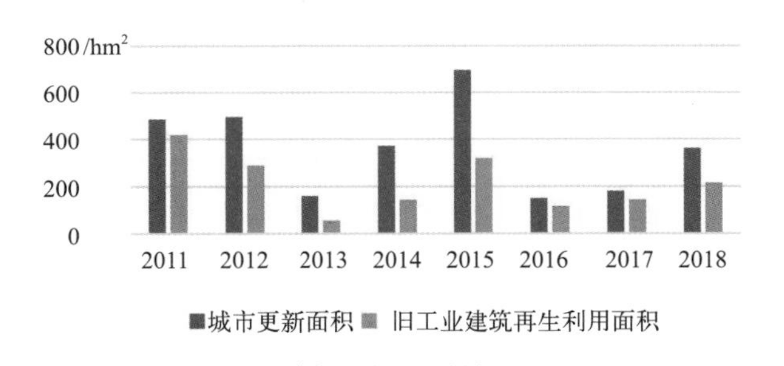

（a）再生面积统计图

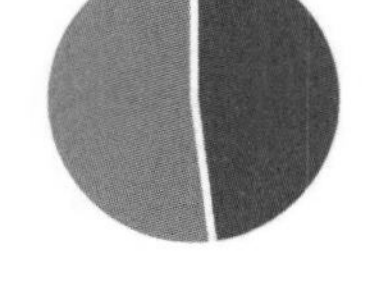

（b）再生面积占比图

图 16.2　深圳市旧工业建筑再生利用面积统计

16.1.2　现状概况

旧工业区改造是深圳市城市更新的重要内容，涉及集约利用土地、可持续发展经济、调整产业结构等许多问题。由“高投入、高消耗、高污染”的粗放式向“节约资源、平衡发展”的集约式转型[67]，深圳市在“和谐深圳、效益深圳”发展方针指引下，提高空间资源的利用效益[68]，同时走“循环经济”和“节约型城市”的发展道路，从而成功实现城市的转型[69]。

1）区位特征

根据深圳市旧工业建筑再生利用项目调研可知，目前深圳市已经完成的再生利用项目中，区位大多接近各区中心，并且范围规模呈现出中间大、两头小的趋势，在占地面积为1～100hm²的项目占绝大多数，而范围规模在1hm²以下和100hm²以上的项目占少数，如图16.3所示。

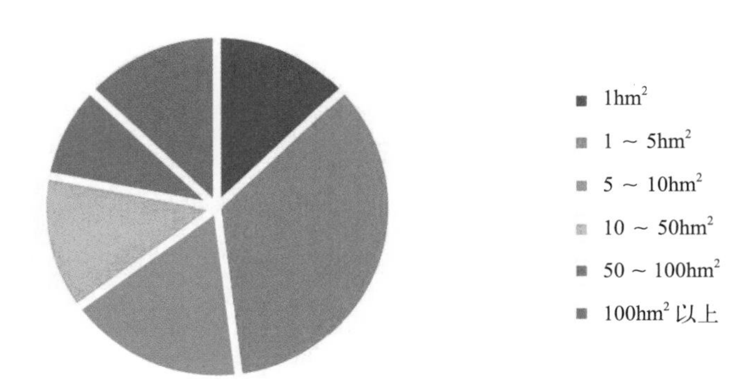

图 16.3　深圳市旧工业建筑再生利用项目规模

2）再生策略

根据再生策略和再生模式，深圳市旧工业建筑再生利用主要可以分为以下几种类型：

（1）创意产业园

深圳创建的创意产业园主要包括 OCT LOFT 华侨城创意文化园、F518 时尚创意园、艺象 iD TOWN、南海意库、田面设计之都、深圳动漫城、南岭中国丝绸文化产业创意园、深圳宝安 22 艺术区等。

创意产业园以创意产品研发咨询、创意商品销售、创意产品设计与展示、艺术品创作代理、建筑设计、景观环境设计等为主要功能定位。创意产业集聚是经济发展的重要趋势，也是提高创意产业竞争力、创造创意文化价值的首要条件。创意产业园为创意产业集聚提供了平台，并促进其发展。

（2）商务及研发型产业园

深圳市目前通过旧工业建筑再生利用建设而成的商务及研发型产业园有：南山医疗器械产业园、上海高新科技园、莲塘第一工业区、水贝珠宝文化产业基地等。

商务及研发型产业园改造的功能定位为商务办公、科技研发，区位特征也十分明显，一般形成于产业聚集区或商务办公区，进驻的产业主要为零售业、金融业、IT 业等高端产业。它适用于成片区成规模的旧工业建筑再生利用，这种转型项目针对性较强，通过产业置换淘汰原来的传统加工产业，引进高科技科研产业。商务园区的潜在市场需求巨大，创意产业园区地产蓬勃发展的同时，商务园区的再生利用项目却寥寥无几，城市内对商务园区的巨大需求尚未得到满足。究其本源，主要是由于深圳市的开发商并未正确认识到商务地产的发展潜力，同时对旧工业建筑再生利用模式产生了思维定式，以上种种原因都局限了该类项目的发掘和发展。

（3）展览展销类

截至目前，深圳市旧工业建筑再生利用展览展销类项目主要包括：满京华艺展中心、南油工业区服装展示批发中心、深圳市世纪工艺品文化广场等。

该类型再生利用项目充分利用了工业建筑大跨度和高层高的特点，针对同类商品或产品集聚的地段，在产业发展升级后，实现产业链末端的展示展销功能。该类项目自身区位优势明显，主要是利用其区位优势和自发改造形成的商业积聚效应，再由开发商因势利导，通过对凌乱的个体商业形态进行整治，形成混合功能，使其具有较强的品牌影响力，进而给项目所在片区带来非常可观的经济效益，并促进第三产业的发展。

3）政策举措

为确保旧工业建筑再生利用能够按照既定规划和目标顺利进行，政府各部委前后颁布多项政策文件和指导意见，如表 16.2 所示。保证再生利用项目定位、项目目标、产业定位、文化环境和生态环境多方和谐发展，并且最大程度产生经济和社会效益，推动产业升级和城市更新的发展。

深圳市推动产业结构调整与旧工业建筑再生利用相关政策文件　　表 16.2

序号	年份	政策文件
1	2007	关于工业区升级改造的若干意见（深府〔2007〕75 号）
2	2008	深圳市鼓励三旧改造建设文化产业园区（基地）若干措施（试行）（深府〔2008〕31 号）
3	2008	关于推进我市工业升级改造试点项目的意见（深府办〔2008〕35 号）
4	2009	深圳市城市更新办法（深圳市人民政府令第 290 号）
5	2012	深圳市城市更新办法实施细则（深府〔2012〕1 号）
6	2013	深圳市城市更新土地、建筑物信息核查及历史用地处置操作规程（试行）（深规土〔2013〕295 号）
7	2016	关于加强和改进城市更新实施工作的暂行措施（深府办〔2016〕38 号）
8	2018	深圳市拆除重建类城市更新单元土地信息核查及历史用地处置规定

16.1.3　再生策略

转型期的深圳市城市发展目标以及旧工业建筑再生利用所处的阶段要求其实现土地利用集约化、综合效益最大化以及生态环境的改造优化，诸多新的诉求影响了深圳市旧工业建筑再生利用的策略和趋势（图 16.4）。

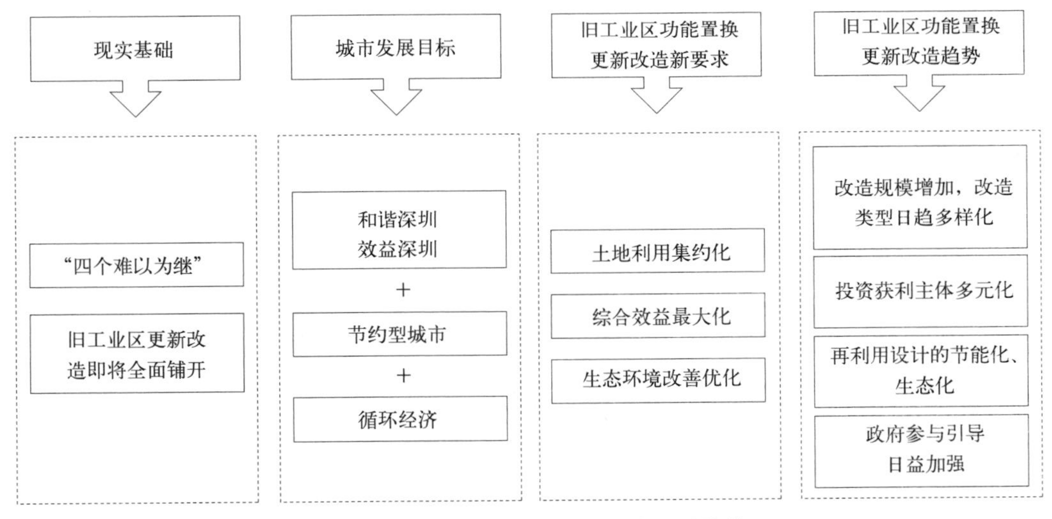

图 16.4　深圳市旧工业建筑再生利用趋势

1）复合更新策略

旧工业建筑再生利用应转变基于重建的空间设计手法，向尊重历史、注重人的视角的“拼贴”“延续”“缝合”“织补”等空间设计手法转变，以激活旧工业区的活力，并实现转型。

其具体的操作手段有：首先，从空间设计的角度出发，通过保留旧工业建筑符号以凸显其场所形象特征；其次，通过建筑节能技术的应用来体现低碳和可持续发展；再者，通过使用新型材料或搭建构筑物来体现时代特征；最后，从与城市的关系上来讲，通过对绿色廊道的开辟、对公共空间的延续以及对环境品质的提升等手段来融入城市，强化旧工业区与城市空间的联动。

2）微创更新策略

旧工业建筑再生利用应在多向驱动下向低扰动、针灸式的微创更新转变，这种改造模式成本低、环境破坏小、开发弹性大，可以提供多元灵活的功能与空间组合，衍生出满足个性化需求的新产品，同时获得经济效益与社会价值。

其具体做法有：第一，最大化地保留目前较有价值的工业建筑，通过艺术化的设计改造和空间优化重组，对工业厂房进行适应性再利用，实现绿色低碳、经济高效的目标；第二，适当加建、扩建、改建以及局部拆建，通过较低的建设成本打造兼容多种业态、品位高雅、符合现代人才创业需求的产业空间；第三，加速功能置换，植入现代文化创意要素，拓展创意产业空间，倡导用地混合开发，赋予旧工业建筑游憩、休闲、娱乐、文化等新功能，营造低成本的创业环境和高品质的城市公共场所，实现旧工业区的适宜性更新。

3）统筹更新策略

作为城市整体系统的一部分，旧工业建筑再生利用不可避免地受到其周边乃至整个城市的影响，因此，旧工业区的更新必须将片段性的整合转变为片区统筹，进行多层次、多维度的研究。

主要体现在四个方面，第一，从产业经济、社会文化、市场环境、健康生态等多个维度整体统筹考虑，确定更新目标和定位，并在此基础上，提出开发容量，细分改造功能；第二，对项目需求和开发条件进行深入分析，确保开发的可行性和城市资源的可承载性；第三，落实上层规划确定的公共配套和开放空间，并从片区整体层面，对交通组织、空间营造、历史保护和市政工程等进行系统分析；第四，划定旧工业区更新统筹片区，实现多方式更新的项目组合搭配，各单元有效分工与协作，明晰权责，实现共赢。

4）精明更新策略

旧工业区的更新改造作为一种面向实施的规划，主要通过有效平衡更新过程中各利益主体的关系和制定有序的更新计划来保证更新的可实施性，精明更新代表一种从短期“更新开发”向长期“更新运营”的更新模式，其内涵充分体现了各利益主体之间的博弈和公众参与的社会民主进步。

其具体的措施有：第一，适当放宽土地政策，平衡更新过程中公共利益与经济利益，吸引开发商参与旧工业区更新。例如，更新项目形成的工业楼宇分割转让租售比例不再受限于 50%，30% 配套按市场评估补缴地价后可进入市场销售，降低工业建筑更新的年限为 10 年等。第二，从经济可行性的角度制定有序的更新计划。首先，结合市场的发展逻辑，精明地提出产品设计与组合，打造“触媒点”，谋求发展机遇，以带动整体发展；其次，更新启动区应优先选在道路交叉口、轨道站点、公交枢纽站等区位优越的位置。第三，强调更加深入的公众参与。开放、协商的工作方式要求公众和原住民能够参与到更新过程的始终，这也是实现众筹共治的有效路径。

16.2　深圳市旧工业建筑再生利用项目

16.2.1　艺象 iD TOWN

1）项目概况

艺象 iD TOWN 所在的工业园区脱胎于 20 世纪 80 年代末的深圳工业建筑遗产，前身为 1989 年建成的深圳鸿华印染厂，至今保留着较为完整的工业建筑群，由 19 座形态、大小各异的印染厂房和办公楼组成，现在分为创意活力区和酒店住宿区两大板块，整合“创意设计、国际艺术交流、大师工作坊、教育培训、时尚发布、休闲旅游”等复合创意文化功能。(图 16.5)。

(a) 再生前

(b) 再生后

图 16.5　艺象 iD TOWN 再生前后对比图

2）改造历程

艺象 iD TOWN 从 2013 年开始改造，改造过程遵循“充分尊重原厂区历史遗存和绿色生态”的原则，采取“保留原厂区整体空间布局，逐个建筑点式改造，在外部空间关键节点位置进行景观设计，优化原空间布局并满足新的使用功能”的策略，运用“营造新建筑的内置空间和园景的关系，在构建新室内空间的同时营造新旧之间的间隙场所”的思路，实现新的建筑与原建筑遗址框架保持一定的距离并存在适当的交流，以维系厂区中现存的室内外空间关系，并建立新的文化空间场所。

采用“自然、旧工厂和构造文艺场”的微更新设计理念，通过适当改建、加建辅助性公用设施与经营性建筑等微更新改造手法，打造集多种功能于一体的高端文化创意园(图 16.6、图 16.7)。

主要改造楼宇有由原漂炼车间改造而来的折艺廊，嵌置在原整装车间厂房中的满京华美术馆，以及由员工宿舍改造的青年旅舍。

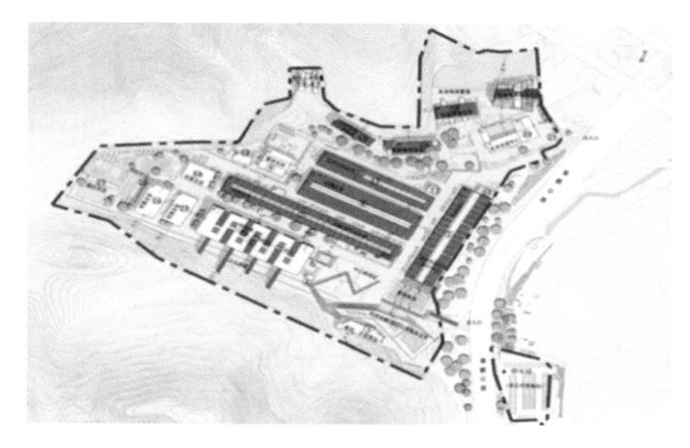

(a) 总体规划图

(b) 鸟瞰效果图

图 16.6　艺象 iD town 概念图

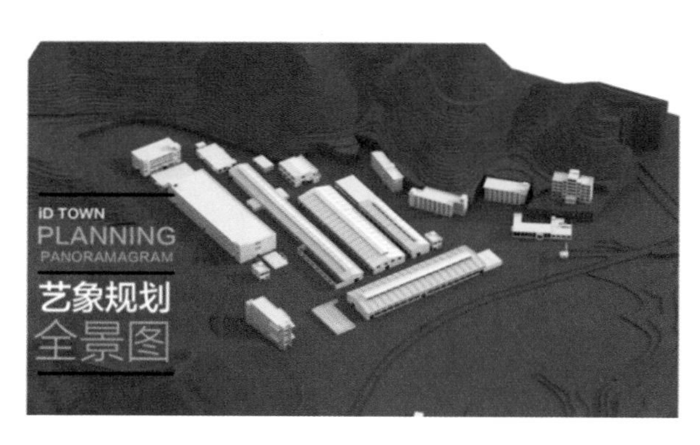

(a) 全景（一）

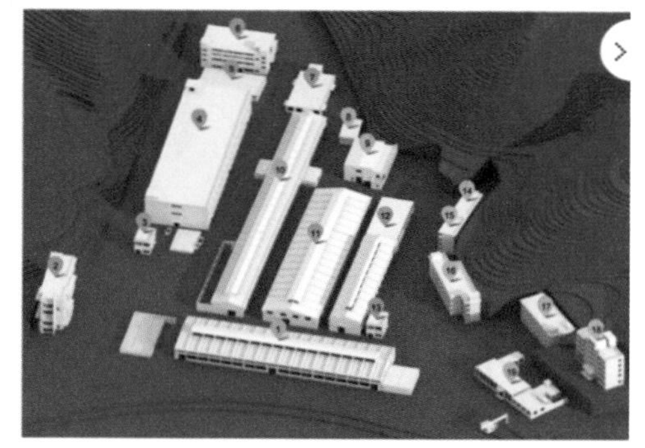

(b) 全景（二）

图 16.7　全景图与建筑布局示意

（1）满京华美术馆

满京华美术馆由原鸿华印染厂的整装车间改造而来，改造时坚持不变更原建筑结构，完好保留了 20 世纪 80 年代末旧工业建筑的原有风貌。通过定期策划和举办艺术展览、设计师专题展览、公开讲座、国际创意产业论坛、教育研讨会等方式引进国内外创意理念，发现与展示国际当代艺术作品，向公众提供开放的高端活动空间（图 16.8）。

（2）折艺廊

折艺廊位于艺术区 10 号楼，原为鸿华印染厂的漂炼车间，是整个印染生产线的第一个生产环节，在此车间对胚布进行烧毛、煮炼、染色印花等工艺流程。现如今，设计与艺术也将在同一个空间得以沉淀和历练。折艺廊致力于为设计师、艺术家以及社会文化公益组织提供创作以及展示的平台（图 16.9）。

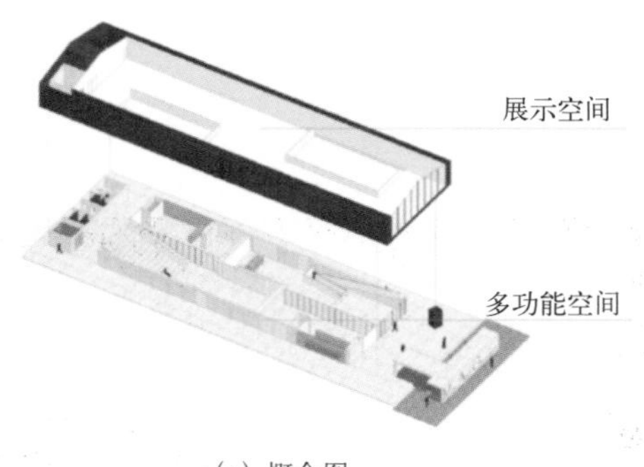

（a）概念图

（b）内景

图 16.8　满京华艺术馆概念图与馆内实景

（a）内景

（b）踏步

图 16.9　折艺廊内部实景

（3）青年旅社

职工宿舍功能置换为艺术小屋。原印染厂员工宿舍在荒废多年后凋敝不堪，但设计师们被南面道路边一列生机勃勃的细叶榕吸引。通过对宿舍内部空间的改造，重建了内部与外部自然环境的界面，产生了具有层次感的视觉效应。废弃宿舍置身于树林之中，闹中取静，风格独特，吸引了众多艺术工作者前来休憩，如图 16.10 所示。

（a）外立面

（b）内景

图 16.10　艺象青年旅社外立面与内景

（4）入口区域

主入口是探索艺术区的起点。再生设计灵感取自原厂区的沉淀池，沉淀池改造为园区景观池，与主入口相连接。连通园区内外的是木质长廊，延伸了视线和空间，能够在人工结构与自然风光产生交合的同时又做到相互区分，在欣赏自然山海之余又能够感受到建筑的独特魅力与文化气息（图 16.11）。

（a）入口（一）

（b）入口（二）

图 16.11　园区主入口

3）改造效果

艺象 iD TOWN 园区的服务内容有严格定位，通过政府扶持政策和增值服务等进行招商引资，如表 16.3 所示。

政府扶持政策　　表 16.3

定位	项目内容	服务内容
原创研发	优先支持文化创意类研发项目	落户租金补贴，最高不超过每月 12 元 /m^2，连续三年
注册企业	新成立的文化创意法人企业	连续三年、扶持最高不超过 20 万
开发企业	非物质文化遗产开发	一次性给予 10 万元
文化企业	—	一次性给予 10 万元
旅游服务机构	—	租金减免 50%、最高不超过 10 万元，连续三年

艺象 iD TOWN 与深圳市其他旧工业建筑再生利用项目的不同之处在于艺象 iD TOWN的商业配套比重有限制，入驻企业以艺术创意类居多，但并无机构和人群长期入驻，工作日内略显清冷。集会类、创意类、展示类活动是园区的主营业务，主要集中在节假日和周末。

16.2.2　F518 创意产业园

1）项目概况

随着深圳市产业结构的调整，全国范围内经济质量的提升，深圳 F518 创意产业园应运而生。F518 创意产业园于 2006 年 5 月 18 日立项,次年 12 月 7 日正式开园。总投资 3.5 亿元，占地面积达 6 万 m^2，总建筑面积为 14 万 m^2，分为创意前岸、动漫游戏社区、创展中心、深圳 - 爱丁堡国际创意孵化中心、创意 101 国际孵化器、品位街及前岸国际酒店等主题区，并建有公寓、停车场等配套设施，如图 16.12 所示。

（a）园区鸟瞰图

（b）园区标志

图 16.12　F518 创意产业园鸟瞰图及园区标志

F518 创意产业园视服务为生命线，经过十余年的精心发展和布局，深度挖掘、整合、联动相关产业资源，通过制定标准化的运营体系、搭建信息化的公共服务平台、打造优良的创意服务与孵化氛围，真正实现信息化管理（线上）与标准化运营体系（线下）的 O2O（线上到线下）运营模式，逐渐成长为中小微文化企业及文创项目的孵化器。目前，F518 创意产业园动漫游戏产业链初现雏形，形成了动漫游戏社区，并成立了文创基金。工业设计、互联网、动漫游戏、智能硬件、3D 数字内容、影视广告等产业也形成了有效聚集，为园区构建全产业链、提升孵化服务奠定了良好的产业基础。

2）改造历程

深圳市 F518 创意产业园的前身是 10 栋旧工业建筑，包括五金、塑胶、制衣、小型电子加工等 75 家工厂，有 3500 多名工人。2006 年，深圳市创意文化投资发展有限公司正式介入，在宝安区政府的引导和协助下，取得了位于巷街道的旧工业建筑的长期租赁权，并对旧工业建筑进行了再生利用，一个功能齐备、业态多样的创意产业园落地而成。通过对各个主体区域的划分，吸引了艺术从业者的青睐，对周边环境和交通方式都产生了良性的促进。通过调研走访，作者对园区的六个主题区域的改造历程进行归纳整理，如表 16.4 所示。

主题区域再生利用　　表 16.4

主题区域	改造历程	再生效果
前岸国际酒店	新建建筑，追求时尚、前卫、精致和富有创造性的外形，结合创意思想和文化内涵的累积，树立新思维、新模式及新坐标	
创意前岸	以裸露着灰色槽钢和红砖墙为外立面的 10 栋旧厂房，338m 长的主街错落着白色的 LOFT、O'Minishop 品牌展示店、集装箱店，以及给人意外情绪的雕塑和公共设施。这是深圳首个光纤到桌面的“数字园区”，后工业时代气息中，120 多个创意设计企业、团队和个人工作室聚集于此，成为园区创意力量的核心	
创展中心	地处园区核心位置，分割后现代风格的创意空间和传统中式建筑风格的品位街。F518 创意产业园创展中心为二三错层建筑，占地面积 1300m^2，总建筑面积达 3400m^2，持续举办各种设计展、艺术展、讲座论坛、时装表演、小剧场演出、现场音乐会、文艺晚会、发布会、订货会、沙龙活动、影视拍摄等活动。场地的兼容性结合持续不断的创意，将这里打造成永不落幕的展会	
动漫社区	改建建筑。以优质动漫游戏评价为准则，打破原有行业壁垒，整合上下游动漫游戏产业链	
品位街	品位街由 8 栋旧厂房改造而来，建筑层高 4m，街长 150m，闲适自如，富有时尚气息	

续表

主题区域	改造历程	再生效果
创意 101 国际孵化器	创意 101 国际孵化器是集人才招聘、投融资、品牌活动、创业服务于一体的国际化创新创业服务平台。创意 101 主要孵化移动互联网、智能硬件和动漫游戏等行业的早期项目	

3）改造效果

F518 创意产业园作为产业园领先品牌代表，展示了深圳宝安区产业化园区宝贵的建设及运营经验。

（1）“文化 + 科技”

“文化 + 科技”相辅相成，是当下乃至未来产业发展的必经之路。F518 创意产业园在整合产业链的同时，更注重将文化元素融入创新科技之中。这样的结合在园区随处可见，如玻璃成像技术，全球领先的“零零显示”通过玻璃成像技术，开启了新零售商业显示新业态；如小趴智能的机器人品牌“机甲争霸”连接泛娱乐，彰显了高科技互娱实力；再如魔鬼猫形象与共享充电宝行业结合，丰富了“文化 + 科技”的创新活力。

（2）“2+2+N”

“2+2+N”未来战略是由深圳创意投资集团通过十余年来的实践与经验总结提出的。自 2018 年开年以来，深圳创意投资集团已着手重点打造创意 101 总部大楼（图 16.13，文化企业上市培育基地）、深圳数字创意产业园（数字创意产业生态圈养成基地）两个产

图 16.13　创意 101 总部大楼

业载体；努力建好文创产业基金、国际文创名师再教育两个服务平台；并围绕创意设计、智能硬件、影视、时尚、电竞等产业进行布局，打造产业生态圈，构建产业创新与发展的新引擎，形成“软硬结合、瞄准痛点、聚焦核心产业、提升创新能力”的“2+2+N”文化创意产业发展的新生态。

F518 创意产业园积极推进文化产业与传统产业的对接融合，助推传统产业转型升级。通过多年的运营探索和资源整合，在深圳“文化立市”战略的引领下，F518 创意产业园已释放出巨大的文化生产力，并成长为宝安区乃至深圳市一张靓丽的文化产业名片。

16.3　深圳市旧工业建筑再生利用展望

16.3.1　现状分析

深圳市工业建筑兴起自改革开放起，经历了从无到有、从小到大、从粗放经营到集约优化的发展过程，抓住了制度红利和历史机遇，使深圳从落后破旧的小渔村发展成为了现在的国际化大都市，逐步建立了以高新技术产业为主导的现代工业体系。1998 年至今，深圳市开展了一系列针对旧工业建筑再生利用发展规划和策略的研究，其对象包括八卦岭、上步、蛇口和南油等特区内的工业园区。这些规划对深圳市的更新发展起到了重要的指导作用。

通过调研并查阅资料可知，深圳市旧工业建筑再生利用分为推倒重建和综合整治两大类。下面从再生对象、市场主体、再生模式三方面阐述深圳市旧工业建筑再生利用现状。

（1）再生对象

深圳市旧工业建筑再生利用项目多为不符合全市工业布局规划和现代工业发展要求的工业园区，不符合安全生产和环保要求的工业园区，建筑容积率和土地利用率较低的工业园区，规划不合理、基础设施建设薄弱、建筑质量差的工业园区。

（2）市场主体

其市场主体主要由政府、开发商、入驻企业三方构成，再生利用本质上是以上三方博弈的过程。深圳市政府为此出台了大量政策文件和鼓励措施，与此同时，各区政府在深圳市政府的指导和帮助下，因地制宜，制定与各区旧工业建筑再生利用相适宜的规定和政策。经调研，自上而下的推进往往不能很好地协调各方的利益分配，政策也将变为一纸空文，无法有效地落实和执行。因此，应切实有效地结合自下而上和自上而下两种方式，同时寻找新的平衡点，从市场主体的角度切入和把控，为旧工业建筑再生利用提供新的发展机遇。

（3）再生模式

深圳市旧工业建筑再生利用模式大致分为五类，如表 16.5 所示。经过调研统计，创意产业园所占比重最大，其次是商务及科技研发型产业园。产品展销类与混合功能类建筑比重持平，其他类所占比重最低。深圳市现有的旧工业建筑再生利用项目以产业类和商业类居多，对城市发展因素及社区环境综合升级的再生项目探索较少。

深圳市旧工业建筑再生利用模式及代表性项目　　表 16.5

序号	类型	项目
1	创意产业	F518 创意产业园、OCT-LOFT 华侨城创意产业园、艺象 iD　TOWN、南海意库
2	科技研发	南山医疗器械产业园、上沙高新科技园、莲塘第一工业区
3	商品展销	满京华艺展中心、南油工业区服装展示批发中心
4	混合功能	上步工业区、南油工业区、车公庙工业区
5	其他	办公楼、宿舍、公园广场等非生产服务性项目

16.3.2　前景展望

深圳市作为旧工业建筑再生利用发展最早的城市之一，在再生技术、再生模式等方面具备先天优势。在此基础上，本书通过调研走访和查阅文献发现，深圳市旧工业建筑再生利用还有较大发展空间，主要包括为以下几个方面。

（1）构建城市更新滚动机制，融合政府管理和市场参与

城市更新滚动机制是由政府主导、以规划为引领、以政策为保障、分步分批实现城市更新的设计机制，指出了城市未来的发展路径。旧工业建筑改造作为城市更新的重要途径，非常有必要加入到城市更新滚动机制中。要将旧工业建筑再生利用纳入城市更新滚动机制，就需要把改造规划纳入现有的政策框架，这是滚动推进更新改造的关键所在。对于深圳市而言，广东省提出的“三旧”改造政策，是其开展城市更新的重要政策依据。因此，当务之急是将现有和未来的旧工业建筑改造纳入到“三旧”改造范围之内，从而在政策上有所依据，这也符合“依法治国”的要求。具体做法就是按照“三旧”改造“标图建库”的要求，制定改造地块的改造图则，并形成相关数据库，将各个改造地块纳入“三旧”改造“标图建库”的范围。

在将待改造的旧工业建筑地块纳入“三旧”改造范围后，就要进一步将改造规划纳入到城市法定的规划体系，作为城市今后发展的规划依据，并向社会进行公开，接受社会监督。这样才能坚定投资者的信心，在旧工业建筑再生利用实践中搭建起政府管理和市场参与的畅通桥梁。利用“三旧”改造专项规划，深圳市已经从宏观层面对未来深圳市的更新改造进行了统筹考虑，下一步应该在此规划的基础上，进一步细化配套设施布局、经济指标估算等内容，以便与开发商的具体改造方案衔接，从而形成“政府引导、市场参与”的良好局面。

（2）应用城市信息模型，做好风险控制和问题预防

随着经济和技术的发展，全球已经步入了信息化时代，对建筑业的管理方法特别是风险控制方法提出了新的要求。由于旧工业建筑再生利用是在原有建筑实体基础上进行改造施工，因此工程复杂性有所提升，也将会面临更多的风险，对于风险控制也提出了更高的要求。在此背景下，"城市信息模型"（CIM）理念的出现契合了旧工业建筑再生利用的风控要求，为控制改造项目风险、提高施工效率、监管施工进度等提供了坚实保障。

在开展旧工业建筑再生利用的过程中，深圳市应该对传统风控措施进行改进，大力推广 城市信息模型，充分应用 CIM 优化决策方案、精细可视设计、规范模拟施工、可视运营维护管理等优势，控制改造项目风险，并借助 CIM 机制，使旧工业建筑再生利用从策划、运行到维护的全寿命周期内都能进行数据共享和传递，提高对于风险的把控能力和对于问题的处置效率，为旧工业建筑再生利用项目的顺利推行提供坚实的保障。

（3）探索厂房改造盈利模式，吸引社会资本和公众参与

旧工业建筑的再生利用不仅要有政府参与，也要积极吸引社会资本的参与，只有推动旧工业建筑再生利用的市场化运作，才能实现改造效率提升和再生价值的进一步优化。鉴于资本的逐利性，为了吸引社会资本的参与，有必要探索和建立起厂房改造的盈利模式。从全国各地的旧工厂建筑再生利用项目内容来看，旧厂房再生利用的盈利模式主要包括区域升级模式、空间重组模式和功能转换模式等。区域升级模式通过适当升级工业和给予政策扶持等，以吸引新投资，实现原有工业的转型升级。空间重组模式是对原有空间进行重新设计、规划和施工，利用空间合并、空间分割等方法形成新格局、新形式，达到新效果、新观感。功能转换模式是通过升级改造原有旧工业厂房，赋予其新功能，使之形成新的使用价值，具备文化内涵和艺术氛围，吸引消费者进行文化体验，从而实现价值增值。

深圳市应该充分应用已有的成熟盈利模式，针对不同旧工业建筑再生利用项目的实际情况，积极吸引社会资本，广泛发动公众参与，从而拉动内需增长，避免由政府主导的行政化操作脱离市场实际，最后变成另一个市政包袱。对于国营废旧工厂，还可以考虑采取 PPP（政府和社会资本合作）模式，将其纳入政府 PPP 项目库，通过给予财政补贴、税收优惠等政策，吸引社会资本来盘活这些闲置资源，更好地挖掘旧工业建筑的潜力，实现城市的发展和转型。

（4）建立改造综合评价机制，强化运营管理和宏观统筹

目前旧工业建筑再生利用项目已经在全国许多地区铺开推行，取得了一定经验，但也存在一些问题和不足，其中较为突出的一点就是缺乏综合评价机制。历来在城市管理中都十分强调"三分建设、七分管理"，之所以赋予管理更多的权重，就是要加强决策的科学性和延续性，以便更好地挖掘旧工业建筑再生利用的潜力，并使其改造效果能够持久稳定地造福于社会。因此，深圳市在开展旧工业建筑再生利用的过程中，要加强对综

合评价机制的建设和改进，通过引入第三方评价，充分发挥专家、专业建设团队以及政府相关部门的专业知识和实践经验，设计一套成熟完善、切实可行的评价指标体系，并结合后续的实践不断予以改进，作为基本参照标准。允许各改造项目结合实际情况设定实际的评价体系，做到科学决策，避免以往“拍脑袋”决策的随意性和粗放性。

除了加强事前评价机制以辅助决策外，还要加强事后监管，也就是对旧工业建筑再生利用后的运营予以追踪，但不可逾越政府的管理权限。在给予一段时期的扶持之后，后期更多是规范监管，确保旧工业建筑再生利用后的运营符合城市整体规划设计和管理机制，能够统筹于全市一盘棋，避免各自为政、相互竞争的局面。总之，在给予市场充分自由的同时，通过合理的宏观调控，确保旧工业建筑再生利用在市政、绿化、经营等方面依法依规，为深圳的转型升级添砖加瓦[67]。

第 17 章　中山市旧工业建筑的再生利用

17.1　中山市旧工业建筑再生利用概况

17.1.1　历史沿革

中山市位于广东省中南部，珠江三角洲中部偏南的西、北江下游出海处，是广东省下辖地级市，粤港澳大湾区重要节点城市，同时分别是珠三角中心城市和广东地区性中心城市之一。中山市东与深圳市、香港特别行政区隔海相望，中山港水路至香港 52 海里；东南与珠海市接壤，毗邻澳门特别行政区，石岐至澳门 60km；西面与江门市和珠海市斗门区相邻；北面和西北面与广州市南沙区和佛山市顺德区相接；马鞍和大茅等海岛分布在市境东侧的珠江口沿岸。1949 年以前，中山市工业发展较为落后，除了一个发电厂和一个砖厂外几乎是一片空白。1949 年以后，中山市工业发展较快，其经济总量连续多年保持在广东省全省第五，并与顺德、南海、东莞一起被称为广东“四小虎”。

1949 年以后中山市的工业发展可分为以下三个阶段。

（1）1949—1978 年

1949—1978 年间，尽管中山的工业发展由于历史原因走了一段非常艰难曲折的道路，但其成就仍是显著的。例如，广东省因其丰富的海洋资源，决定于 1953 年在中山建设粤中船厂，1954 年 7 月正式投产。粤中船厂是中山解放后建设的第一家工厂，也是第一家省属企业。1962 年 12 月，中山开展工商业登记，全县发放登记证 5432 张，其中国营工商业 385 张，生产经营总资金 5.238 万元。1950—1978 年间，财政的经济建设投资总额达 9362.66 万元，仅在 1950—1952 年期间，用于经济建设的支出占整体财政支出的 23.8%。

（2）1978—1992 年

1978 年十一届三中全会后，我国沿海城市走在了改革开放的前列，中山便是处于对外开放领先地位的城市之一。由此，中山市将工作重心转移到了现代化建设上，中山工、农业经济发生了巨大变化。随着先后采用外商合资和推行家庭承包责任制的方式，中山的工业以及农业结构发生了重大变化。20 世纪 80 年代中期，随着改革开放的推进，中山紧抓机遇，以公有企业为依托，把发展的重点转移到轻工业。威力集团公司、咀香园食品公司、千叶家用电器厂等十余家企业集团迅猛崛起，创造了中山工业发展史上的一段段传奇。“六五计划”“七五计划”期间，珠三角地区的顺德、南海、中山、东莞闯出了独具特色的工业化之路，创造了工业发展史上的奇迹——广东“四小虎”随之诞生。1988 年，中山的工农业生产总值达 516.6 亿元，比 1978 年增长 6.5 倍，这十年是中山国民经济发展史上的腾飞阶段。

（3）2000 年至今

2000 年之后，中山市工业发展迅速，“一镇一品”的区域特色经济逐渐成为中山市工业经济的明显特征，如古镇主要生产灯饰产品、小榄镇主要生产五金音响产品、沙溪镇主要生产休闲服装。围绕这些特色产业，中山市各个城镇的工业园进行分工协作，产业链不断延伸，初步显示出产业集聚的发展方式。2021 年，在中山市已经基本形成“东部高新技术、中部电子信息技术、南部出口加工业、北部传统特色工业”这一极具地方特色的工业格局。

17.1.2　现状概况

随着经济、社会发展的逐渐深入以及工业发展理念的转变，中山市开始步入阶段转型的轨道。但是阶段转型过程中的困难，使得中山市工业产业以及经济社会的发展模式未能有效、快速地转型，也未能适应发展阶段的转变。另一方面，伴随着其他城市发展速度的加快，中山市可能正在被边缘化。这种边缘化不但会使中山现有的发展道路丧失原有的优势地位，也会影响区域经济发展。针对现状问题，中山市 2018 年以“三旧”改造工作为中心，加快对旧村庄、旧厂房、旧城镇的大规模改造。在政策层面上，本章汇总了近年来中山市针对“三旧”改造工作颁布的相关政策，如表 17.1 所示。

中山市近年来关于“三旧”改造相关政策汇总　　表 17.1

生效时间	条文名称	发文字号	发文部门
2011.12	关于进一步推进我市“三旧”改造工作的意见	中府〔2011〕162 号	中山市人民政府
2014.7	关于“三旧”改造工作有关事项的通知	中府办函〔2014〕222 号	中山市人民政府办公室
2017.8	《关于促进土地利用支持产业发展的若干意见》	中土函〔2017〕2232 号	中山市国土资源局、中山市城乡规划局
2017.9	关于印发中山市“三旧”改造实施细则（修订）的通知	中府办〔2017〕43 号	中山市人民政府办公室
2018.7	关于印发中山市“三旧”改造实施办法（试行）的通知	中府〔2018〕55 号	中山市人民政府
2018.7	关于印发中山市旧村庄全面改造实施细则（试行）的通知	中府〔2018〕56 号	中山市人民政府
2018.7	关于印发中山市旧厂房全面改造实施细则（试行）的通知	中府〔2018〕57 号	中山市人民政府
2018.7	关于印发中山市旧城镇全面改造实施细则（试行）的通知	中府〔2018〕58 号	中山市人民政府
2018.8	中山市“三旧”改造（城市更新）专项规划（2017—2020）	—	中山市城乡规划局
2019.6	关于深入推进旧厂房改造提升城市品质的指导意见	中府〔2019〕65 号 中府规字〔2019〕8 号	中山市人民政府

续表

生效时间	条文名称	发文字号	发文部门
2019.6	关于深入推进旧村庄改造提升城市品质的指导意见	中府〔2019〕66 号 中府规字〔2019〕8 号	中山市人民政府
2020.12	中山市旧村庄旧城镇全面改造实施细则	中府〔2020〕95 号	中山市人民政府

“三旧”改造指对旧城镇、旧村居、旧厂房的综合整治、功能改变或拆除重建等城市建设活动。如“空心村”、20 世纪 90 年代及以前建设的单层简易结构的旧厂房等都是改造的重点对象。通过对旧厂房的改造，可以有效破解土地资源瓶颈和资源环境约束，解决中山市存量土地效益低下、建筑结构老化和功能性老化等问题，更加坚决向存量建设用地要增量、要空间、要效益，拓展中山市产业转型发展空间，助力新旧动能转换，保障经济社会高质量发展，更加积极主动地参与粤港澳大湾区分工和建设。

中山市早期厂房多为轻工业制造厂房，以家庭小作坊居多。这些厂房在后期改造中基本上采用了重新规划、推倒重建的改造策略。但同时也有一部分旧工业建筑为重工业制造厂房，对其采用了重新规划、再生利用的改造策略。例如由原粤中造船厂改造而成的中山岐江公园，此项目是由当时的中山市政府牵头，北京大学建筑与景观设计学院俞孔坚教授作为总设计师，以“公园”模式为导向的旧工业建筑再生利用项目，是工业旧址保护和再利用的一个成功典范。

17.1.3　再生策略与模式

中山市因不同区域的工业产业类型差别较大，因此采取的改造策略也不尽相同。下面分别从石岐区、西区、南头镇、小榄镇和三角镇来阐述改造模式和改造策略。

（1）石岐区——三大模式综合推进（图 17.1）

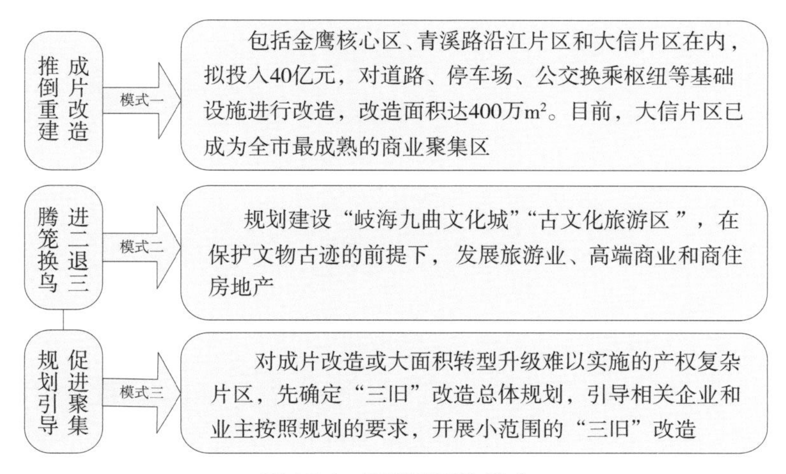

图 17.1　石岐区再生模式

（2）西区——搭建高端服务平台（图 17.2）

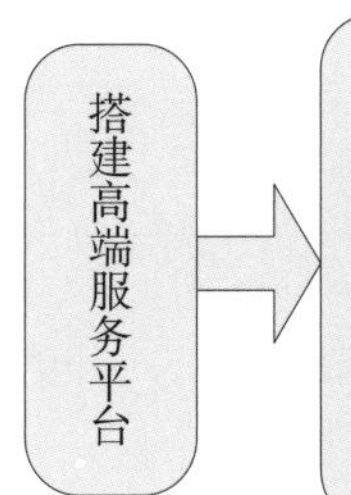

西区改造模式主要以“三旧”改造为突破口，理顺土地资源权属关系，搭建一批高端服务业发展平台。工作重点包括服务业综合改革试验区旧城拆迁、彩虹大道“汽车一条街”、社区服务业发展、旧村改造等内容。其中，西区旧城拆迁方案是将区内“三旧”资源统一规划、连片开发，集中对试验区内“三旧”资源的拆迁改造，重点发展商务休闲、文化旅游、现代商贸等服务业

图 17.2　西区再生模式

（3）南头镇——加快家电产业升级（图 17.3）

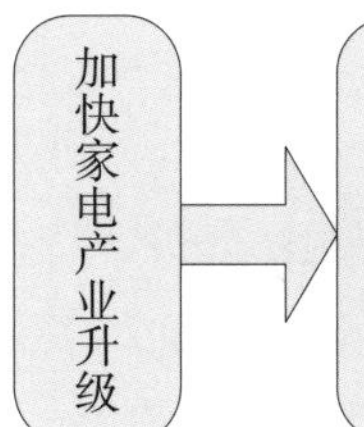

南头镇的旧改工作主要是对家电产业的升级改造。首个改造目标锁定在南头轻轨站附近的2000亩土地。南头镇依托家电产业集聚优势，拟投入上亿元，将其打造成为华南地区的家电中心，突出其家电原材料、物流、贸易、展销、商务等功能融于一体的特点

图 17.3　南头镇再生模式

（4）小榄镇——打造文化产业长廊（图 17.4）

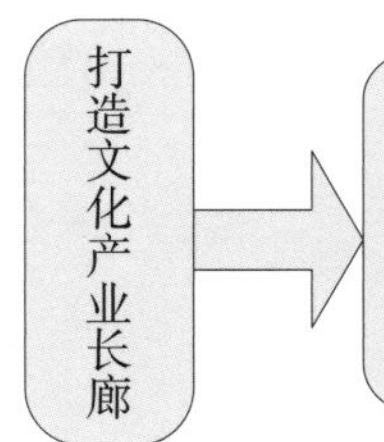

小榄镇的对旧厂房的改造策略主要是将旧厂房改造为文化产业长廊。古旧小巷、旧建筑、旧厂房通过改造之后，如今变成了钱币交易中心，油画创业基地等，大大提升了城镇建设的品位

图 17.4　小榄镇再生模式

17.2　中山市旧工业建筑再生利用项目

中山岐江公园

（1）项目概况

岐江公园位于广东省中山市区，园址为原粤中造船厂旧址，总体规划面积 11hm^2，其中水面 3.6hm^2，建筑 3000m^2，东临石岐河（岐江），西邻中山路，南依中山一桥，北邻富华酒店。水面与岐江河相连通，沿江有许多大榕树，场地基本为平地，见图 17.5。

其中引入了一些西方环境主义、生态恢复及城市更新的设计理念，是工业旧址保护和再利用的成功典范。

岐江公园目前是一个再现造船主题的全开放式休闲观光城市公园。以原有树木、部分厂房等形成骨架，采用原有船厂的特有元素，如铁轨、铁舫、灯塔等进行组织，反映了公园的历史特色。同时，又采用新工艺、新材料、新技术构筑部分小品及雕塑，如烟囱、水塔和杆柱阵列等，形成新与旧的对比、历史与现实的交织。它还保留了岐江河边以及原有船厂内的生态环境，从而使公园内岐江两岸的景观充满生机与地方魅力。公园于 2001 年 10 月建成，2002 年底获美国景观设计师协会年度荣誉设计奖，还获得了 2003 年度中国建筑艺术奖、2004 年度第十届全国美展金奖和中国现代优秀民族建筑综合金奖等奖项。

图 17.5　原粤中船厂鸟瞰

（2）改造历程

中山市委、市政府在 1999 年决定把粤中造船厂改建成一个公园。政府希望新公园不仅要成为市民休闲中心，还应满足提升周边地价、记载历史文化和丰富城市资源这三个功能，成为中山旅游亮点之一。

于是，中山市便留下了一段跨越五十年的“工业记忆”。公园里仍留有一些旧船厂的痕迹，如机器、厂棚、船坞、铁路等，给人以历史感和文化感。设计采取保留、再利用与再生的手法，在现场调研的基础上，适度保留原有厂房和机器，将废旧工业构筑物和设施机械作为创作材料，使工业符号成为艺术创作运用的主题语言，并通过新的设计突显场地精神，同时赋予其新的功能和形式。例如，设计者利用原厂区遗留的高大树木和部分厂房作为骨架，选用原有船厂的特色元素进行组织（图 17.6）；一座残缺、破败的厂房经过再设计，改造成为一座具有使用价值的美术馆（图 17.7）；厂区原有的一段铁轨也被保留，静静地横亘在草丛灌木之中（图 17.8）。中山岐江公园于 2001 年 10 月 1 日正式对外开放，而公园的河对岸便是作为中山市对外窗口的繁华商业街，它不仅为中山市民群众提供了休闲娱乐场所，更是城市形象提升的重要体现。

（a）原厂树木

（b）原构筑物

图 17.6　既有资源利用

图 17.7　中山美术馆

图 17.8　旧铁轨

中山岐江公园在改造过程中，基于自然景观、建构筑物、机器设备三大体系，保留了大量的原厂元素和物件（表 17.2）。

下面分别从琥珀水塔、船坞、骨骼水塔、大量机器四方面来介绍其改造的具体过程。

①琥珀水塔：琥珀水塔是由一座有五六十年历史的废旧水塔罩上一个金属框架的玻璃外壳而成，这样能够保留历史价值，并且起到引航功能。同时，造访者还会注意到琥珀水塔的生态与环境意义，其顶部的发光体利用太阳能将地下的冷风抽出，以降低玻璃盒内的温度，而空气的流动又带动了两侧的时钟运动，见图 17.9。

②船坞：船坞的改造与琥珀水塔外加现代结构的改造手法相反，在保留的钢结构船坞中抽屉式插入了游船码头和公共服务设施，使旧结构作为荫棚和历史纪念物存在。新旧结构同时存在，对比反映了过去与现代的对白，见图 17.10。

原厂元素和物件保留内容　　表 17.2

保留类型	保留内容
自然景观	水体、部分驳岸、全部古树都保留在场地中。为了保留江边十多株古榕，同时要满足水利防洪对过水断面的要求而开设支渠，形成榕树岛
建（构）筑物	两个分别反映不同时代的钢结构和混凝土框架船坞被原地保留。一个红砖烟囱和两个水塔也就地保留，并结合到场地设计之中
机器设备	大型门式起重机和变压器以及许多其他机器被结合在场地设计之中，成为丰富场所体验的重要景观元素

图 17.9　琥珀水塔

图 17.10　船坞

③骨骼水塔：骨骼水塔的改造不同于琥珀水塔的添加做法，而是剥去其水泥外衣，展示给人们的是曾经彻底改变城市景观的基本结构——线性的钢筋和将其固定的节点。因施工过程中发现该水塔原结构存在安全隐患，不能完全按设计处理旧水塔，最终用钢材依照原尺寸大小重新制作，见图 17.11。

④大量机器：除了经艺术和工艺修饰而被完整地保留外，大部分机器也被部分保留，并结合在一定的场景之中。一方面是为了儿童的安全考虑，另一方面则试图使其更具有经提炼和抽象后的艺术效果[70]，见图 17.12。

在岐江公园的设计中，很少见到公园里常见的园艺花木，而是大量使用了乡土野草，如白茅、橡草和田根草等。生态和环境也是岐江公园的主题之一。

（3）改造效果

岐江公园是一个综合性城市公园，是一个具有时代特色和地方特色的综合性城市开放空间，能够在反映场地历史的同时满足市民休闲、旅游和教育需求，并且是可供人们

图 17.11　骨骼水塔

图 17.12　大量机器

娱乐的游戏场所。公园场地改造后的历史性也十分重要，年轻人对场地的历史怀有浓厚的兴趣，这使得岐江公园具有了一定的教育意义。岐江公园得到了中山市人民的普遍认可，对于公园建设成果，绝大多数游人持积极的态度。

①记忆留存：岐江公园合理地保留了原场地上最具代表性的植物、建筑物和生产工具，运用现代设计手法对它们进行了艺术处理，诠释了一片有故事的场地。将船坞、水塔、铁轨、机器、门式起重机等原场地上的标志性物体串联起来，记录了船厂曾经的辉煌和火红的记忆，形成一个完整的故事。

以公园路网的设计为例，该路网采用若干组放射性道路组成，既不用中国传统园林的曲线型路网，又有别于西方园林规整的几何图形。它打破了一般“公园”或“园林”的概念，而是将之作为城市空间。此外，岐江公园不收取门票费用，为市民提供一个可达性良好的城市开放空间。

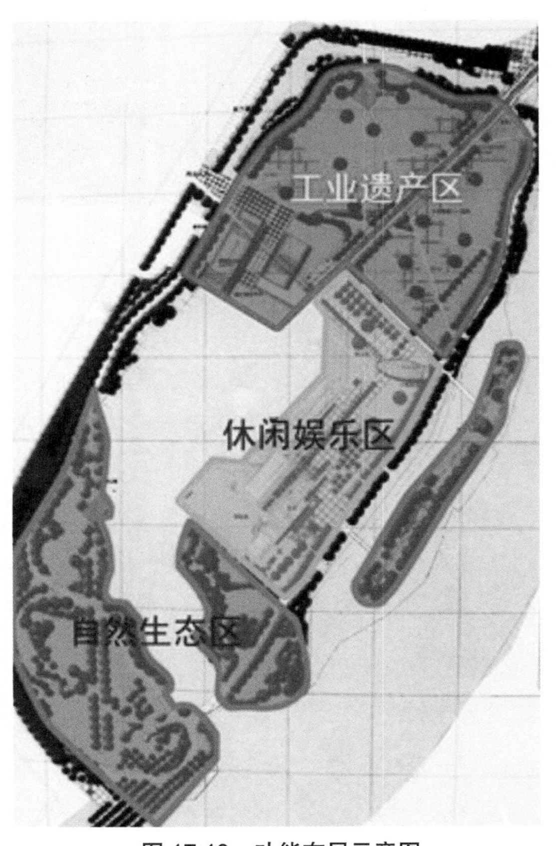

图 17.13　功能布局示意图

②功能布局：岐江公园功能布局分为旧工业建筑区、休闲娱乐区和自然生态区三个部分，见图 17.13。红色区域是工业遗产区，大部分关于原造船厂的景观节点都分布在这片区域，区内植物绝大多数都是以低矮灌木和草坪为主，乔木只是点缀；黄色区域为休闲娱乐区，这片区域中的建筑主

要有中山美术馆，区内植物主要以乔木为主；绿色区域是自然生态区，这片区域的主要功能是让游园者嬉戏、散步，区内植物主要以野生植物为主，见图 17.14。

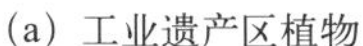

（a）工业遗产区植物

（b）休闲娱乐区植物

（c）自然生态区植物

图 17.14　各功能区植被分布

岐江公园借鉴了世界范围内对旧工业建筑的保留、更新和再利用的手法，用现代创新设计语言讲述了中国人自己的工业传奇，富有创造性地融入了特定时代与特定地域的文化含义和自然特质，用精神与物质的再生设计，在工业主题下，揭示了人性和自然的美。

原粤中造船厂能够改造成为中山岐江公园，其特殊性主要体现在以下三个方面：其一，地理位置的特殊性。中山市政府在 1999 年对原粤中造船厂进行改造时，位于中山市的边缘的船厂旧址是一个相对独立的区域，对其进行大规模的拆建不会过多地扰动城市的原有肌理。其二，周边环境的特殊性。原粤中造船厂滨江而建，旧址内部有一处人工湖，且厂区内遗留多棵生长较好的参天大树，自然环境物质基础较为丰富。其三，土地状况的特殊性。粤中造船厂属于重工业企业，自建成投产开始到停产的 54 年里，对土地产生了较大的扰动，工业用地污染严重，生产过程中铁、木、漆等材料的加工对土地产生了较大的工业污染，很难作为其他城市用地使用。

基于这三点特殊性，属于重工业企业的粤中造船厂在改造初期被设计成为以“公园”为导向的旧工业建筑再生利用项目。将原工业用地变成休闲绿地，不仅能改善地区生态环境，还可以将被工业区隔离的城市区域联系起来，满足人们对绿色公共空间的需求。随着中山市城市格局的不断扩张，原住于“城市边缘”的中山岐江公园已经成为“市中心”，为中山市民提供了一个放松身心、亲近自然的去处，并且达到了以旧工业建筑改造为抓手，进行自然资源修复保护的目的。因此，岐江公园改造的成功，是一个机遇，也是历史的必然选择。原粤中造船厂再生利用的成功实践为其他类似旧工业建筑采取以“公园”为导向的再生利用模式提供了重要参考。

总之，中山市旧工业建筑的保护具有一定的特殊性。在中心城区，鲜有规模较大且具有历史保存价值的工业建筑，像岐江公园这种具有特殊性的旧工业建筑可以作为保护和再生利用的重点对象。但这样的行为多是政府主导行为，属于公益项目，很难形成经济效益，产生利润，导致此类旧工业建筑的保护都是被动的行为，难以形成规模推广下去。因此，需要更多的参与者，如开发商、社会公众等，在不把经济利益放在首位的前提下主动、自愿地去保护旧工业建筑。然而，这是一个长期的过程，也需要政府的扶持和激励。

17.3　中山市旧工业建筑再生利用展望

17.3.1　中山市市旧工业建筑再生利用现状分析

中山市地处珠三角城市圈，由于历史发展原因导致城市规模较小，其重工业发展时间不长，重工业化程度较低，因此中山市旧工业建筑保护和再生利用工作的物质基础较为薄弱。中山市以及大部分城镇区域的旧改策略主要选择的是在产业升级中保护和再生利用旧工业建筑，涉及的大多是零散、规模小、地址位置不佳、保存价值不高的工业建筑，并多采用了“重新规划、推倒重建”的改造策略。此外，也有部分旧工业建筑采用了“重新规划、再生利用”的改造策略。原粤中船厂旧址改造成为中山岐江公园是“重新规划、再生利用”改造模式的成功案例，但又具有特殊性。原粤中造船厂是中山市1949年后新建设的第一家工厂，也是第一家省属国营厂。新中国成立后，广东省因其丰富的海洋资源，决定建设五大船厂，分别是粤东的汕头、粤西的阳江、海南的文昌、广西的北海（当时两地属于广东管辖），而粤中则选择在中山。当时中山造船业有着良好基础，岐江的上游分布多间船厂，主要是以修理为主，对港澳有良好的辐射作用。在中山县政府的大力支持下，1954年7月1日，粤中造船厂建成并投产。原粤中造船厂在20世纪80年代开始走下坡路，1999年全面停产。同年，中山市政府决定投资9000万元，将粤中造船厂改造成为占地11hm^{2}的岐江公园。

在未利用土地潜力的挖掘方面，结合生态敏感区、地质敏感区、功能分割区统筹考虑。要因地制宜，该拆的拆，该保留的保留，从而使改造更符合可持续发展的理念。考虑把改造的重点放在“旧厂”改造上，对中山的老城区，尤其是有历史价值的街区进行保护与延续。

17.3.2　中山市旧工业建筑再生利用前景展望

根据《中山市“三旧”改造（城市更新）专项规划修编（2017—2020）》（简称《规划》）内容，本次规划划定更新区域总面积13916.66hm^2，其中旧城106.83hm^2、旧村7.04hm^2，旧厂1277.79hm^2。其中《规划》中的城市更新管控分区可分为：①生态保护与修复区，划定要素主要为现状生态资源、生态控制线、规划生态资源等；②历史文化与特色风貌保护区，依据各类历史文化资源与特色风貌区保护范围划定；③产业发展鼓励区，结合全市产业协调区与集中地，对现状工业用地集中地区进行资源盘查与筛选，确定“工改工”地区；④城市功能完善区，《规划》中确定的城市中心和片区中心及《规划》中确定以生活、商贸、服务等功能为主的区域，可划定为城市功能完善区；⑤城市发展战略统筹区，将对城市发展具有重大影响的区域纳入战略统筹区；⑥其他地区，除上述五类管控区之外的其他地区。

《规划》希望通过“三旧”改造，解决中山市存量土地效益低下、物质性老化和功能性老化的问题，为城市提供新的发展空间，最终形成全市“一核三带八区四点”的布局（图 17.15）。

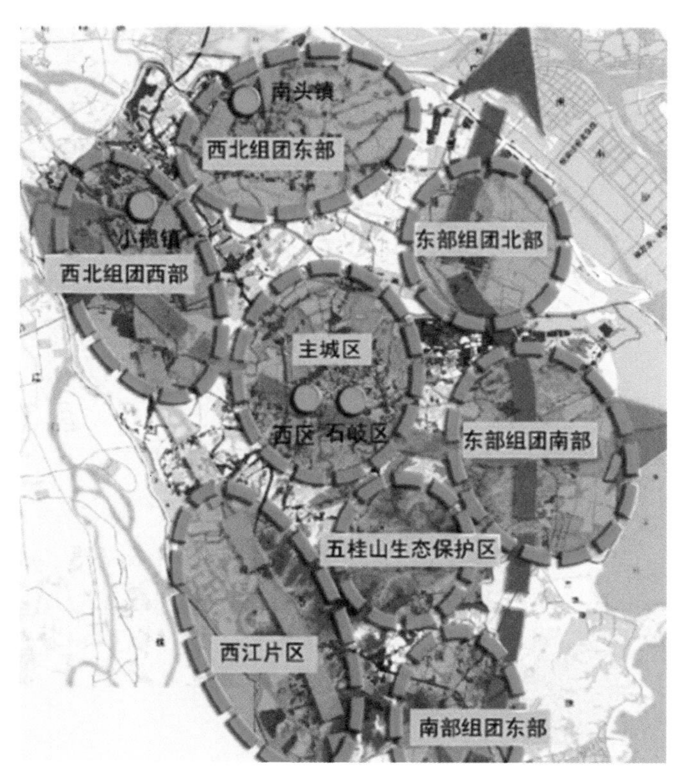

图 17.15　“三旧”改造的“四点”和“八区”

相比之下，最新发布的《中山市城市更新（“三旧”改造）专项规划（2020—2035年）》公告文件在原来对旧厂房、旧村庄以及旧城镇实施拆除重建和综合整治等传统的“三旧”改造活动以外，增加了生态修复、土地复垦以及历史文化保护利用内容。之前的“三旧”改造侧重的是对存量土地的再开发利用，来提升空间综合容量；而最新发布的文件则是通过对城市面貌的提升、历史文化遗存的保护与发展以及生态环境的修复来提升整体空间环境综合容量，从而实现城市所有空间优化。

《中山市城市更新（“三旧”改造）专项规划（2020—2035 年）》公告文件中，本次规划期限为 2020—2035 年，近期为 2020—2025 年；范围为中山市行政辖区陆域，用地面积为 1781 km^2。

本次城市更新策略从以下五个方面入手。一、优化城市更新格局。分别加强区域走廊沿线改造、落实“强心”发展战略和引导区域统筹发展。二、推动产业转型升级。从加快建设现代产业园入手，积极推进存量产业用地改造升级，并稳步推动产城融合发展。三、提升城乡空间品质。首要是加强民生设施保障，在此基础上营造高品质城乡社区，最后构建完善公共空间体系，展示塑造后的湾区魅力城市风貌。四、保护传承历史文化。在严格保护历史文化资源下，有序推动历史文化资源活化利用。五、促进生态绿色发展。首先有序推进生态地区土地腾退与管控，其次积极探索城市更新与生态修复联动机制并积极引导绿色低碳更新。

针对历史文化街区、历史风貌区和历史文化名村、老旧小区改造项目等地带应优先实行微改造。对于涉及保障城市的重要交通干线、重大基础设施和公共服务设施的地区，有战略性土地收储价值的低效土地用地等项目，属于优先政府改造项目，而对于难以进行政府收储整备的城市更新项目，优先进行连片改造。针对经过评估为低效工业仓储用地且经微改造难以满足现代化生产需要的旧厂房等项目，可适当进行全面改造。针对特殊协调区内的全面改造项目，应实行“一案一策”研究确定。剩余不符合国土空间总体规划“三区三线”管控要求、不符合中山市历史文化名城保护规划等要求的项目，要进行严格的管控。

在上述城市更新空间指引下，将整片区划分为重点城市更新片区和一般城市更新片区。重点城市更新片区包含对全市和片区发展具有重大战略意义的片区级服务中心、作为城市门户形象的片区综合服务功能地区、重要轨道交通枢纽以及岐江河沿线地区与大型产业集聚区核心地区的连片低效工业园。而一般城市更新片区则指连片改造项目或者旧城镇、旧村庄全面改造项目。

分区又将城市更新片区分为中心城市片区、火炬开发区、翠亨新区、西部片区、南部片区和北部片区。中心城市片区主要是重点推动岐江新城、中山科学城核心区、香山古城及岐江河沿线地区的更新统筹与实施，打造出“文化浓厚、精品宜居、魅力乐活、绿色生态”的中心城区。火炬开发区规划重点是推动东利、沙边等片区的低效旧厂房全面改造，打造重点高新产业空间载体，目标是打造世界级先进制造业基地。翠亨新区的目标是打造引领中山未来发展的高能级战略平台，规划重点推动南朗第二工业区、南朗第一工业区、横门等片区的更新改造。西部片区规划重点推动小榄联胜片区、横栏三沙片区、古镇岗南片区等的更新改造。南部片区规划重点推动香山新城核心区、中山市经济技术开发区建设。北部片区稳步推动黄圃大岑片区、南头升辉南片区、东凤同乐片区等全面改造，打造湾区先进装备制造产业带重要基地、珠江西岸现代物流枢纽、岭南特色水乡都市。

本次规划促进中山紧抓“双区”建设和“一核一带一区”建设的重大历史机遇、实现高质量崛起，破解当前建设用地瓶颈和产业转型升级压力，转变土地资源低效利用，释放发展空间，实现城市精明增长。

本次规划在有效引导和有序推进全市城市更新工作，充分发挥城市更新优化城市空间格局、促进土地高效利用、完善城市功能、推进产业转型升级、保护传承历史文化、推动生态绿色发展等方面起着重要作用，并在落实国土开发保护格局、促进产业转型升级以及提升城镇空间品质三方面上有着重大意义。

第 18 章　沈阳市旧工业建筑的再生利用

18.1　沈阳市旧工业建筑再生利用概况

沈阳市工业区主要集中在市中心城区西南部的铁西区。经过几年的探索与实践，沈阳市委、市政府于 2002 年将铁西区和沈阳经济技术开发区合并，成立了铁西新区，沈阳由此走上了老工业基地改造革新的道路。2008 年，沈阳市被列为中国改革开放 30 年来全国 18 个典型地区之一，同时获得了联合国全球宜居城区示范奖。2017 年，国家发展和改革委员会与国土资源部共同发布了《关于支持首批老工业城市和资源型城市产业转型升级示范区建设的通知》(发改振兴〔2017〕671 号)，通知确定了辽宁中部（沈阳、鞍山、抚顺)、山西长治、河北唐山等 12 个城市（经济区）为首批产业转型升级示范区，指出各示范区要明确重点任务，稳步推进相关工作，加快建立创新驱动的产业转型升级内生动力机制，形成以园区为核心载体的平台支撑体系，构建特色鲜明、竞争力强的现代产业集群。这一通知对沈阳的旧工业建筑再生利用工作具有指导意义。

18.1.1　历史沿革

20 世纪 30 年代初期至 40 年代中期，日本为满足其侵华战争的需要，侵占我国资源，在沈阳建设了铁西工业区。东北地区解放后，沈阳成为国家工业建设重点地区之一。同时，铁西工业区凭借自身优秀的工业基础，在国家计划经济体制下，发展成为全国性的以机电行业为主体，大中型企业为主干的综合性工业基地，为推动国家经济建设提供了大量的工业生产资料 [71]。然而，改革开放之后，我国发生了由计划经济体制向市场经济体制的转变，沈阳作为国家重工业基地，因大力发展重工业的思想根深蒂固，转型变得异常困难，短短几年之内，重工业的发展就从沈阳的“名片”变为了“负担”。20 世纪初期以来，沈阳铁西区工业发展的历史沿革如表 18.1 所示。

沈阳铁西老工业区演化进程　　表 18.1

时段	工业文化特征	代表性企业或项目
1906—1931 殖民工业形成	陆续开设了制麻、毛纺、制糖、制陶、窑业、木材等企业。截至 1931 年，日本在铁西建厂 28 个	“满洲制糖株式会社”、满蒙毛织株式会社、“满洲制麻株式会社”等

续表

时段	工业文化特征	代表性企业或项目
1931—1945 殖民工业区建立	重点发展金属工业、机械工具、纺织工业、化学工业、食品工业、电器工业、酿造业等。截至 1944 年，日资开设工厂 323 家，铁西工业区基本建成	“满洲矿业开发奉天制炼所”“满洲电线厂”“满洲住友金属工业”“满洲机器厂”协和工业、东洋轮胎等
1917—1941 民族工业起步	该时期为日本殖民统治期，民族工业总体上规模小、技术差、设备劣、竞争力弱。截至 1944 年，全区民族工业仅 78 家	太阳烟草公司、成发铁工厂、正记铁工厂、中国实业、三星铁工厂、同合铁工厂、大东炼瓦厂等
1953—1963 大规模建设及装备制造工业基地形成	截至 1963 年，全区国营工业企业达 123 家，千人以上企业 51 家。发展成为以机械工业为主，包括冶金、化工、制药、建材、纺织、酿造等行业的综合型工业区	电缆厂、变压器厂、机床一厂、机床三厂、冶炼厂、东北制药总厂、低压开关厂、冶金机械修造厂、鼓风机厂、重型机械厂、水泵厂、风动工具厂等
1980—2002 老工业区的衰退与改造	工业区经济急剧衰退。区内企业平均资产负债率高达 90%，债务累计 260 亿元，近 13 万工人下岗，40% 的企业处于停产或半停产状态	沈阳防爆器械厂成为中国第一家破产的国有企业；特大型国有企业沈阳冶炼厂宣布破产
2002 年至今 制度创新与老工业区工业文化特色消退	老工业区绝大多数工业建筑遗存被拆除，铁西城市功能定位为商贸生活区，仅保留个别工业遗存，整体工业文化特色呈消退趋势	重型文化广场、工人村生活馆、铸造博物馆及中国工业博物馆、1905 文化创意园、劳动公园等

18.1.2　现状概况

沈阳市的工业遗存主要分布在大东区、铁西区和皇姑区，这三个区的厂区和企业规模宏大，连接成片，在城市空间和城市形态上具有一定的规模效应。另外，还有大量工业遗存散布在其他区域，但与集中分布的大型工业区相比，这些工业遗存分布较为分散，难以形成规模。

现将沈阳市旧工业建筑再生中较为典型的案例进行图表说明，如表 18.2 所示。

沈阳市典型旧工业建筑再生利用项目一览表　　　　**表 18.2**

原名称	现名称	始建 / 改建时间	结构类型	照片
“日资满洲汤线株式会社”	沈阳东北蓄电池股份有限公司	1936/1994	钢结构	
沈阳铸造厂	铸造博物馆	1939/2007	钢结构	
铁西工人宿舍楼	铁西区工人村生活馆	1950/2007	砖混结构	

续表

原名称	现名称	始建/改建时间	结构类型	照片
“日资会社满洲工业所”	沈阳水泵厂	1932/2009	钢结构	
沈阳重型机器厂	重型文化广场	1937/2010	钢结构	

18.1.3　再生策略与模式

（1）改造策略

随着振兴老东北工业基地战略的提出，这个曾经有着举足轻重地位的老工业基地通过深化国有企业改革、加速市场经济建设，被重新推到了历史的台前。沈阳市政府自2002年6月以来，认真贯彻落实关于振兴东北老工业基地和装备制造业的战略决策，抓住国际、国内对装备制造业市场需求的重大转机点，统筹规划，精心组织，通过实施以市场为主导的区域调整，加速产业结构升级、生产要素流动，促进了老工业区的转型升级，出台的政策汇总如表18.3所示。

沈阳市老工业区转型政策汇总　　表18.3

序号	政策名称	颁布时间
1	沈阳市政府做出铁西区与沈阳经济技术开发区合署办公的决定	2002
2	铁西工业“东搬西建”计划出台	2002
3	《国务院关于进一步实施东北地区等老工业基地振兴战略的若干意见》（国发〔2009〕33号）	2009
4	《铁西装备制造业聚集区产业发展规划》	2009
5	《关于批准设立沈阳经济区国家新型工业化综合配套改革试验区的通知》（发改经体〔2010〕660号）	2010
6	《沈阳市历史文化名城保护规划（2011—2020年）》	2012
7	《关于支持首批老工业城市和资源型城市产业转型升级示范区建设的通知》（发改振兴〔2017〕671号）	2017
8	《沈阳市推进工业供给侧结构性改革实施方案（2017—2020年）》（沈政办发〔2017〕119号）	2017

（2）改造模式

沈阳市目前对旧工业建筑的改造有三种模式：①改造为博物馆；②改造为文化创意产业园；③改造为工业景观。其中选择最多的是将旧工业建筑改造为展示馆、档案馆或博物馆，如中国工业博物馆（图18.1）、铁西区工人村生活馆（图18.2）等，这些展馆现已成为沈阳市旅游观光的著名景点。同时，部分旧工业建筑分布集中、类型丰富的工业厂区改造成为了创意产业园、博览园、特色商业区，如 1905 文化创意园。此外，还有部分工业设施作为工业特色景观，被较好地用于加深城市文化氛围，如沈阳万科新榆公馆这一小区。该小区在景观设计中将原位于基地边缘的一条废弃的铁路线平移至小区内，并以此铁路线为轴线对小区景观进行设计。

图 18.1　中国工业博物馆

图 18.2　铁西工人村文物认定牌

18.2　沈阳市旧工业建筑再生利用项目

18.2.1　1905 文化创意园

（1）项目概况

1905 文化创意园位于沈阳市铁西区北一路和兴华北街交汇处，占地面积达 4000m^2，投资近 2000 万元，集聚了近 60 家文创企业（机构），年经营收入超过 2000 万元，是沈阳市文化产业示范园区。1905 文化创意园原址为沈阳重型机械厂（1996 年改制为沈阳重型机械集团有限责任公司）的部分车间。该厂始建于 1937 年，占地约 50 万 m^2，位于铁西区工业聚集的北二路以北，被城市干道南北贯穿划分为东西两区。2009 年 5 月 18 日，随着最后一炉钢水浇铸成“铁西”后（图 18.3），这座具有 72 年历史的老厂留下永久记忆后封炉，旧的工业厂房改造成 1905 文化创意园（图 18.4）。

图 18.3　重达 6t 的“铁西”

图 18.4　1905 文化创意园入口

（2）改造历程

1905 文化创意园主要在外部屋顶结构和内部空间结构上对旧厂房进行改造。外部屋顶改造的重点就是改变原有的老旧屋顶，通过一种更富有现代感的艺术形式进行表现。另外，不使用原工厂大门，而是在原门口周围墙面上开凿出多个缺口，在部分缺口处镶上玻璃，并在其内部陈列些许老物件，其余部分的缺口直接装潢成内部商铺的外门脸。北面墙甚至作出整体拆除的安排，再利用内部钢架的支撑，向外延伸出一个“玻璃屋”，将此屋改造成一个玻璃咖啡馆——漫咖啡。在内部结构的改造中，精简原建筑空间，仅保留主体框架结构，为新的创意设计提供更多的创作空间，也为艺术家提供艺术展览的空间。在大厅内部常年举办各种类型的艺术展览，这些艺术展览及其所营造的艺术氛围也为这座建筑增添了不少的艺术气息。

通常情况下，钢构架与砖石外墙会给人一种厚重感，这种厚重感往往会使得观赏者产生一种距离感。为了避免这一情况的发生，且兼顾工业建筑的自身魅力，同时考虑到玻璃具有光透感，而砖具有厚重感，两者形成的强烈对比可以引起人们对工业遗产历史的重新阅读与思索，在最终的改造过程中，就运用了将钢和玻璃与原有的砖石融合的理念。最终呈现效果如图 18.5 所示。

（a）改造前

（b）改造后

图 18.5　1905 文化创意园改造前后对比图

（3）改造效果

1905 文化创意园作为典型的工业遗产类创意空间，是以旧工业建筑为空间载体，按照修旧如旧的原则，保留原建筑的主体结构和设计风格，在此基础上按照国家一级博物馆的陈列标准用真空玻璃将大量原始遗迹进行封存，仅对建筑内部空间按照不同的需求进行划分，划分后再进行新功能的植入，最终将不同的空间分别变更为个性创意工作室、小剧场、文化餐厅、主题酒吧、咖啡厅等 [72]。

创意园内主体空间的钢结构楼梯充满了浓厚的工业气息（图 18.6），错落有致的楼梯分布，增加了空间的可利用性。涂鸦与砖墙、盆景与钢架、暖色吊灯与通透天窗等布置（图 18.7、图 18.8），将现代艺术与工业文化巧妙融合，带给人们眼前一亮的视觉观感。

图 18.6　1905 文化创意园内部

图 18.7　1905 文化创意园涂鸦

图 18.8　1905 文化创意园天窗

沈阳大多数的旧工业建筑原本位于该市的边缘地区，但随着城市的不断更新发展，曾经的边缘地区已成为城市中的黄金地带。而部分旧工业建筑所在区域内基础设施不完善，生活环境差，就会在很大程度上限制该区域的发展。改造后的 1905 文化创意园区，改善了其所在区域的基础设施条件，优化了区域的生活环境，同时，园内定期举办的艺术画展览、戏剧演出等各种类型的艺术活动，拉近了艺术与大众的距离，增加了人们的生活趣味，最终达到了提升区域整体水平，促进区域经济发展这一目的。

18.2.2　工人村生活馆

（1）项目概况

工人村曾是我国最早且最具规模的工人聚集区之一，这里曾经是新中国工人阶级当家作主的象征，以“楼上楼下、电灯电话”的特点闻名全国。它是中国最大、最密集的重工业基地工人生活的缩影，真实见证了东北工业的发展历史及发展进程中工人阶级工作与生活的酸甜苦辣。工人村生活馆的楼群以及其他纪念性的老建筑作为第一个以工人生活为题材的原生态博物馆于 2007 年 6 月 18 日开馆（图 18.9）。这个博物馆地处沈阳铁西区赞工街 2 号，由 20 世纪 50 年代建成的 7 栋 3 层红砖苏联式工人宿舍楼围合而成，原是工人村的一部分，占地 1.5 万 m^2。2007 年 6 月，铁西区政府按照工业建筑保护条例，在保留原建筑风格的基础上，对工人村部分旧居建筑群进行了改造，建成了总建筑面积 $8300m^2$ 的工人村生活馆和 $1400m^2$ 的铁西人物展览馆。

（2）改造历程

铁西工人宿舍楼是按照苏联设计的“三层起脊闷顶式住宅”图纸建设，于 1952 年在沈阳西部一大片荒原上举行了奠基仪式，耗时两个半月，于同年 12 月完工第一期工程，荒野上出现了 79 幢 3 层红砖红瓦楼房，创造了当时沈阳建筑史上的“沈阳速度”[73]。

图 18.9　工人村生活馆

1954 年续建 13 栋，1957 年续建 51 栋。三次共建造 143 栋苏式风格的建筑，至此形成总占地 73 万 m^2、建筑面积超 40 万 m^2 的大规模建筑群。

2014 年，辽宁省将工人村建筑群列为省级文物保护单位。之后根据《沈阳市铁西区分区规划》将其确定为历史保护街区，强调以文化建设为主，塑造铁西工业文明的良好形象，同时利用现有优势资源，促进铁西区传统工业旅游经济的进一步发展。

工人村地块内建筑布局采用周边式布局模式，由 16 栋传统建筑围合成 3 个组团，内部布置大面积的公共绿地，山花、檐口、门拱、底层腰线等局部处理体现出建筑设计的精致、细腻，其仿苏联式设计的风格也十分鲜明（图 18.10、图 18.11）。

图 18.10　工人生活村红砖墙

图 18.11　工人生活村门拱

(3) 改造效果

工人村生活馆的主题是“生活”二字，因此建筑内外部结构的改造在保持工人宿舍原貌的基础上，更多的考虑是从参观者的角度出发，通过减旧手法将工人村生活馆打造成为一个记录沈阳工人生活、展现工业文化的小型博物馆。在由原工人住宅围成的庭院中，新建了供人休息的走廊和座椅（图 18.12），同时布置了反映 80 年代生活状态的雕塑（图 18.13）。

工人村生活馆在内部结构处理上采用了减旧的手法，整个工人村生活馆共分 3 层，通过 1 层的老式楼梯将参观者引入到 2 层，2 层主要集中展示工人的日常生活场景，将以往用于满足房间私密性的隔墙打通，方便游客更好地参观。流动的空间无声地引导参观者从 20 世纪 50 年代流行的室内摆设开始参观，逐渐走过 20 世纪 60、70、80、90 年代家庭的生活场景，每个家庭场景都是曾经入住的老一辈工人居住空间的真实复原。工人村生活馆是对铁西工业文化的另一种诠释，它并非工业实体，而是过去工人们的生活场景再现，体现了老铁西老一辈工人艰苦朴素的作风，以及对生活的热情。

图 18.12 工人生活村院内休息长廊

图 18.13 工人生活村雕塑

18.3 沈阳市旧工业建筑再生利用展望

18.3.1 沈阳市旧工业建筑保护与利用现状分析

近年来沈阳市发展迅速，产业形态变化巨大，同时也存在任何一个进行文化保护的城市都要面临的发展与保护之间的矛盾。理想状态下，城市的发展与文化的保护是可以并行不悖的，沈阳就走在一条以博物馆式改造为主的旧工业建筑保护的道路上。铁西区实行“东搬西建”计划之后，对遗留下来的许多旧工业建筑进行了改造，旨在将其改造成为以工业遗产为主题的景点，向全国乃至全世界宣传铁西。为了全面利用铁西工业文化遗产旅游资源，铁西区政府以具备装备制造业实力的老企业为依托，推出“工业遗产游”“现代工业游”“魅力都市游”三大工业遗产旅游线路。2006年铁西区政府为展现铁西工业风貌，规划了“一场十馆”的建设（图18.14），主要包括体育场、体育馆、机车博物馆、规划展示馆、工人村生活馆、铸造写意馆、工业印记馆等场馆的建设。

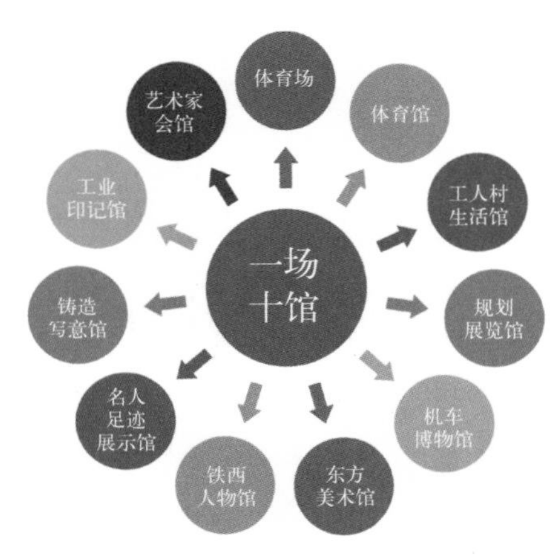

图18.14　铁西区“一场十馆”规划图

若一味地拆除旧工业建筑，显然会使沈阳失去其历史名片，失去工业文化这一灵魂；若一味地保留旧工业建筑，那么会错失发展机会，铁西的十年辉煌发展也就无法实现。因此，铁西区旧工业建筑改造的成功之处也就在于其对空间功能的合理转换，拆除了部分旧工业建筑后合理利用场地，从而产生了经济效益；针对相关单位认证的工业遗产进行了保护性利用，从而产生了文化效益。

18.3.2　沈阳市旧工业建筑保护与利用前景分析

未来的沈阳除了发展之外，还要延续其工业文化，保持工业特色。鉴于沈阳市旧工业建筑的现状，提出以下几点建议：

（1）做好老工业基地工业遗产保护规划。一直以来，装备制造业都是辽宁老工业基地最重要的支柱产业，目前仍占全省工业总产值的近三分之一。老工业基地的旧工业建筑具有复杂的时空联系，是一个系统的、有机关联的整体。为促进对沈阳老工业基地旧工业建筑系统性、完整性的保护工作，建议按照自上而下原则，确定以机械制造、冶金和能源工业、铁路及航运等交通运输业为主的“共和国装备部”重化工基地这一工业遗产保护为重点，构建以“南满铁路”为主轴，且能够反映这一工业文化主题的“遗产廊道”，将廊道内的老工业城市及其工业遗产按工业文化主题要求系统整合起来。特别是要以老工业企业为基本单元，从企业的发展脉络和企业的生产、运输、储备、生活等多个方面进行系统整合。

（2）将工业景观融入城市之中。对于旧工业建筑的再生利用，应当做到与本城市建设相结合，应体现出所在城市的特色，避免同质性。对能够体现工业景观特点的建筑应当予以保护，并将其融入城市的景观系统中。

（3）划分工业建筑遗产等级，制定相应的保护制度。沈阳的工业建筑遗产类型多种多样，影响旧工业建筑去留的因素有很多。这些因素包括建筑的历史文化价值、损坏程度、社会价值、地产价值等。因此，可以根据实际情况将工业建筑遗产划分为不同的等级，并按照等级采取相应的保护制度，如图 18.15 所示。第一梯度选择绝对保护。对具有极高价值和重要保留意义的旧工业建筑遗产，应实施绝对保护，不改变其原址原貌，以确保其真实性及整体性。第二梯度选择利用性保护。对于这一等级的旧工业建筑遗产，可以在不改变其核心内容的前提下，进行部分功能的改动。第三梯度选择改造性保护。对于具有一定工业形象和含义，以及必备的坚固程度，但文物价值不充分的旧工业建筑，可对其实施合理的内部或外部改造，从而达到保护建筑的目的。

（4）创造多元的再利用形式。对沈阳旧工业建筑的再生利用，不应该仅拘泥于某几种形式，应发挥人的主观能动性，积极思考研究新方式。墨守成规就有可能埋没工业建筑的效用，造成改造资金的浪费，甚至面临倒闭的结果。因此应探索更加多元的方式，对旧工业建筑进行再生利用。例如旧工业建筑不仅可以改造为博物馆、购物中心、体育馆、文创园，还可以改成商业住宅，厂房的大空间可以使改造后的住宅不必拘泥于全部相同的高度，更具多样性和设计感。

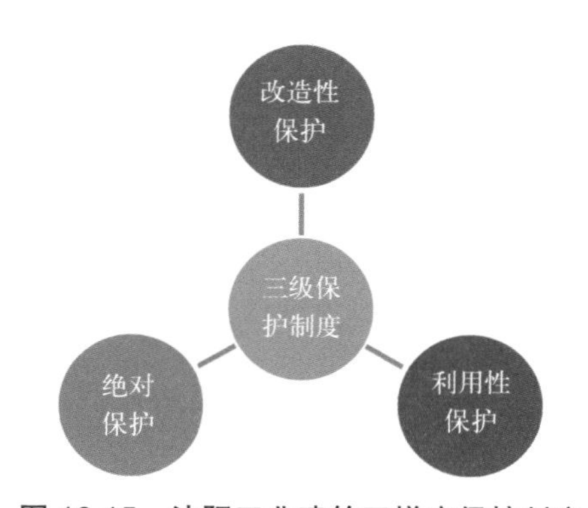

图 18.15　沈阳工业建筑三梯度保护制度

（5）从设计上对经济效益进行把关。沈阳市很多旧工业建筑面临被拆除的命运，绝大部分是因为人们对旧工业建筑价值的认识和估计存在些许偏差。事实上，旧工业建筑的文化或经济价值往往是隐性的，或者说是长期的。开发商不愿意投资，就是因为他们很难在前期开发过程中看到这些价值。因此，建筑师就必须充分挖掘出旧工业建筑的潜在价值，并运用合适的理念、精巧的设计手法，将这些潜在价值进行展示，从而使项目产生最终的经济效益。

第 19 章　哈尔滨市旧工业建筑的再生利用

19.1　哈尔滨市旧工业建筑再生利用概况

哈尔滨作为中国工业的摇篮和近代工业重地，随着城市发展和产业结构调整，留下了大量的具有一定历史价值的旧工业建筑，对其进行合理的再生利用成为推动哈尔滨发展与建设的有力手段。

19.1.1　历史沿革

哈尔滨工业建筑的兴起与发展几乎完全归功于中东铁路的通车运营。中东铁路又被称为东省铁路，是 19 世纪末 20 世纪初沙皇俄国为攫取中国东北资源，称霸远东地区而修建的一条“丁”字形铁路。哈尔滨作为中东铁路最为关键的中转站，自然成为了沙皇俄国在中国大力发展的城市，这也为哈尔滨从聚落、村，发展成为商埠都市，再到后来的工业化大城市打下了坚实的基础。

20 世纪初，中东铁路直接让哈尔滨从一个发展中的城镇变为一个国际商埠，很多国家在哈尔滨修建了油、米、面加工，卷烟，酿酒等类型的工厂。

1950 年 10 月“南厂北迁”战略的实施，带动 16 个大中型企业迁至哈尔滨，给哈尔滨带去了大量的大中型工厂，使哈尔滨重工业的比重大幅度增加，城市的产业结构发生了较大改变，转型为新兴工业化城市。但是，当时哈尔滨的经济产业结构比较单一，以第一第二产业为主，经济运转方式以计划经济为主。在改革开放后中国迅猛的发展速度下，哈尔滨不得不面临产业结构调整的问题。正是因为产业结构不均衡，工业产品需求量下降，随着城市发展转型及工业区外移，哈尔滨的经济也全面萎缩。与此同时，诸多旧工业建筑也渐渐被废弃。当时人们的文化水平普遍不高，对建筑，尤其是工业建筑的保护意识，和对城市未来的规划发展以及可持续发展等概念知之甚少。所以，过去有很多经典的、具有历史价值意义的建筑被不负责任地改造、破坏甚至拆除，这些无价之宝如今所剩无几，这也是目前哈尔滨旧工业建筑的现状之一。

现在，哈尔滨在寻求如何从工业化城市转型为能够满足第三产业发展的新兴城市的方法，而具有历史价值的旧工业建筑，则成为了解决这一窘境的突破口之一。有效的旧工业建筑再生利用可以推动城市的文化输出，以及商业经济和旅游经济的发展，不仅可以解决旧工业建筑对土地的占据和对环境的污染，也能为哈尔滨的第三产业带来新的生机。

19.1.2　现状概况

哈尔滨市现存的旧工业建筑及厂房包括：具有百年历史的烟厂、全国著名的量具厂、汽轮机厂、哈一机厂等。随着市场经济的不断发展和国有企业的深化改革，大多数远郊和城市中的国有企业因经营不善，不能适应社会形势和产业结构的变化，或破产，或搬迁至其他区域。

（1）项目分布区位特征

哈尔滨市工业布局从空间位置上大致可以分为以下几个区域：自西向东主要有高新技术产业开发区、道里工业区、三大动力工业区、哈东工业区以及南部的平房工业区和北部的利民开发区。然而，随着旧城改造的兴起，城市经济尤其是第三产业的崛起，以及土地有偿使用制度的实施，土地自身的价值及区位效益得以体现，城市中尤其是中心区工业用地的空间布局随之改变，这导致了大量旧工业建筑的产生，其中香坊老工业区、道里区和南岗区内的旧工业建筑最具代表性。

国家以加快城市经济发展为前提，鼓励各城市有条不紊地进行城市产业结构调整。作为老工业城市代表的哈尔滨更是积极响应国家号召，对城市中心区的工业建筑规模及布局情况进行符合城市发展需求的规划与调整。香坊老工业区内主要以三大动力工业区和油坊街为主线，其中大量分散布置的工业企业、厂区被腾迁，区域内旧工业建筑面临着开发与改造的问题。

道里区是哈尔滨市的核心区，碍于严重的环境污染和人地关系紧张等问题，不得不将区域内大量的工业企业、厂区外迁或令其停产，因此产生了许多旧工业建筑，这是道里区旧工业建筑数量增加的原因之一。致使道里区旧工业建筑增多的另外一个原因则是随着我国经济体制的改革以及产业政策的改变，道里区内大量的国有企业需要改革，它们在激烈的市场竞争中逐渐丧失原有市场地位，再加上缺少国家相关政策的扶持，使传统夕阳产业不得不面临衰败，最终走向停产或倒闭的命运，进而使区域内越来越多的旧工业厂房面临着更新改造的问题。

此外，南岗区也是哈尔滨市区内旧工业建筑集中的主要区域之一，南岗区内旧工业建筑多以散点式分布。

（2）再生利用现状

随着城市产业结构的调整，哈尔滨的 18 座老厂区陆续面临“关、停、并、转”的命运。哈尔滨作为东北重要的工业城市，其旧工业建筑数量没有被精确地统计过，也没有采用科学化的保护模式对这些旧工业建筑进行保护。哈尔滨对于旧工业建筑的保护利用还处于被动阶段，面对退出历史舞台的工业建筑，多数还是从商业利益的角度出发推倒重建，许多具有重要历史价值的工业建筑已经被拆除，其中甚至包括已经拟定为哈尔滨市第三批保护建筑的哈尔滨市车辆厂铸铁车间。

哈尔滨市也有一些旧工业建筑再生利用效果比较好的案例，例如哈尔滨机联机械厂被改造成东北亚当代艺术创展中心。该厂始建于1952年，这座10万m^2的老厂房现如今被划分为品质文化区、演艺文化区、创意文化区、体验文化区以及工业文化博览长廊等展区。

现将其中较为典型的案例进行图表说明（表19.1）。

哈尔滨市典型旧工业建筑再生利用项目一览表　　表19.1

序号	原名称	现名称	始建/改建时间	结构类型	照片
1	哈尔滨车辆厂	爱建商业住宅新区	1898/2003	砖混结构	
2	哈尔滨松江电机厂	哈尔滨松江生态园	1936/2010	钢结构	
3	哈尔滨制氧机厂	辰能·溪树庭院接待中心	1947/2009	砖混结构	
4	哈尔滨机联机械厂	红博·西城红场	1952/2013	钢结构	
5	哈尔滨建成机械厂	624文化艺术创意产业园区	1952/2017	砖混结构	

19.1.3　改造策略与模式

哈尔滨市在对旧工业建筑进行再生利用时，注重挖掘其建筑内涵，将旧工业建筑再生利用为主题公园、体验式购物中心、游憩商业中心、艺术展览地等，使工业建筑与时尚、怀旧等要素相结合，满足大众需求。哈尔滨市旧工业建筑的再生利用改造策略与模式大体上有以下三种：

（1）房地产模式下的部分保留

将废弃的工业厂房拆除推平，在厂区旧址新建其他楼宇——这是哈尔滨市旧工业建筑更新改造实践中最常采用的做法。然而，哈尔滨市在进行此类改造模式实践中存在的最主要的问题，则是大部分开发商出于经济利益的考虑，在未对旧工业建筑进行准确的历史文化价值评估的情况下，便采用大规模的清除拆建等方式，致使大量旧工业建筑被推倒铲平，取而代之的是高楼林立以及商业味十足的商场和办公空间。只有少数的改造案例是在土地功能置换的同时，对旧工业建筑采用构件保留或部分保留的方式进行适当利用和再开发。如哈尔滨制氧机厂，原址位于哈西老工业基地，工厂迁址新区后该地块建造了约 50 万 m^2 的辰能·溪树庭院住宅区，园区中的旧工业建筑仅保留了原加工车间区域，改造后成为后期楼盘销售的接待中心（图 19.1）。

（2）商业综合体模式下的整体改造

对于一些占据着城市核心区域的大型废弃工业建筑，采用混合型功能综合再开发的模式。这类改造模式是对零散的旧工业建筑采取串联的方法，将所在区域拼接利用，在以工业建筑改造为核心的基础上，构建出集休闲、办公、居住、商业文化为一体的综合性空间。例如红博·西城红场商业综合体是在原哈尔滨机联机械厂的旧址上规划建设的，改造过程中保留并且再利用了原哈尔滨机联机械厂的 4 幢包豪斯风格的“红房子”（图 19.2），又注入了新的时尚文化元素，使老厂房焕发出新的生机与活力。这种改造模式空间功能复杂，是哈尔滨市对旧工业建筑改造开发模式的全新探索。

（3）公园绿地模式下的棕地恢复

工业生产带来一定的污染，形成“工业棕地”，即“废弃的、闲置的或没有得到充分利用的工业用地及设施，在这类土地的再开发和再利用的过程中，往往因存在着客观上的和意想中的环境污染而比其他开发过程更为复杂”。在污染不明显超标的前提下，处理“工业棕地”的一种有效的、经济的做法就是将其改造为公园绿地。通过植物对污染物的吸附作用，利用特定的植被进行生态恢复，为“工业棕地”提供自然恢复的机会，在修复土地的同时，也为周边市民带来可供休憩的公共空间。例如：政府决定在松江电机厂搬迁后的废弃工业用地内进行城市绿地公园的改造（图 19.3），利用场地内现存的有几十年树龄的人工林营造生态景观，使建成后的松江生态园成为重要的市级公园，从而带动哈尔滨市南部工业区的复兴与发展。这种更新改造模式，常常把生态环境的恢复放在首位，设计注重与周围环境相协调，考虑城市整体游憩结构。

图 19.1　辰能·溪树庭院

图 19.2　“红房子”

图 19.3　松江生态园

19.2　哈尔滨市旧工业建筑再生利用项目

19.2.1　红博·西城红场

（1）项目概况

红博·西城红场，原为哈尔滨机联机械厂，于1958年由道外区迁至学府四道街与哈西大街交会处，有4座红色旧厂房：制氢车间、冶金车间和除尘车间，是20世纪50年代由苏联援建的。其基础牢固，结构宽敞，层高20m，外墙由红砖砌成，故称之为“红房子”。这处旧工业建筑，是城市历史和多元文化的特殊综合体，具有鲜明的时代特征和突出的社会价值，闻名全国的“蚂蚁啃骨头精神”就是在这里诞生的。原工业遗址留存的4幢包豪斯风格的老厂房是哈尔滨工业发展的历史见证者，也是红博·西城红场最宝贵的一笔财富，这也是其他项目无法复制的核心优势（图19.4）。

图19.4　红博·西城红场

（2）改造历程

红博·西城红场商业综合体是在原哈尔滨机联机械厂的搬迁旧址上规划建设的。哈尔滨机联机械厂，始建于1952年，主要生产用于重型工业的重型机械和制氢设备。1958年，哈尔滨机联机械厂迁至哈西地区。2005年，原哈尔滨机联机械厂和哈尔滨机械厂合并后组建哈尔滨机联机械制造有限公司，随后企业又搬迁到哈西新区的工业园区。腾让后的土地被开发为具有时尚艺术气息和休闲商业价值的综合性区域，总占地面积12.8hm^2，总建筑面积40hm^2，其中包括20hm^{2}的生活方式购物中心，10hm^{2}老厂房及10hm^{2}公园绿地。设计保留了场地内原有的数百棵50年树龄的乔木以及部分原生植被，并且对场地内原有自然资源、土地资源以及建筑资源进行了梳理与整合。红博·西城红场保留并且再利用了原工业厂区内的4幢包豪斯风格的“红房子”，这些遗存的废弃工业建筑是哈西工业发展的历史记忆，也是哈尔滨在新中国成立后工业发展的历史见证。

据资料搜集与分析，哈尔滨机联机械厂在再生利用之前包含 4 个具有包豪斯风格的厂房，通过再生利用，改造成一个集商业、娱乐、公园、文化、餐饮、办公、文化产业园的综合商业活动中心。原厂区在整体上分为旧厂房改造区、新建商业区以及景观改造区。旧厂房改造区分为两个艺术展馆，一个为文化艺术展馆，另一个为红场美术馆。新建商业区分为艺术港、创意港、生活港。老厂房所遗留下来的树木景观区则基本被改造为停车场（图 19.5）。

图 19.5　西城红场布局图

（3）改造效果

红博·西城红场既保留了珍贵的历史痕迹，又焕发了老厂房新的生机与活力。在经济效益方面，形成集商、住、办公、休闲为一体的综合区。厂区保留的 4 幢包豪斯风格的老厂房也为建设文化创意产业园区提供了资源优势。在社会效益方面，突出历史性、文化性、艺术性和科技特性。在环境效益方面，10hm^2 公园绿地，保留了原有数百棵 50 年树龄的大树及部分原生植被，顶层设置了空中花园（改造效果如图 19.6 ~ 图 19.9 所示）。

图 19.6　历史红墙与玻璃黑墙完美结合

图 19.7　独栋美术馆

图 19.8　民俗大集、手作市集长廊

图 19.9　老旧齿轮上带着历史印记

19.2.2　爱建商业住宅新区

（1）项目概况

爱建商业住宅新区是在原哈尔滨车辆厂的旧址上规划建设的。伴随着中东铁路的修建，1898 年，哈尔滨市车辆厂正式成立，至今，它已是拥有 124 年历史的工业老厂。车辆厂旧址位于道里区原工程街 2 号，现在的爱建新区就是曾经车辆厂厂区的一部分(图 19.10)。哈尔滨拥有百年的发展历史，而原哈尔滨车辆厂就是其最好的见证者。这里曾培养了中国第一批产业工人，为东北全境解放、解放战争胜利以及新中国的诞生做出了巨大贡献。它是哈尔滨近代工业的先驱和摇篮，在城市的发展过程中有着举足轻重的地位。

（2）改造历程

2002 年，为适应城市规划和自身发展需要，车辆厂从市中心整体搬迁到市郊，并成立哈尔滨轨道交通装备有限责任公司。2003 年，哈尔滨车辆厂被收购，厂区被改建为商业区和住宅区，保留了原有的一尊伟人像、一座水塔、一个火车头以及机修车间（保护的遗迹如图 19.10 ~ 图 19.13 所示)。

图 19.10　保留车间厂房

图 19.11　保留水塔

图 19.12　蒸汽火车头

图 19.13　毛主席像及保留烟囱

（3）改造效果

新建成的爱建商业住宅新区中心广场占地面积约 $2hm^2$，广场下方是一个 $300m^2$ 的人工湖，场内矗立着一尊伟人雕像。厂区里唯一的一棵百年老榆树，似乎还在诉说着车辆厂百年的历史。原锻造车间的厂房、一段铁轨和中国第一批蒸汽火车头作为文物被保留下来，成为了这里的一处人文景观。高耸且不多见的典型俄罗斯工业产物——水楼子和大烟筒（原厂区的水塔和烟囱），还依然矗立在原厂区，让人既欣慰又留恋，它们是中东铁路沧桑历史的见证，为这个百年老厂区留下了永恒的纪念碑，也见证了哈尔滨车辆厂百年岁月的变迁。

社会效益方面，通过保留原厂区部分厂房及设施，哈尔滨车辆厂旧工业建筑得到了保护，有了能够展示的场所，让人们能够通过实际接触，亲身感受近现代工业文化与工业文明的特有内涵。这里还可以作为教育和实践的基地，让广大青少年深入了解哈尔滨老工业基地的历史原貌，体验传统工业生产的实际内容，并清楚地认识我国工业发展的历史轨迹。对厂区的改造为哈尔滨市打造出工业文化品牌，进一步提升城市的文化品位。经济效益方面，注入休闲、娱乐与商贸等功能。在厂区内建有游乐设施、购物中心，不仅可以让人们感受工业文明的魅力，还可在这里进行休闲、娱乐与消费等活动。此外，这里还可以举办大型的工业展会、产品交易、教育培训等活动，通过商贸的交流，拉动消费，扩大就业空间。

19.3　哈尔滨市旧工业建筑再生利用展望

19.3.1　哈尔滨市旧工业建筑再生利用现状分析

随着哈尔滨城市产业结构的调整，城市规划也有意识地将旧工业企业向新兴工业区或郊县转移，也因此使许多工业建筑丧失了其物质功能，面临“关、并、转”的命运。随着城市的发展和建设，人们已经开始认识到保护与再利用哈尔滨旧工业建筑的必要性和紧迫性。

哈尔滨市现对旧工业建筑再生利用的具体方法如下：

（1）保持建筑风貌、整体改造利用：不改变建筑的原来面貌，将原建筑的构造与形式完整沿袭下来（其中包括建筑物本体、内部的设备、设施等元素），将原有的功能进行改造再利用，以适应不同的使用功能需求，并保留工业建筑原有的视觉效果。

（2）设备功能再造：改造对象为已停止运作的设施设备，利用物体原有的特色，经改造赋予其新的使用功能。例如原工厂中的烟囱、高炉等设施，在设计改造中，可以充分利用这种结构形式而将其改造成为良好的攀岩登高场地。

（3）利用形体结构：此类改造方法是将原工业建筑作为一种特定的、独立的景观保留下来，不赋予建筑物具体的实用功能。由于设施自身形象具有可利用的潜力，因此在利用设计中，可将原来的工业建筑及工业场地改建成园林景观场所。

（4）重新组织再利用：对于旧工业建筑内部有特色的工业设施或废料产品，可以经过重新组织和再利用做成公共空间中的小设施、铺地等。

哈尔滨市旧工业建筑再生利用存在如下问题：

（1）开发模式单一：目前，哈尔滨将大量工业废弃建筑拆除推平，厂区旧址更新为居住或商业金融等用地，缺乏对未来长远发展的眼光。期望哈尔滨的旧工业建筑能以工业遗址公园、公共服务设施、创意文化产业园区、博物馆等多种形式为目标进行更新改造。

（2）政府保护力度不够，相关法规不健全：各级政府在改造和开发旧工业建筑方面付出了很多努力，但由于我国近几年才兴起旧工业建筑的再生利用，哈尔滨总体还处于起步和探索阶段，对旧工业建筑的更新与改造缺少正确的认识。没有健全的规章制度作为更新改造的标准，在一定程度上造成了对旧工业建筑的更新与改造只顾眼前经济效益的局面，并没有考虑到城市个性化发展需求。

（3）哈尔滨寒地气候的制约：哈尔滨是典型的中温带大陆性气候，冬季漫长且寒冷，平均气温 -21.4℃，土壤板结、植物种类相对贫乏等由此带来的问题对旧工业厂区生态景观恢复产生了极大的阻碍，厂区的景观更新设计也受到寒地地域条件的限制。

19.3.2　哈尔滨市旧工业建筑再生利用前景展望

针对上述分析，结合哈尔滨市的地理位置、历史、经济、文化等多方面因素，对哈尔滨市的旧工业建筑再生利用提出了构想和展望。

1）建设工业文化开发区

（1）中国首家工人城：在香坊区打造中国首家工人城。工人城的建设，在原有生活常态下，突出工业文化特质。工人城修建以即将拆迁的轴承厂为中心，秉承生态、绿色环保、可持续的理念，建设集居住、商贸、休闲和观光为一体的大型工人城。以工业文化为特色和主题，打造哈尔滨市的另一个文化品牌工程，通过综合性服务设施拉长哈尔滨的旅游季节。特别设置工业文化遗产区，突出工业文化遗产形态中的物质文化遗产与非物质文化遗产保护及商业开发，以传统文化精髓带动现代商业发展。

（2）创建中俄工业博物馆：利用哈尔滨市对俄交流的地理和文化优势，建设中俄工业博物馆。以现代展陈和表现理念为基点，充分运用现代科技手段和多媒体技术，全方位展示中国和俄罗斯的工业遗产，让更多的人们了解到社会主义工业的发展史。

2）借助文化旅游示范区，推动旧工业建筑再生利用工作

哈尔滨市文化产业的发展有助于推动旧工业建筑的保护和利用，依靠优越的地理和历史文化优势，将哈尔滨打造成中俄旅游文化交流的最佳窗口。利用香坊区现有的工业资源，以“中俄工业博物馆”为契机，以“中国首家工人城”为依托，营造出香坊区独特的工业人文情怀和工业文化氛围，使香坊区成为一个完整的工业文化旅游示范区。

第 20 章　西安市旧工业建筑的再生利用

20.1　西安市旧工业建筑再生利用概况

20.1.1　历史沿革

陕西是中国近现代民族工业聚集地之一。西安作为陕西的省会城市，更是华夏文明的发源地，有着悠久的历史和深厚的文化积淀。西安地处我国陆地版图中心，是长、珠三角及京津冀通往西北和西南的门户城市与重要交通枢纽，是我国连接东西部的经济、政治、文化枢纽，西北地区的中心城市。西安的近代工业始于 20 世纪初期，以纺织、机械、电子工业等产业为主，根据产业特点和推动因素，西安的近现代工业发展可以分为两个时期、5 个阶段[74-75]，如表 20.1 所示。

西安市近现代工业建筑发展　　表 20.1

时期	阶段	时间	产业特点	工业建筑特征与代表性遗产
近现代	萌芽	1840—1932	受洋务运动推动，首次出现以近代军事工业及民用工业为主的工业	在建筑功能工业化的同时，沿袭传统建筑的结构形式，几乎没有遗存
	兴起	1932—1945	受西部开发政策倾斜影响，加之陇海铁路通车，出现大体量、高规模的现代机器工业体系	机械化生产带动建筑结构改革，出现钢结构、多层建筑。如大华纺织厂、华峰面粉公司
	衰落	1945—1949	内战带来政局动荡、经济混乱，设在西安的外地企业回迁，西安近代工业发展举步维艰	无新建工业建筑
现代	开端	1949—1962	新中国成立后，开始投建内地工业。“一五”期间，17 个“156”重点项目落户西安，多由苏联、民主德国援建	厂区经规划具有完整的道路管网和明确的功能分区。办公区多为带木屋架的砖混多层结构。如庆华电器制造厂
	发展	1963—1978	这期间经历了“三线建设”和“文化大革命”，西安工业曲折发展，通常是在原基础上局部改建或扩建	在工期限制影响下，工业建筑数量少且质量一般，普遍在建成不久便经历改建及新扩。如陕西钢铁厂

1978 年以后，西安市工业建设开始持续稳定地发展，工业化进程逐步加快。随着产业结构调整，近现代时期的一些工业企业逐渐衰败，退出历史舞台。2006 年，西安市政府颁布《西安市工业发展和结构调整行动方案》（市办发〔2006〕30 号），明确提出实施二环企业搬迁改造的政策方针，要求到 2010 年，西安市实现城墙内无工业企业，二环内

以及二环沿线无高能耗、高污染、不符合城市规划及安全生产的工业企业。2017 年，“四改两拆”三年攻坚行动在西安开展，力图通过包括旧工业区改造在内的“四改两拆”，实现“优化城市空间、盘活土地资源、完善城市功能、促进产业升级、改善人居环境、提升城市形象”的目标。

20.1.2　现状概况

截至 2019 年 5 月，西安市全市旧厂区涉及企业 97 家，其中拟“退二进三”企业 84 家，建设总部经济企业 4 家，改造提升企业 9 家。按照“四改两拆”旧厂区改造实施方案要求，到 2019 年底，以上三类旧厂区处置率应分别达到 55%（46 家）、75%（3 家）、89%（8 家）。截至 2018 年底，全市已累计完成 27 家旧厂区处置工作，占总任务量 57 家的 47%。2019 年计划实施处置的旧厂区改造项目 33 个。

从调研情况看，西安市内存在的已闲置或即将闲置的旧工业建筑为数不少。主要包括清末、民国初期和 20 世纪 30—40 年代形成的具备历史价值的部分工业遗产，以及新中国成立后的“一五”“三线”建设时期形成的具有工业特色和鲜明时代特征的建筑等。这些建筑作为西安市工业记忆的载体，多保存完好，建筑特色鲜明、结构安全可靠，具有较高的再生利用价值。然而，西安市在旧工业建筑再生利用的实践上较为谨慎，目前，市内较为成熟的旧工业建筑再生利用项目仅包括陕西钢铁厂、长安大华纱厂及唐华一印 3 例。

20.1.3　改造模式与策略

（1）综合开发模式

西安市市内建于 20 世纪 50—60 年代的厂房，大多具有较大的体量，占地面积达到百余亩。单一的改造模式往往不能充分发挥土地价值，综合开发模式成为处置此类大体量建筑群的主要手段。

以陕西钢铁厂为例，始建于 1958 年的陕西钢铁厂占地 934 亩，曾是全国十大特种钢材企业之一，但在 20 世纪 90 年代，随着产业结构的调整，陕西钢铁厂于 1999 年 1 月宣告停产。西安建大科教产业有限责任公司在西安市政府的大力支持下，全面收购陕西钢铁厂，建立西安建大科技产业园。在结合原有的建筑资源、区位环境以及西安市的总体规划布局基础上，对产业科技园区进行了整体规划。将整个园区划分为教育平台（西安建筑科技大学华清学院）、产业平台（老钢厂设计创意产业园、西安摩托城）、房地产平台（华清学府城）3 个部分，辅以配套的生产、生活设施（图 20.1）。

（2）“博物馆之城”的打造

博物馆作为旅游城市彰显城市底蕴、提高城市内涵的重要平台，结合工业建筑体量大、空间充足的建筑结构特色，是旧工业建筑再生利用的另一种有利模式。为响应国家文物局在2012年发布的《博物馆事业中长期发展规划纲要（2011—2020年）》（文物博函〔2011〕1929号），西安市制定建设博物馆之城的计划，已累计建成各类博物馆100多家，并免费向社会公众开放。工业历史需要展现的舞台，旧工业建筑需要新的功能去延续其使用价值，博物馆化的改造成为旧工业建筑改造时的一个重要手段。

但是，一般性的工业博物馆容易有人流量不足、维护费用大、经济性差的弊端，所以，建议将博物馆的改造与综合改造、工业旅游等模式相结合，在展现工业文明、提高城市内涵的同时，得到经济方面的保障。如大华·1935内的大华博物馆（图20.2）。

图20.1　陕钢厂综合改造功能分布

图20.2　大华博物馆

（3）文创园区的复制与升华

西安市地处内陆，产业结构调整起步较晚，相应地，旧工业建筑的闲置再利用问题也在近些年才逐渐显露。而在国内外许多发达城市，旧工业建筑已有大量改造案例和成熟的改造技术。以其中成功的改造案例为参考，同时以取得经济利益和社会效益的最大化为目的，文创产业成为西安市旧工业建筑再生利用中一个颇受推崇的改造模式。如由陕西钢铁厂改建的老钢厂设计创意产业园和由唐华一印改造的西安半坡国际艺术区（图 20.3、图 20.4）。

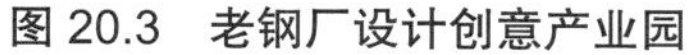

图 20.3　老钢厂设计创意产业园

图 20.4　西安半坡国际艺术区一角

20.2　西安市旧工业建筑再生利用项目

陕西钢铁厂综合改造项目从项目体量、改造模式和再生效果等方面，都具有一定的代表性，故作为西安市典型旧工业建筑再生利用项目展开具体分析。

陕西钢铁厂建造于 1958 年，位于西安市新城区幸福南路和建工路交会北 200m 处（图 20.5），1965 年投入生产。作为曾经的全国十大特种钢材企业之一，陕西钢铁厂为我国国防事业作出了巨大的贡献。到了 20 世纪 90 年代，陕西钢铁厂由于产品的创新跟不上市场的需求，不能与新兴的钢厂并驾齐驱；设备日益陈旧，产品质量难以得到保证，高能耗同时造成高成本；原材料来源主要依靠外地运输，较高的交通运输成本造成产品成本高于同行，市场优势愈发被削弱；企业离退休职工越来越多，而养老金、医疗费用仍然由企业自行负担等原因，在经历各种改革尝试后，最终未能跟进市场发展的潮流，于 1999 年 1 月宣告停产。停产前，厂内仍有在册职工 7000 余名，一年仅工资等基本费用就达到 3000 余万元，破产拍卖成为陕钢厂唯一的出路[76]。

2002 年，陕西钢铁厂进行破产拍卖。同年 10 月，西安建大科教产业有限责任公司成功以 2.3 亿元收购陕西钢铁厂资产，在西安建大科教产业园的基础上，分三大板块，对老厂区进行了包括学校化改造、创意园区式处理、房地产开发三种方式的再生利用（图 20.6）。经过多手段多模式的改造，在最大程度上发挥了老厂区价值的同时，成功地安置了原厂 2500 余名职工，一定程度上维护了社会稳定。

(a) 厂房鸟瞰图

(b) 厂房内部

图 20.5　陕西钢铁厂厂房旧貌

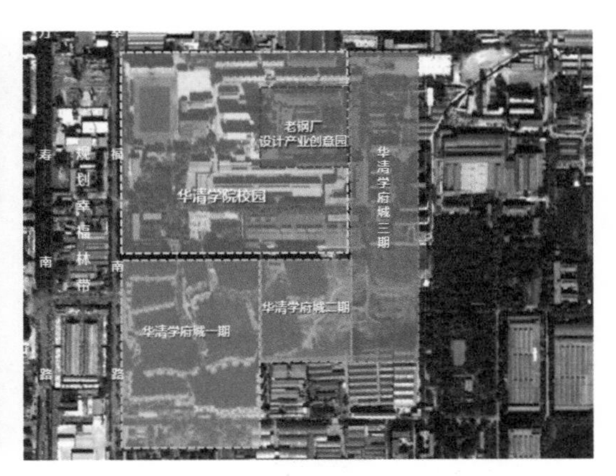

图 20.6　陕西钢铁厂再生利用模式分区

20.2.1　面向大学校园的更新改造

西安建筑科技大学华清学院作为教育园区，是产业科技园的重要组成部分。西安建筑科技大学华清学院始建于 2002 年 12 月，由我国著名建筑设计大师刘克成教授主持园区的建设规划及重点工程设计。在合理利用陕西钢铁厂原有旧工业建筑资源的基础上，对原有建筑物进行了大胆新颖的设计，部分保持了原有风貌，凸显了旧厂房由兴盛到破败、由衰亡到重生的历史演变，体现出了对人文、历史、环境的深刻反思，营造了浓郁的产业文化氛围。其主要功能分区变化如图 20.7、图 20.8 所示。

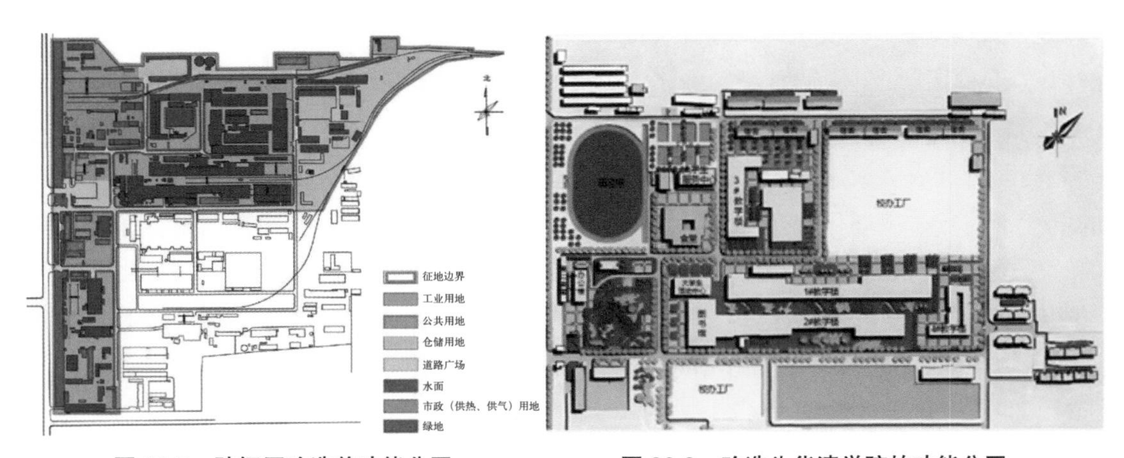

图 20.7　陕钢厂改造前功能分区

图 20.8　改造为华清学院的功能分区

整个教学园区占地面积约四百亩，由教学楼、学生宿舍、体育场、大学生活动中心、学生食堂、风雨操场、图书馆、健身房、报告厅、洗浴中心、校医院等十余栋单体建筑组成，其中再利用项目主要包括一、二号教学楼，风雨操场，大学生活动中心等（表 20.2）。

西安建筑科技大学华清学院重点项目概况表 表 20.2

项目名称	再利用前功能	始建时间	再利用后功能	建筑面积 /m^2	开工时间	竣工时间	技术途径
一号教学楼	一号轧钢车间	1960	教学楼	11091	2003.4	2004.3	钢筋混凝土框架加层
二号教学楼	二号轧钢车间	1978	教学楼	14440	2003.4	2003.12	钢筋混凝土框架加层
风雨操场	三号轧钢车间	1978	教学、试验、多媒体教室	3255	2004.6	2004.10	装修为主
图书馆	一号轧钢车间	1960	教学场所	5904	2004.4	2004.10	钢结构框架加层
大学生活动中心	二号轧钢车间料厂	1980	学生活动	1213	2004.7	2004.8	水磨石地面

(1) 规划设计

根据所在地的区位优势，结合西安市的总体规划，西安建筑科技大学华清学院的规划设计按照整体功能协调的原则，对旧工业建筑进行了合理改造利用，同时保留了原来的路网和大量的原生树木、植被，利用原构件或设备形成了独特的工业景观。校园内主要的建筑物都是在原陕西钢铁厂的旧工业建筑的基础上进行局部改造或扩建完成的，不需要办理立项手续，由学校根据自己的实际情况，在可行性研究的基础上进行决策。其整体规划解析如表 20.3 所示。

华清学院整体规划解析 表 20.3

名称	规划内容
区位优势	原陕西钢铁厂地处西安市二、三环间，东郊幸福南路西侧，周边聚集了多家大型企业。园区区位优势良好，是西安市未来发展的重点地段。根据西安市城市总体规划的要求，加强二环沿线的基础设施建设，规划大片的住宅区和大型公用建筑。政策涉及园区周边的多个大型项目，为园区的建设提供了良好的外部环境和发展契机
教学园区功能区划	原陕西钢铁厂在生产经营模式上经历了一体化到部分相对独立、到分公司承包、再到分公司独立运营的过程。这种生产经营模式的转变在生产线流程的变化和工业建筑的分布格局上有着充分的体现。在陕西钢铁厂原功能分区的基础上，结合教育办学所需的基本功能，将校区划分为教学区、运动区、综合服务区和住宿区。根据原建筑物特点和学校学生的使用要求，将建筑体量大的一、二轧钢车间所在区域规划为教学区；将原煤场所在区域改造为运动区；对于体量适中，造型独特的原煤气发生站片区规划为综合服务区；对简易建筑较多的原铁路专运线及东部仓储区进行整改，变为住宿区。这样的规划有效地契合了学生住宿、教学、运动等动静结合分区的规划思想
路网设计	原厂区内道路宽敞且具有较大的回转半径，有足够的承载能力。主干道保存完好，道路质量较高，路两侧植有高大行道树。改造中充分利用原厂区的优良道路，对主干道进行了维护，并根据功能分区设置了多条辅道。同时对园内所有的成林树木保留修剪，进行测量定位编号，并在校园建设中尽量减少对树木的破坏，对确实需要避让的树木重新选址移栽
环境改造	原厂在经历经营模式转变的过程中出现了各车间相对独立经营时期，产生了大量简易、临时的小型建筑。原陕西钢铁厂的东方红广场改为入厂广场，在多年的发展和使用过程中也聚集了大量的简易建筑物，如车库、简易车间、小型仓库等。在改造整体规划时，为了满足校园景观设计和场地规划，拆除了大量小型建筑物

在改造利用过程中，西安建筑科技大学华清学院将旧的小型建筑物拆除，对原场地进行重整绿化，建成了环境优美的校园绿荫广场。原厂东方红广场改造前后如图 20.9 所示。

(a) 东方红广场旧貌

(b) 改造后的园区入口广场

图 20.9　东方红广场改造前后对比图

陕西钢铁厂保留的一些构筑物，包括烟囱、水塔、储料池等，在华清学院的景观规划中被巧妙地加以利用，将原本废弃的设备、设施重塑变成独具特色的景观和彰显个性的元素（图 20.10 ～ 图 20.12）。

图 20.10　露天牛腿柱

图 20.11　大型排风机

图 20.12　轧机齿轮

(2) 安全检测

为保证在校师生的生命安全，西安建筑科技大学华清学院在建设和使用的过程中制定了严格的房屋安全管理条例，形成了一套完整的安全管理体系，来确保教学设施的使用安全。设计之初，也建立了严密的分级安全检测制度，以保证结构安全（图 20.13）。

(3) 单体改造

在建设过程中，西安建筑科技大学华清学院的一、二号教学楼、学生餐厅、图书馆、大学生活动中心等都是经旧工业建筑再利用而重获新生，其中蕴含着值得借鉴的优秀设计手法。

①一、二号教学楼

西安建筑科技大学华清学院的一、二号教学楼，是由原陕西钢铁厂第一、第二轧钢

车间再利用建成的。其最大亮点在于，尊重原有建筑的空间视觉效果，完整保留了原厂房主体的钢筋混凝土排架结构。原陕西钢铁厂的第一轧钢车间是陕西钢铁厂建厂之初兴建的第一个大型厂房，始建于 1958 年，后期随轧钢工艺的发展，逐步扩建了部分附跨。第一轧钢车间见证了新中国成立之初，我国钢铁工业建设发展的历史，承载着三代陕钢人奋发图强、奉献青春的优秀文化底蕴。

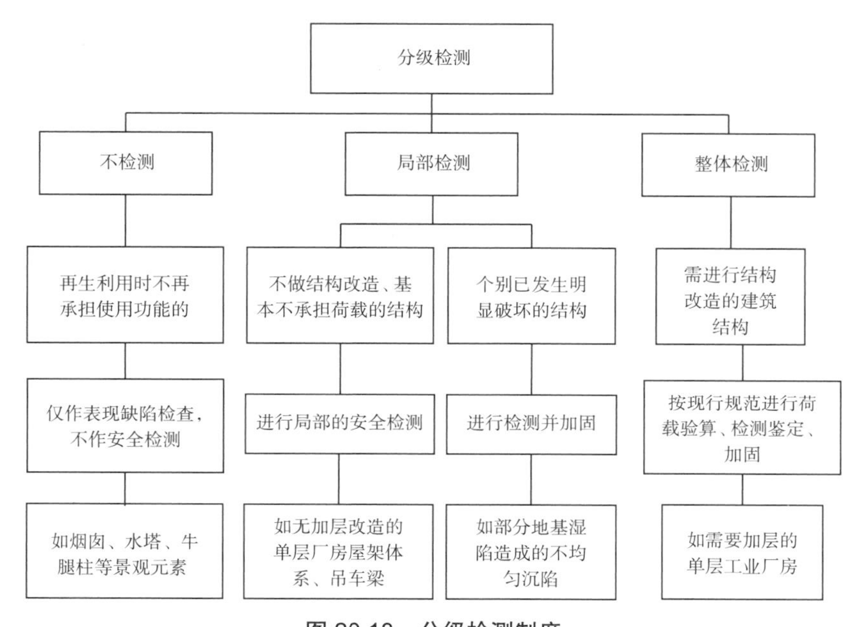

图 20.13　分级检测制度

再生利用将尊重原建筑本体，以延续和宣扬历史文化作为设计首要原则。设计建造中保留了原厂房几乎所有的承重构件，外观立面以轻质墙材或橘红明框幕墙加以装饰，以轻质明快和鲜艳火热焕发旧工业厂房的青春与活力。同时，规则、严谨的线条与原厂房粗犷、井然的建筑构件相匹配，教室严谨与庄重的氛围得到了体现（图 20.14）。

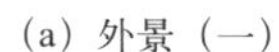
(a) 外景（一）

(b) 外景（二）

图 20.14　华清学院一、二号教学楼

以原陕西钢铁厂的两个轧钢车间为物质基础，通过室内空间加层形成的一、二号教学楼，长度超过了300m，建筑面积32000m²，教室120余间，可同时容纳近7000名学生上课（图20.15）。

(a) 内景（一）

(b) 内景（二）

图20.15　轧钢车间改造的教室实景

轧钢车间再生重构的教室空间宽敞明亮，整齐规则的建筑构件向学生传达了庄重、严谨、有序的治学理念，新功能与形式得到了高度的统一。经过朴素整修的原厂房的牛腿柱、吊车梁、屋架、槽形屋面板等构件默默诉说着昔日工厂的辉煌与宏伟。以建筑类专业而闻名的西安建筑科技大学，不仅通过旧工业厂房再利用较好地解决了华清学院教学场所的问题，更是通过再生利用获得了生动完整的工业建筑实物模型，为其建筑类相关学科提供了现场教学的最佳物质基础，不得不说是陕西钢铁厂再生利用的一大意外收获。

②学生餐厅

西安建筑科技大学华清学院学生餐厅是利用原陕西钢铁厂煤气发生站的一栋三层厂房和一栋单层厂房再利用而成。两单体建筑采用回廊闭合连接，闭合而成的中庭部位通高，屋顶用球形网架支撑钢化玻璃采光，形成采光屋顶。餐厅一、二号楼间除按防火要求设置疏散楼梯外，还在宽敞的中庭设自动扶梯解决人流交通。餐厅建筑主入口立面采用内倾明框玻璃幕墙增大采光面积。整个建筑现代、时尚，室内就餐环境宽敞、明亮，交通流线简洁、适用（图20.16）。

③图书馆和大学生活动中心

图书馆是利用一号轧钢车间西侧的原厂房经框架加层改造而成（图20.17、图20.18）。其中中文书库大厅系原规划的校博物馆变更为书库使用，因而未做加层。西安建筑科技大学华清学院大学生活动中心是由原二号轧钢车间料厂这一单层厂房改造而成（图20.19）。建筑内部空间基本未作调整，仅在厂房内一侧增设了表演舞台，对室内墙面与屋顶的装饰改造以满足隔音吸声和舞台灯光要求为目的。

（a）餐厅外景

（b）餐厅内部新增设施

（c）保留的屋盖系统保证采光

图 20.16　学生餐厅

图 20.17　图书馆外立面

图 20.18　图书馆内景

图 20.19　活动中心外立面

改造完成后，结合使用需求的变化和校园发展的需要，西安建筑科技大学华清学院还在不断地改造完善。伴随着建筑的更新改造和新建建筑的植入，校区现状如图 20.20 所示。

图 20.20　西安建筑科技大学华清学院

20.2.2　面向创意园区的整体更新

1）改造历程

西安建大科教产业有限责任公司收购陕西钢铁厂初期，考虑到对土地、厂房、设备及人力资源的合理利用，在产业园东北方向保留了面积约50亩的厂区继续生产。厂区在校园的包裹中，随着时间发展，愈发显得格格不入。考虑到校舍数量已满足使用需求、相对封闭的空间不利于其他业态发展等因素，同时，参考北京798、上海红坊、8号桥等成功的旧工业建筑改造为创意园区的案例，2012年，在新城区政府的牵头下，西安建大华清科教产业集团与西安世界之窗产业园投资管理有限公司共同开发，将其改造为老钢厂设计创意产业园。

改造伊始，园区存有9栋比较完整的大厂房，以及一些质量较差的临时建筑和大量的工业构架。园区整体绿化环境较好，遗留有大量的老树木。结合园区特点，将园区定位为以城市再生和设计产业发展为特色的主题性、复合型文化设计产业园，将园区打造成为西安乃至西北地区标杆性的主题产业园。厂区内的各栋厂房体量、空间、结构形式都各有特点，多为20世纪50—60年代修建，建筑形态深受当时苏联式建筑风格影响，再生利用时大部分都进行了保留。在不改变原有结构体系的前提下，对空间进行梳理和新功能定义，保留了建筑无法复制的历史语境，使其获得重生。一部分年代较近、特征模糊、空间弹性低的建筑拟定拆除，使基地空间得以释放。拆除建筑多出来的空间，部分拿来作为室外空间进行总体环境的布置，部分用来加建辅助及设备用房，使园区整体环境得到提升。再依靠功能的转换和主题的变更，使老旧的工业厂房转变为设计产业园区。利用保留建筑及原有工业构件改造处理，重新塑造出了场所的记忆感。再用园林的空间处理手法，把建筑和环境完美结合，从而塑造出丰富的室外空间。

厂房改造面积达到39857.9m^2，其中，包括20497.9m^2的办公面积，4177.8m^2的商业面积，以及11602.1m^2的商业配套；新建综合大楼1620m^2，园区服务管理大楼750m^2。旧工业建筑再利用面积比例达到总建筑面积的94.39%。

除了对原建筑最大限度地保留外，创意园开发决策过程中也强调了厂区原有良好道路的再利用，通过对主干道的维护与辅道的加设，最大程度地利用原有道路。与此同时，改造过程中对原有植物也进行了保留，最大程度减小对植被及植株的破坏，对必须移除的树木选择选址移栽的方式进行处理。

产业园西侧和南侧与现校园道路相邻，东侧为规划城市道路，现为校园内道路。改造时在入口处设置广场，一方面可以作为入口处的景观节点，另一方面方便人流疏散。北侧增加车辆入口，增强园区的可达性。园区内步行空间各有特点且主题鲜明，空间尺度适宜。

根据收集的相关资料，综合分析园区改造模式、地理位置、交通流线、建筑空间以及相关资源后确定，创意园区化的改造模式的决策是正确可行的。原厂区改造为创意产业园区的态势分析如表 20.4 所示。

基于调研的陕西钢铁厂改造 SWOT 分析　　表 20.4

	S （Strengths 优势）	W （Weaknesses 劣势）	O （Opportunities 机会）	T （Threats 威胁）	相关图片
定位	以工业遗存再生和设计产业发展为特色的主题性、复合型文化设计产业园，将园区打造成为西安乃至西北标杆性的主题产业园，符合地区规划和市场需求	园区位于西安建筑科技大学华清学院校内，前期的招商引资及后期再开发存在一定的空间限制，同时周边产业园区氛围较淡、不属于成熟的创意产业区	政府新的规划结合相应的扶持政策，可以吸引商户、带动产业发展	能否充分利用工业建筑的物质及非物质资源	
区位	项目周边 3km 范围内人口近 20 万。东二环立丰、经二路茶城、东高新开发区及本项目已然形成一个新的集合商圈和复合产业带	位于西安建筑科技大学华清学院校内，偏离主干道，属于相对封闭的空间	校园内具备安静、绿色的办公环境和便捷的户外运动场地；路网规划后的主干道路直通园区	道路规划实现和配套设施完善前，能否产生预期的社会影响与经济效益	
交通	项目周边十余条公交线路环绕，地铁站近在咫尺，紧邻西安市二环、三环和东西向主干道咸宁路	园区主出入口紧邻的幸福路目前为单行道，通行能力较差；公交站点间距较大	幸福路正进行整体改造，在扩宽道路的同时，调整增加公交线路与站点	路改工作完成前，能否产生预期的社会影响与经济效益	
建筑空间	厂房建筑结构坚固、内部空间体量大，易于分隔，方便改造使用	单层厂房层高过大，浪费空间的同时亦影响保温效果，需要加层使用	空旷的内部空间为艺术家在建筑分隔再设计上提供了足够的空间，便于衍生各色的建筑风格	工业化明显的建筑风格有可能制约其他建筑风格的形成	
资源	依托西安建大科教产业园相关配套基础设施，道路水电、地下车位可以共享；校园内自然景观和工业景观完备；充足的绿地率、较低的容积率保证使用的舒适度	周边缺少其他较成熟的创意园区，商业配套亟待完善，创意园区集聚效应不佳	随着周边发展，相关配套会得到进一步完善	合理认识既有工业资源，充分利用既有材料同时，不过分强调原建筑风格，避免相关造价的提高	

2）改造效果

老钢厂设计创意园区的改造价值主要体现在经济价值、社会价值、环境价值三个方面。

（1）经济价值

老钢厂作为西安市首家设计创意产业园，充分利用原厂房特点进行改造再利用，集 LOFT 创意办公空间和花园式生态办公环境为一体。产业园的开发分营销样板工程、一期、二期三部分进行。总占地面积达 50 亩，改造后总建筑面积约为 4 万 m^2。园区计划于2015年全面开放，预计造价1.2亿元。通过设计将原陕西钢铁厂厂房改造成集时尚商务会展、LOFT创意办公、企业孵化中心、产业信息交流、人才培训、企业服务、创意集市和工业景观为一体的西安首座以“设计创意”为主题的城市主题产业园。建成后年创造经济效益可超10亿元。

（2）社会价值

老钢厂产业园建成后可容纳企业约100家，员工3000名。园区内经常举办各种高水平的艺术展览，对于校园内学生综合素质的提高大有裨益；园区内丰富的业态也为学生课余参观实习提供了切实可行的机会。此外，在为社会提供用人机会的同时，利用创意产业的灵活性，可以带动周边经济发展。同时，园区特殊的地段位置和相对优惠的租金，既方便了学校师生的生活需要，也为大学生自主创业提供了便利，“校园内的设计培训”“学姐的店”等成为实际而又吸引人的商业卖点。

（3）环境价值

改造过程中对既有路网和植物进行保留，对遗留的工业设备以及部分构件进行改造，作为工业景观进行留存。在园区的入口和中心区域充分利用原有基地环境，再加以重新整理改造，借用园林的手法组织出了丰富的室外环境。园区为入驻企业打造“低密度、多层次、生态化”的独栋别墅花园式生态办公环境以及LOFT创意办公空间，不仅可以树立良好的企业形象，还可以营造出传统意义上的写字楼所无法企及的舒适、轻松、愉快、人文化的办公环境（图20.21）。

（a）园区景观改造效果图

（b）商户实际使用环境

图20.21　园区内绿意盎然的使用环境

老钢厂的设计本质是营造艺术、低碳、环保、生态、健康、舒适的办公环境。通过建筑材质，形成各种造型，对建筑局部进行修饰，特别是对入口、屋檐、脚线及建筑主体的裸露部分进行修饰，形成视觉反差和冲击。通过呼吸式天窗，改变人工环境，产生对流空气，有利于通风换气，从而创造一种天然园林式的办公环境。它改变了以往纯封闭式写字楼依靠机械、人工的通风方式，在室内布置各类绿植、接引阳光及室外湿度适宜的新鲜空气，营造出一种全新的室内全生态办公环境，处处细节皆彰显着以人为本、亲近自然的建筑设计理念。

老钢厂设计创意产业园的改造，符合规划要求和周边商业需求。采用修旧如旧、新旧结合的多重手段对建筑进行修正。在充分利用既有建筑的基础上，结合园区特点，融入了绿色特色和校园文化。改造过程充分利用厂区的道路管网、工业遗留、绿化植被，在最大化降低改造成本，实现建设低碳化的同时，增强了项目独有的建筑特色。

园区内上下游企业集聚，减少原料获取的时间成本、运输成本。同时，集群内企业高协作效率、分工细化，显著提高了企业办公效率。虽身处校园之中，环境略显封闭，但是高校的人才及科研平台为入园企业提供了充足廉价的人才资源、科研条件和推广渠道，吸引了一批专属的目标客户群。灵活的建筑分隔便于企业与客户、企业与企业之间的互动交流，极大促进了各自的创新发展。

20.2.3　面向房地产的推倒重建

按照拍卖政策中的规定，西安建大科教产业有限责任公司启动了对剩余土地的房地产开发项目，根据规划，将缺乏再利用价值的厂房拆除，开发为“华清学府城”（图 20.22）。

华清学府城总占地面积为 586 亩，总规划建筑面积达 1354670m^2。项目共 59 栋楼，其中商业楼宇 3 栋，高层楼宇 14 栋。小区内建有面积分别为 4500m^2 和 8000m^2 的配套幼儿园及小学，以及建筑面积达 5000m^2 的大型会所，同时，沿街商业等可满足业主多方位生活需求。周边生活配套完善成熟，学校、商业、娱乐、餐饮、医疗、金融、通信等等一应俱全（华清学府城区位图如图 20.23 所示）。优越的地理位置结合西安建筑科技大学优质而浓郁的学区氛围，华清学府城开盘之初就打出“一城书香半城林”的文案，成为西安市一个抢眼又抢手的楼盘。

图 20.22　华清学府城正门

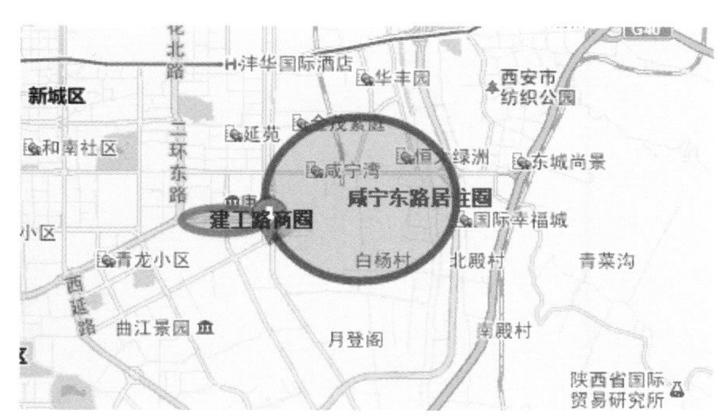

图 20.23　华清学府城区位分析图

20.2.4　老钢厂整体改造项目综合效益分析

综合各改造项目的运营情况来看，原陕西钢铁厂的改造无疑是成功的。从该案例出发可以看出，综合性的改造的优势可以体现在以下三个方面：①充分利用原有土地；②各改造项目相互依托，互成配套，形成完整作业区，提高内需，消化一定的内部资源（图 20.24）；③形成丰富的建筑景观，平衡建筑高度，保证建筑采光。总之，综合性改造是一种值得推广的旧工业建筑改造模式。

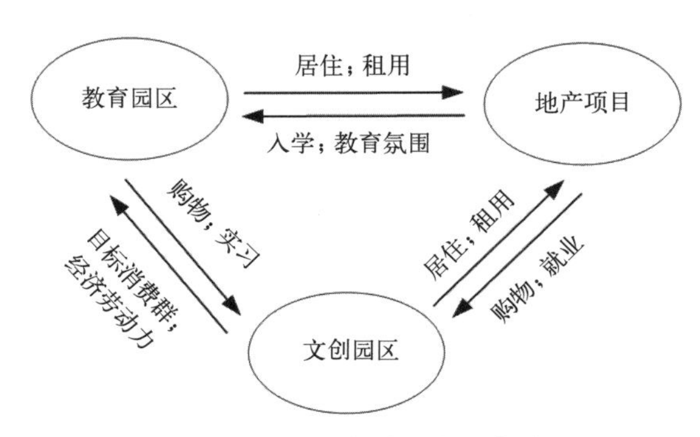

图 20.24　综合开发模式中业态关系

20.3　西安市旧工业建筑再生利用展望

1）西安市旧工业建筑再利用现状分析

西安市作为一个以军事工业为基础发展起来的城市，重工业比重大，且以大体量的重工业建筑群居多。随着城市产业结构调整，产生了大量需要进行功能置换且面积广阔的工业区。这一类建筑往往具备以下特点：①历史悠久，作为西安市工业发展进程的物质载体，是研究学习、继承发展、参观体验的可靠平台，具有独一无二的历史价值。针对这一点，前文所述三个大型改造项目都设立专门的平台进行工业及改造历史的展示，如大华·1935 的大华博物馆，就是一个展示大华纱厂从 1934 年筹建之初到改建为创意园区的点滴历程，结合国内大事记，栩栩如生地再现历史（图 20.25）。②具备苏联式建筑的独特风貌，从艺术角度上具备一定的建筑美学价值（图 20.26）。③建筑主要受力结构安全可靠，满足使用承载力极限状态的要求，但是围护结构等存在一定的破坏，基本无法满足正常使用的要求，一般都需要经加固、装修后使用。④以重工业厂房为主，建筑体量大，直接简单再利用可能造成空间浪费、容积率过低、使用舒适度不足等问题，一般都通过加层的方式充分利用空间（图 20.27、图 20.28）。⑤涉及人员多，西安市大型厂区的在册职工一般都超过千名。例如，大华纱厂 2008 年破产时，待岗职工人数为 1147 名；陕西钢铁厂 1999 年破产时，涉及在册员工达 7000 人。原企业的没落往往牵扯到员工的安置问题，为保证社会稳定，原厂职工的合理再分配也是在项目改造过程中亟待解决的重要问题。

针对旧工业建筑的再利用，西安市的改造项目还不多，目前主要包括文中提及的三个大型改造案例。其中，除了陕西钢铁厂的综合改造起步较早，已获得显著成效外，其他的两个改造项目也获得了不错的综合效益和社评口碑，前景乐观。

图 20.25　大华博物馆内对工业历史的再演绎

图 20.26　苏联式工业建筑

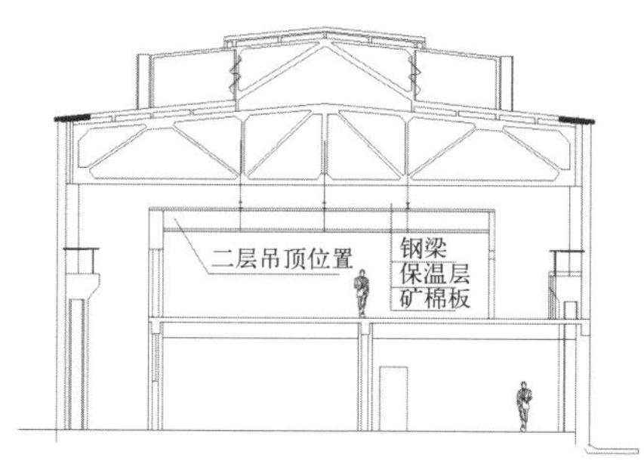

图 20.27　改造加层结构示意图

图 20.28　华清学院内加层改造实景

2）西安市旧工业建筑再利用前景分析

西安市工业布局调整起步较晚，从宏观上可以合理规划，有序开展旧工业区的更新工作；微观上可以借鉴其他城市的成功项目，避免盲目的开发再利用。目前，西安市内，仍存在部分闲置和经营状况不佳即将面临闲置的工业建筑。西安市作为一个发展中的二线城市，随着城市调整更新不断加速，其旧工业建筑的处理问题将愈发显著，提前做好相关规划势在必行。同时，西安市作为西北地区旧工业建筑改造的首发城市，其改造项目的改造手段、改造效果会极大程度地影响该地区其他城市旧工业建筑的处理问题。可见，西安市旧工业建筑的保护与再生，虽成果喜人，但任重道远。具体来讲，西安市可从以下两方面开展工作：

（1）完善相关法制建设

西安市旧工业建筑再生利用起步较晚，相关政策并不明晰。在一般的建设项目实施流程规定下，受国家对新兴产业的鼓励政策影响，目前西安市旧工业建筑再利用时通常可以享受两个优惠政策。一是项目建设前期，可以略去开发报建一项，加快工程进度，节约工期，降低造价；二是改造为创意产业园的项目，可以享受国家在税率方面的优惠政策，进而使园区入驻率提高。然而，报建上的简化却存在一定的弊端：项目的开展不经审核批准而由业主自行决定，则不需要签订土地使用权出让合同变更协议或者重新签订土地使用权出让合同，因而不需要补交土地使用权出让金，使得土地使用权出让金白白流失；而擅自改变使用用途的行为，使城市规划失去了严肃性和权威性，阻碍城市有序发展。

此外，这两点利好因素并不能为旧工业建筑改造提供十足的动力和有效的指导，相对于北京、上海、广州这些旧工业建筑改造工作启动较早的城市，西安市缺乏完整的政策机制去鼓励、引导改造工作的顺利开展。“无规矩不成方圆”，为促进西安市历史名城内涵的保留和积淀，从规划着手，着眼于前期策划到开发审批到建设施工到项目运营的全寿命阶段，政府需结合西安市自身特点，建立适用、健全、有效的相关制度，指导旧工业建筑的改造与再利用（图 20.29）。

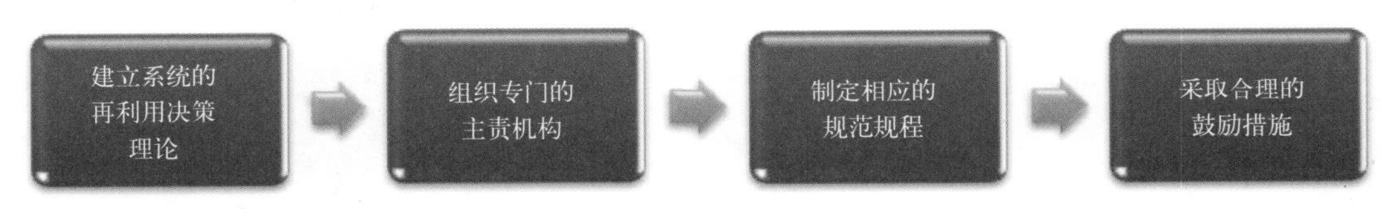

图 20.29　旧工业建筑再生利用法制体系

（2）丰富改造项目与改造模式

随着工业结构调整进程的加速，西安市内的工业建筑遗存数量将会有进一步的增长。与此同时，受市内目前几个成功改造案例的影响，以再生利用进行处理旧工业建筑的方式已得到民众和商家的接受与认可，必将得到进一步的推广，项目数量和改造模式也会得到进一步的丰富，告别由于改造项目数量上的单薄造成改造模式贫乏的瓶颈。例如大华·1935 的大华博物馆，占地面积为 4100m^2，而无锡中国民族工商业博物馆占地面积达到 12123m^2，展览面积达到 7300 余 m^2，为无锡市工商业发展历程的提供了充分的展示平台。参考其他城市的成功改造模式，西安市未来可以考虑建立专业的大型博物馆以展示西安市工业文明的进程，也可以考虑将工业建筑遗迹改造成公园绿地、城市广场、特色主题酒店等作为地标建筑。在西安市旧工业建筑再利用的道路上，其改造模式必将得到丰富和发展。

第 21 章　成都市旧工业建筑的再生利用

21.1　成都市旧工业建筑再生利用概况

21.1.1　历史沿革

成都，四川省会，地处我国西南地区、成都平原腹地，境内景色秀丽、物产丰富、农业发达，自古就有“天府之国”的美誉。成都市拥有丰富的历史遗迹及深厚的文化积淀，公元前 5 世纪中叶左右，古蜀国便在此构筑城池，后三国时期刘备在此建都，称蜀汉之都。唐宋时期，成都经济发达，文化繁荣，农业、手工业昌盛，成为全国数一数二的大城市。

新中国成立后，乘着国内工业发展的东风，成都东郊地区先后建立起一批工业园区。近年来，伴随着产业结构的调整，部分工业园区已被陆续拆除或改造。

成都东郊工业区主要分布于成华、锦江两区，按片区划分为八里庄片区、建设路片区和双桥子片区。上百家不同规模的工业企业坐落在此，共占地约 16.5km^2。

根据企业的污染状况和发展前景，东郊的工业企业主要被分成三类：一类是高能耗、高污染、运输量大、土地利用率低的企业；一类是因严重亏损、资不抵债致发展前景无望的企业；还有一类是经过调整、改造可以在城市中发展的企业。据此，成都市确定了“搞好东郊工业结构的调整，原则是前提，规划是先导，政策是动力，统一指挥是保障，最终达到完善城市功能和提高城市形象的目的。就地发展一批、搬迁改造一批、淘汰退出一批”的企业结构调整总体思路。

成都市提出，调整要辅以对东郊境内沙河的整治，带动土地全面升值；利用东郊与成都各区县土地的级差地租，对企业实行“腾笼换鸟”“退二进三”等政策，通过招商引资、联合重组、制度创新和技术改造，实现搬迁企业的发展壮大；对企业搬迁后的土地进行综合整治和开发，改善东郊城市功能，大力发展服务业，提升城市形象。通过结构调整，实现东郊工业的优胜劣汰和产业升级，优化全市的工业布局，发展出一批具有市场竞争力的产品，一批具有核心竞争力、多元化产权及现代企业制度的企业或企业集团。调整后的东郊则将由老工业区转变为功能完善的城市副中心。

21.1.2　现状概括

近年来，通过产业结构的调整，成都东郊工业区重获新生。在“腾笼换鸟”“退二进三”等政策的引领下，东郊工业区由一个传统重工业区逐步演变为现代化新城区。成华区是此次产业结构调整的重点地区，同时也是结构调整的最大受益者。此外，成都城区周边的龙泉驿、青白江等区县也成为此次结构调整的直接受益者，这些区县近年建立的各类工业园区和工业基地，经过前期的开发建设，大多具备了工业企业入驻的良好条件。

对东郊工业区进行结构调整的过程虽然也采用了盛行的“经营城市”方式，利用政府的控制力对土地资源进行运作，但它值得称道的地方在于，不是盲目圈地、扩张，而是对已具备建设现代城市条件的老工业区进行功能再造，同时带动城郊地区实现工业化和城市化。对正在致力于“实现工业新跨越”和“加快城市化”的成都来说，东郊工业区结构调整已成为这座城市最大的亮点之一。现有经典改造项目如表 21.1 所示。

成都现有经典改造项目汇总　　　　表 21.1

编号	原名称	现名称	始建 / 改建时间	结构类型	照片
1	成都军区印刷厂	红星路 35 号	20 世纪 80 年代 /2007	钢筋混凝土框架结构	
2	成都红光电子管厂	东郊记忆	1950/2010	钢筋混凝土排架结构、砖混结构	
3	成都宏明电子厂	成都工业文明博物馆	1958/2005	钢筋混凝土排架结构	
4	成都市医药集团仓库	成都 U37 创意仓库	20 世纪 60 年代 /2012	砖混结构	

21.1.3　再生策略与模式

目前，成都正处于创意产业高速发展的时期，同时也面临着旧工业建筑被大规模拆除的现状。在工业企业“东调”过程中，涉及的工业建筑总量庞大、种类繁多，并且有相当一部分旧工业建筑具有多种复合价值，但同时又处于陈旧、过时、与现代需求不相适应的矛盾状态，以致大部分旧工业建筑被夷为平地，重新开发。这样不仅造成了巨大的资源浪费，而且人为地割断了城市的历史文脉。

2009 年颁布实施的《成都市文化创意产业发展规划（2009—2012)》（成办发〔2009〕64 号）明确了成都文化创意产业的发展目标和重点扶持的产业，预告了成都的创意产业将走向高速发展的轨道。创意产业具有规模小、主题明确、需要相互支撑等特点，决定了创意产业个体间需要在地理位置上紧密联系。因此，创意产业园的单体空间和区域范围要有一定的规模，以利于创意产业的聚集，旧工业建筑无疑能够满足创意产业发展所需的基本建筑空间特征。

将旧工业建筑改造成为创意产业园，既为创意产业的发展提供了载体，同时又为保护旧工业建筑带来了契机，对所在地区的复兴、整体价值的提高、区域活力的增加都有着非常重要的意义。成都东郊工业区改造具体模式和策略如下：

（1）改造政策

2001 年 8 月，成都市委、市政府开始进行东郊工业用地结构调整的计划。政府的城市规划决策可以用八个字来概括："退二进三""腾笼换鸟"。所谓"退二进三"即鼓励濒临破产的中小型国有企业由第二产业转向第三产业，将成都东郊的旧工业区改造为未来的居住区、商业区，加快经济结构调整。对规划区内企业实行"腾笼换鸟"政策，是城市发展格局的破立，以"动迁一片、盘活一片、城市景观改善一片"为目标，实施东郊工业区结构调整。

（2）东调的总体思路

利用已形成的土地、沙河整治，进一步形成的东郊土地与区县开发区土地之间的级差地租，对企业实施搬迁改造，通过招商引资、联合重组、体制创新、技术改造、机制创新、产业产品结构调整，实现搬迁企业的发展壮大。在调整中进行"东郊工业区结构调整规划"和"沙河整治规划"，并且将一环路以外，南至府南河，东至沙河，北起解放北路，沿驰马桥路经八里庄、二仙桥接牛龙路至沙河口定为重点调整区域，总用地约 2734.25hm^2。

21.2　成都市旧工业建筑再生利用项目

21.2.1　成都工业文明博物馆

（1）项目概况

成都工业文明博物馆位于成都东郊建设南路，是成都市政府投资建设的公益性博物馆。该博物馆于 2005 年底对外开放，属沙河综合整治八大景点的"麻石烟云"景区的内容，是西南首座集工业文明历史展示和文化产业为一体，并由旧厂房改造而成的主题公园式新型博物馆（图 21.1）。

成都工业文明展览馆所在的东郊是成都工业的发源地，曾为成都经济社会发展作出了重要贡献在东郊建立工业文明博物馆，正是对东郊工业昔日辉煌的延续。成都工业文明博物馆分为室内展区、室外展区和创意产业园区。构成主体的车间属于不可移动的工业遗产，其中被收集并保留起来的车床、机床等设施都在可移动工业遗产的范畴内（图 21.2）。

另外，博物馆还再现了当时工业生产的实际情况，例如职工的生活、娱乐及生产竞赛等。

图 21.1　成都工业文明博物馆

(a) 废弃火车头

(b) 改造后的工业厂房

图 21.2　成都工业文明博物馆展示

(2) 改造历程

工业文明博物馆的改造并非一个全新项目，而是对场地中现有几座废置工业厂房的再生利用。改造中秉持可持续发展的先进理念，尊重历史文化，记录东郊工业区的发展历程。同时，将治理沙河的生态理念注入建筑，使建筑与人、建筑与环境有更充分的交流，让建筑为沙河增辉，突出“工业文明展示”的主题，以“馆”为中心，盘活所有功能空间。

(3) 改造效果

改造后，现有的工业厂房化整为零，被分解为工业文明展示馆、创意园区及室内外生态空间三个部分。首先，工业遗产的保护及改造契合该地区的总体规划以及经济发展政策；其次，新用途与原有功能相呼应，在激发公众对工业遗产的兴趣并获得反响的同时，起到诠释和传承老工业区的作用，使东郊旧工业区成为有代表性的工业技术博物馆及保护工业遗产的先驱。但是，成都工业文明博物馆附近的大量工业建筑已被拆除，使得博物馆因缺乏实际参照物而略显单调与突兀，导致博物馆缺乏“工业场所感”。参观者环视周围，并不能马上感受到“工业氛围”，在某种程度上削弱了其记载历史的作用[77]。

21.2.2　红星路 35 号

（1）项目概况

“红星路 35 号”始建于 20 世纪 80 年代，位于四川省成都市锦江区红星路一段 35 号，前身为成都军区印刷厂（中国人民解放军 7234 工厂）。厂区内的三栋楼呈半围合式布局，西、南面 1、2 号楼分别为 9 层和 8 层，与北面 3 层的 3 号楼共同组成半开放式围合结构。建筑南面新建户外空间作为主要入口和开放广场，整个建筑外立面天际线高低错落，三栋楼体由类似于“天桥”的廊道相互连接。

（2）改造历程

成都军区印刷厂（中国人民解放军第 7234 工厂）始建于 1939 年，并于 1955 年由重庆迁至成都，2007 年又搬迁至郫县生产经营（一方面市政规划要求厂区搬迁，另一方面企业从减少运营成本和自身发展考虑，最终决定搬离市区）。而后，原印刷厂厂房经过一番改造和修葺，成为中国西部首个文化创意产业园——“红星路 35 号”（改造前后对比如图 21.3 所示）。

（a）改造前

（b）改造后

图 21.3　“红星路 35 号”改造前后对比

（3）改造效果

“红星路 35 号”的建筑更新理念与成都休闲温馨的气质相呼应，在开发“红星路 35 号”的过程中，保留了原印刷厂的基本结构，对建筑外立面进行改造（图 21.4）。整个建筑天际线高低错落，一个个原始形状为三角形的“小房子”经过 90°、180°、270°旋转重构组合后，形成了特殊、具有指向性的建筑符号 [78]。

“红星路 35 号”的改造主要基于单体建筑，加上整个园区占地面积较小，使其缺乏足够的空间进行绿化景观营造；再者，从创意阶层的需求出发，园区功能的多样性还不够完善，户外公共休闲娱乐空间不足，缺乏相应活动设施；就内部空间划分及功能布局而言，园区更像是半封闭式办公空间的集合，离严格意义上的创意园区还有一定距离。

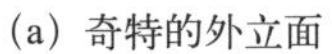
(a) 奇特的外立面

(b) 加装户外电梯

图 21.4　外立面改造

21.2.3　东郊记忆

(1) 项目概况

"东郊记忆"位于成都市成华区建设南支路 4 号，由成都红光电子管厂改建而成(图 21.5)，是成都"东郊工业区"东调后唯一保留完整的老工业片区。

"东郊记忆"于 2009 年开始改造，2011 年 7 月主体改造初步完工，9 月 29 日正式开园。项目改造过程中保留了原有的工业建筑特色。在改造过程中，将老工厂废旧厂房改造为影院和剧场；巨大的氢气罐改造为视听空间；屏池炉、加工车间改造为艺术展示厅；烟囱、架空传送带、锅炉等巨大构筑物形成的原料加工区改造为极具特色、各种音乐流派云集的音乐酒吧区（图 21.6)；老旧办公楼被改造为设计酒店；废旧机器零件则设计成雕塑小品[79]。

图 21.5 "东郊记忆"东大门

（a）废旧火车头和车厢改为主题餐厅　　（b）原料加工区改为音乐酒吧区

图 21.6 “东郊记忆”旧工业区改造效果

（2）改造历程

原成都红光电子管厂于 20 世纪 50—90 年代间建造，后成都市进行东郊工业用地结构调整，政府对该厂区土地进行回收，导致该片场地闲置。秉承着保护、传承现代工业文化遗产的理念，结合德国鲁尔区的改造经验和国际旧工业建筑再利用协会拟定的《关于工业遗产的下塔吉尔宪章》，确定了“保留为主、新旧协调、品质至上、创意时尚、注重现实、多样呈现”的改造总则。

（3）改造效果

目前，“东郊记忆”已吸引很多商家入驻，形成了音乐现场演艺、互动体验、常规消费结合的跨界经营模式。园区内，工厂特有的高大桉树和梧桐被保留下来，废旧机床、飞机、罐体、管道等被改造成小艺术品，为东区营造一种兼具怀旧和时尚气息的艺术氛围（图 21.7）。

（a）废旧战斗机　　（b）废旧机床

图 21.7 园区改造后的艺术展览品

然而，“东郊记忆”的改造也有全国绝大多数产业园区改造的通病。其一，大量资金被应用于硬件改造，如现代化设计、厂房改造等；再者，很多园区管理者没有成为投资和管理的主体，进而没能发挥构建产业链、激活产业能量的作用；此外，园区里虽然引入了不少公司，但大都趋于同质化，对产业链的构建鲜有裨益。

21.2.4　成都 U37 创意仓库

（1）项目概况

成都 U37 创意仓库（原成都市医药集团仓库、厂房），位于成都市水碾河南三街 37 号，占地 20 余亩。原厂区的建筑多为 20 世纪 60—80 年代建造，极具鲜明的时代特色，如今保存完好的尚有 10 余栋。自 2012 年起，原有的废弃仓库和厂房开始改建，逐渐形成了一个特色鲜明的创意产业园区（图 21.8）。

（a）U37 园区入口

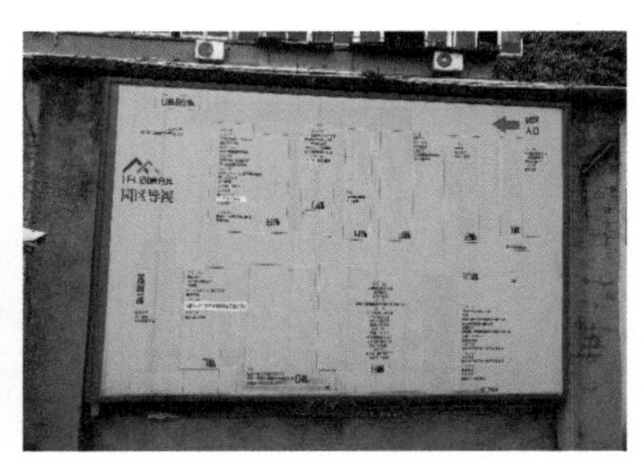

（b）U37 园区一隅

图 21.8　成都 U37 创意仓库

（2）改造历程

追溯至 2011 年，成都市水碾河南三街 37 号还是一小片夹在居民区中的仓库，建筑老旧，环境不佳。半年后便通过旧改摇身一变，成为复古文艺新地标，并更名为“U37 创意仓库”。成都 U37 创意仓库园区内绿树成荫，藤蔓遍布建筑外围，保存完好的 10 栋原仓库也被再生利用为酒吧、餐厅、花店等小商铺（改造后的环境如图 21.9 所示）。

（a）改为小商铺的厂库

（b）翻新的道路

（c）改为花店的厂库　　（d）改造后的厂库外景

图 21.9　旧改后的 U37 创意仓库

（3）改造效果

将仓库完全改造换新的费用极高，甚至超过重新修建。与开发一个新的文创园或商业街区的投入相比，对原有建筑进行改造再利用的成本就低很多，且老仓库、厂房本身的建筑布局、空间形态、外观等正契合当下工业风、复古风的审美倾向，同时也保留了原有仓库的韵味。如今，创业团队对办公空间的需求已经形成新的市场，联合办公产品也随之涌现。而消费市场中，已经有大量商家或品牌在向体验式消费转型，可见 U37 创意仓库在 2012 年的业态组合不仅新颖，还找准了市场的需求。

伴随 U37 创意仓库良好运营状态而来的，是老城区的场地局限带来的诸多不便。例如就停车位来说，园区内仅有 40 个停车位，根本无法满足需求。面对巨大的客流量，还有许多问题亟待解决。

21.3　成都市旧工业建筑再生利用展望

21.3.1　成都市旧工业建筑再生利用现状分析

创意产业作为新兴产业与旧工业建筑结合，为解决城市更新、旧城改造等问题提供了很大的参考价值。目前，成都创意产业园区的建设多借鉴国际和国内领先城市的发展模式，如若生搬硬套，容易造成雷同与缺乏特色等不良后果，失去竞争力。故在建设创意产业园区之前，首先需要做好多方调研，依托地方资源优势，充分挖掘本土文化特色。其次，创意产业园区规划建设应立足长远发展，营造出满足创意阶层生活工作需求的多样性、交互性空间。另外，创意产业园区需要汲取一些失败案例中的经验教训，加强后期运营管理，通过举办展览、论坛、表演等各种创意活动，构建信息交流空间，形成学习和交流知识的网络，促进各创意阶层之间的交流互动，避免创意企业和人才的流失。

（1）以政策为引导。政府“东郊工业区产业结构调整计划”的强力实施是成都东郊工业区改造的核心动力。所谓“三分建设，七分管理”，相关管理部门的规划是龙头，目前我国尤其强调规划的重要性。有历史文化价值的工业区与工业建筑得到了立法保护，《成都市优秀近现代建筑保护规划》的出台更加强化了保护力度。

（2）以经济为基础。成都东郊工业区的建成时间并不久远，大多数旧工业建筑结构主体仍具有较高的强度，改建比新建省去大部分用于建造主体结构所花的资金。旧工业建筑的改造再利用可减少开发商初期投资，原基地内的基础设施也可继续利用。

（3）以可持续发展为目标。城市的更新与发展不仅要考虑如何兴建新建筑，还要考虑如何使现存的旧建筑获得新生。城市可持续性发展和经济政策的主要任务之一，就是给原有的工业和技术设施带来新的生命。相比推倒重建的方式，改造再利用的开发方式可减少大量的建筑垃圾及其对城市环境的污染，同时也减轻施工过程对城市交通、能源的压力，符合可持续发展的要求。合理利用东郊工业区原有建筑与设施，是坚持可持续发展原则的具体体现，也符合我国发展集约型经济的战略原则。在确认旧工业建筑的改造利用价值时，要特别注意，在改造过程中决不能造成新的环境污染，必须考虑生态环境问题。

（4）以文化传承为核心。成都东郊工业区产业建筑遗产拥有丰富的空间形态类型，各个历史时期的产业建筑及其空间特色亦具显著的多样性，特别是建于新中国成立后初期和三线建设时期的旧工业建筑，具有重要的遗产价值和文化意义。要加强对建筑和工业区自身工业文化价值潜力的挖掘，开发东郊的工业文化资源。

（5）以技术为保障。安全性问题：首先应解决结构牢固性问题，再者是建筑防灾、减灾问题，最后是环境安全性问题。节能问题：目前我国建筑能耗约占社会总能耗的一半，因此，建筑节能是我国可持续发展战略的重要环节。节能改造的技术措施应包括屋面、墙身、门窗等部位的改造。

（6）以公众参与为动力。应当公示旧工业区的改造方案，鼓励公众参与旧工业区的改造，多听取公众意见，与公众形成良好的互动关系。许多成都市民对于本街区内遗留的产业建筑有着特殊而强烈的情感，产业建筑遗存能勾起他们作为建设者对于时代发展的感怀。同时，产业建筑作为他们生活的有机组成部分，已经在营造城市氛围和影响他们的行为的过程中起着潜移默化的作用。

21.3.2　成都市旧工业建筑再生利用前景展望

工业遗产不是城市发展的历史包袱，而是宝贵财富。旧工业建筑再利用只有融入经济社会发展及城市建设之中，才能焕发生机和活力，进而才能在新的历史条件下，拓宽自身再利用的道路，使工业遗产得到有效保护，并继续发挥其积极作用。而在成都市旧工业建筑再生利用功能定位与产业规划过程中，应制定双重功能、链条成长的产业业态模式。同时，旧工业建筑焕发生机，需要政府和社会各界的共同关注和努力。具体来讲，成都市可参考以下几个方面开展后续工作：

一是政府要加强对公众的宣传教育，提高全社会保护工业遗产的意识。这是一个非常复杂的社会问题，仅仅依靠建筑学和城市规划专业的研究是远远不够的，政治因素、社会因素、经济因素、社会各界的关注和公众参与往往起到非常关键的作用。对待工业遗产的态度不仅是建筑师或规划师能力的反映，也是一个城市社会价值观的反映。

二是相关管理部门和科研部门要做好成体系的工业遗产普查工作。需要对成都市现存的工业文物进行大盘点，根据所属的历史时期、区位、建筑结构类型等进行分类整理，选择历史文化价值较高，改造潜力较大的项目进行重点保护。

三是尽快完善相关法规，加大保护工业文物的力度。成都市目前已经出台关于旧工业建筑再利用的法规——《成都市历史建筑和历史文化街区保护条例》。对于有困难、无力承担自身遗存保护的企业，政府应加大援助力度，将其交由政府委托成立的独立开发机构，在符合规划要求的前提下进行开发利用，在原工业区开发新项目必须实施保护性开发。在此向建设单位和开发商呼吁，房地产的开发不止铲平重建这一条路可走，特别是旧工业遗址上的开发，应充分考虑原有建筑物和构筑物改造再利用的可能性。如果能找到合理的改造方案，既可节约建造主体结构所耗费的大部分资金，又可缩短开发建设周期，让业主尽快投入使用，从而获得较大利润，具备经济合理性。

合理保护场地内的工业景观，虽然会影响建设单位和开发商的开发面积与近期利润，但是以长远的眼光看，场地内的工业文化资源是一笔不可再生的财富，是楼盘增值的潜在动力，比起单纯提高建筑面积和容积率的做法无疑要明智得多，同时也是开发商社会责任心的体现。对于工业文明的保留和继承，除了政府以外，房地产开发商也是这一过程的重要执行者。虽然部分开发商过去缺少这方面的意识，但从目前城东多个工业结构调整后开发的楼盘来看，旧工业建筑再利用性开发已经展开。

呼吁广大的建筑师和城市规划师，要加强对旧工业建筑改造与再利用理论的研究，学习国内外先进的经验与做法。既往的相关研究与规划设计经验的深度和广度距世界发达国家的已有水平和我国的现实需求尚存在一定距离。只有使相关理论与实践更加完善，将工业遗产的经济、文化、社会和环境价值更清晰地展示在人们面前，才能唤醒大众的保护意识，使更多的旧工业建筑得以重生。

在“平台为王”的时代，产业内容创新同样重要。要在文化产业中，制造更多的可消费内容与娱乐空间，配置比例适当的且消费门槛较低的依附。

第 22 章　重庆市旧工业建筑的再生利用

在经历了多个重要历史发展时期之后，重庆市完成了近代工业的初创与发展、现代工业的奠基与发展这两个过程。作为我国西部重要的工业城市，其工业发展影响了重庆市空间形态与地域文化构建，形成了重庆市老工业区分布格局，遗留下了一大批独具山城特色的旧工业建筑。

22.1　重庆市旧工业建筑再生利用概况

22.1.1　历史沿革

1891 年，重庆开埠开启了重庆近代化的进程，其工业建设也由此开端，之后经历了抗战时期和三线建设时期，重庆工业获得了快速发展，其工业发展历程如图 22.1 所示。重庆的工业发展不仅是西部的典型，也是民族工业的代表。因此，重庆的旧工业建筑再生既是传承工业文脉、延续工业记忆的需要，也是城市新时期发展与完善的要求。

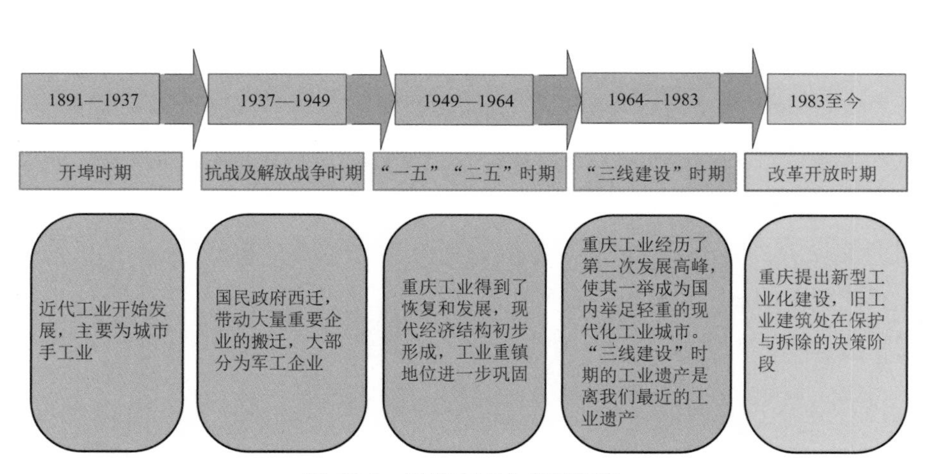

图 22.1　重庆市工业发展历程

重庆是内陆城市，工业化起步比沿海地区晚了近半个世纪，而且最初的工业形态为简单的手工业生产。抗战时期，重庆迎来了近代以来的工业大发展。随着国民政府的西迁，许多重要企业也随之迁往重庆，此时重庆的工业发展迅速且种类较为齐全。“三线建设”

时期，重庆市形成了以兵器制造为主的较为完备的国防工业生产体系，建成了较为完善的船舶工业基地，完成了以冶金、化工、机械工业项目为主的配套建设，其中包括重钢、特钢的改扩建，由此奠定了重庆市旧工业建筑的工业基础。

20 世纪 90 年代中后期，重庆市大多数老工业企业主要分布在城区及近郊区域。随着经济的不断发展，工业结构的不断变化，除少数工业基础较好的区县外，大多数老工业企业或者破产，或者搬迁到区位条件相对较好的其他地区。

受到北上广等一线城市的成功案例的影响，重庆对主城区内的部分旧工业建筑进行了加固与重新布局，吸引了众多艺术工作者参与其中，逐渐形成规模。

22.1.2　现状概况

2002 年，为了响应国家“退二进三”“退城进园”等政策和满足改善主城区环境质量的需求，重庆市提出了建设新型工业化城市的战略，将主城区内百余家老工业企业搬迁至外环线以外，直接导致了大量旧工业建筑面临拆除的危机。

近十年来，随着社会的发展，公众对旧工业建筑价值的认识有了逐步的提升。重庆市规划局发布了重庆优秀历史工业建筑，展示了重庆市在各个建设时期所遗留的工业建筑（表 22.1）。

重庆市优秀历史工业建筑　　　　表 22.1

序号	建筑名称	建筑级别	地理位置
1	火柴原料厂	一级	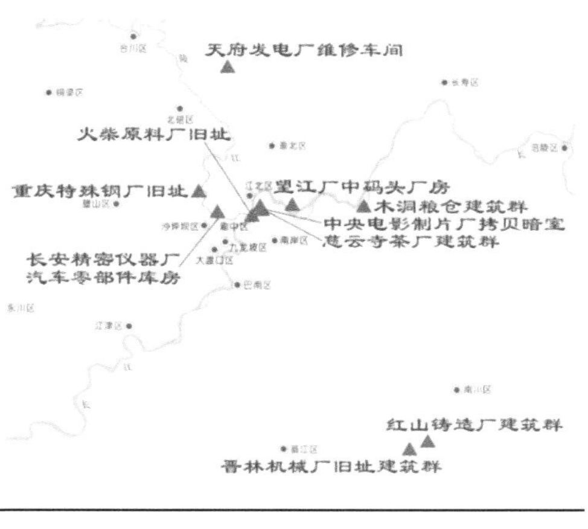
2	望江厂中码头厂房	一级	
3	长安精密仪器厂库房	二级	
4	重庆特殊钢厂	二级	
5	中央电影制片厂	二级	
6	慈云寺茶厂建筑群	二级	
7	天府发电厂维修车间	一级	
8	木洞粮仓建筑群	二级	
9	红山铸造厂建筑群	二级	
10	晋林机械厂旧址建筑群	二级	

2009 年，重庆市规划和自然资源局发布了《重庆市工业遗产保护与利用总体规划》，其中的工业遗产名录统计表，较为全面地概括了重庆旧工业厂房、设备、工艺等的分布及概况。

2017 年 12 月 5 日，重庆市规划和自然资源局发布了《重庆市工业遗产保护与利用规划》，对包括开埠建市、抗战陪都、西南大区及国民经济恢复、“三线建设”4 个时期的 96 处工业遗产（含仓储）进行研究，其中主城区 45 处，其他区县 51 处。

22.1.3　再生策略与模式

目前，重庆旧工业建筑再生利用模式主要有主题博物馆模式、创意产业园模式和综合开发模式等。

（1）主题博物馆模式

将旧工业建筑改建成博物馆或利用其空间举办主题博览会是目前常见的一种模式，最具代表性的是重庆工业博物馆（图 22.2）。重庆工业博物馆作为重庆市四大博物馆之一，是重庆工业文化博览园的核心部分，通过运用当代博物馆的先进理念与展陈手段，重庆工业博物馆被打造成为具有创新创意、互动体验、主题场景式的泛博物馆。

（2）创意产业园模式

创意产业园作为旧工业建筑较为普遍的再生模式，用以展示现代艺术、商业办公或营业活动等。例如重庆鹅岭二厂（图 22.3），其内布置了两个广场，在近十栋厂房内部分布着艺术家工作室、设计室、博物馆、公共体验空间等。

图 22.2　重庆工业博物馆

图 22.3　鹅岭二厂

（3）综合开发模式

重庆工业文化博览园（图 22.4）通过创意再生将旧厂房与新建工程有机融合，集合文、商、旅等多种业态，将为重庆市新增一处旧工业建筑再生利用的典范、文创产业新地标及都市新兴旅游目的地。

根据重庆市老工业厂区的更新现状，重庆市打造了以工业文化博览园和特钢厂为核心的工业遗产旅游地，规划了一条以旧工业建筑景区为特色的旅游路线（图 22.5），通过游览工业遗产旅游地，游客可以了解重庆工业发展史上的各个重要历史节点。同时，系统地规划旅游线路，可以丰富城市旅游层次，提升城市整体文化内涵，促进城市第三产业的发展。

图 22.4　重庆工业文化博览园

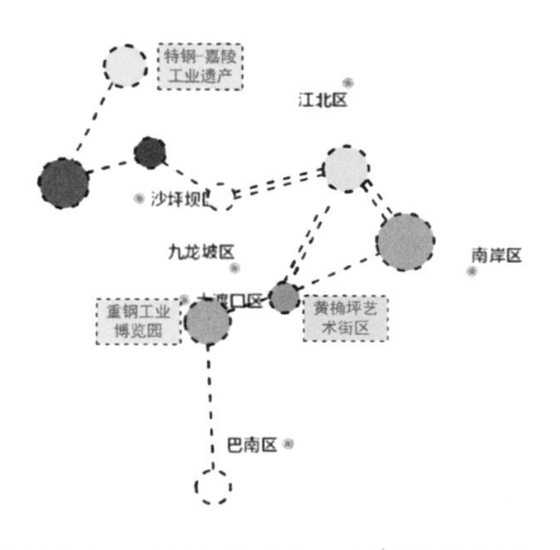

图 22.5　旧工业建筑融入景区旅游路径

22.2　重庆市旧工业建筑再生利用项目

22.2.1　重庆工业文化博览园

1）博览园概况

重庆工业文化博览园位于大渡口区原重庆钢铁集团型钢厂片区，占地 142 亩，总规模 14 万 m^2，由重庆工业博物馆、文创产业园及工业遗址公园构成。

（1）重庆工业博物馆

重庆工业博物馆占地 17.22hm^2，容积率 2.9，地上建筑面积 49.9 万 m^2。拟采取改造与新建相结合的方式规划建设重庆工业历史展示区、创意产业区和综合性商业建筑群。工业博物馆外部广场和内部效果图如图 22.6 所示。

（a）广场效果图

（b）内部效果图

图 22.6　工业博物馆

①主展馆

主展馆以“无边界博物馆”为设计理念，采用钢结构体系，利用老厂房遗留的柱、梁、基础，使主展馆与整个工业文化博览园在空间上连通，将有限的展览范围延伸到更广阔的空间。展览内容围绕重庆百余年来的风雨历程，通过序厅、开埠 - 工业星火厅、抗战 - 工业大后方厅、三线 - 工业基地厅、改革 - 工业转型厅、未来 - 新兴工业厅六大展厅（图 22.7），全面展示重庆工业在抗战和工业化进程中的重要地位，以及为中华民族伟大复兴做出的杰出贡献。

（a）序厅

（b）开埠 - 工业星火厅

（c）抗战 - 工业大后方厅

（d）三线 - 工业基地厅

（e）改革 - 工业转型厅

（f）未来 - 新兴工业厅

图 22.7　工业博物馆主展馆

②主题馆

主题馆以“钢魂”为主题，以总面积约 4000m^2 的展厅，从情景维度展现历史场景，将钢铁厂从迁建委员会到成立，经西迁至重庆大渡口，并在抗战大后方坚持生产、支援军工的恢宏历史一一进行了呈现，同时从物理维度设计多个钢铁工业科普知识互动展项。

③企业馆

企业馆集中展示战略性新兴产业、现代制造业等重庆市重要行业系统的标杆企业、品牌企业，开展产品发布体验和宣传推广等经营活动，展厅面积约 5000m^2。

（2）工业遗址公园

工业遗址公园以重庆抗战兵器工业钢迁会生产车间旧址为核心，占地约 42 亩，场地内布置了大量工业设备展品，这些设备展品构成了工业博物馆室外空间的重要展陈序列。目前已初步建成，重点展品有上游型 1253 号蒸汽机车头、运-5 型飞机等（图 22.8）。

（a）上游型 1253 号蒸汽机车头

（b）运-5 型飞机

图 22.8　工业遗址公园内景

2）改造历程

2007 年，为发展重庆钢铁工业，同时改善钢铁生产对重庆城区的环境污染，重庆市政府对重庆钢铁（集团）有限公司进行了搬迁。同年，重庆渝富资产经营管理集团与重庆钢铁（集团）有限公司签订了土地收购协议，对原工业建筑遗存进行了资源整合，开始规划建设重庆工业博物馆。

为记载重庆工业历史，丰富城市文化内涵，重庆市政府决定依托重钢原址工业遗存建设重庆工业博物馆及文创产业园，并将此列入《重庆市社会事业发展“十二五”重点专项规划》（渝府发〔2011〕60 号）、市级重大文化设施项目、“十三五”市级重点工程。2014 年市政府第 75 次常务会议审议通过了该项目的总体方案，将其命名为“重庆工业文化博览园”，同年，该项目被批准为全国十大老工业基地搬迁改造试点项目之一。2017 年，重庆钢厂（即重庆工业文化博览园的前身）被纳入第一批中国工业遗产保护名录。

3）改造效果

（1）最大化地保留和再利用现有的工业遗存

从整个大渡口地区以及重庆市的发展的角度出发，在原有雄伟壮观的“十里钢城”已经或将要被拆除的背景下，园区以工业博物馆为核心，尽可能地保留和再利用现有的工业遗存，使更多场景信息和时代记忆能够保存下来，进而提升工业博物馆的历史和文化意义。其最大的特色就是巨大尺度的工业景观和丰富的排架类型所构成的独特工业氛围与场所精神。

（2）建立一个多元、复合的工业文化博览区

重庆钢厂厂区位于城市郊区，城市基础设施和交通条件并不发达，缺乏成熟的创意产业园的发育土壤，开发者应该通过一系列文化、会展、旅游、创意和商业开发策略，将其打造为一个城市的文化产业发动机和特色旅游目的地，从而使项目在城市发展中能长期有效地散发活力和影响力。

（3）创造标志性的、有鲜明地域和文化特征的城市景观

重庆钢厂厂区面朝长江，三面环山，是重庆市长江沿江天际线的重要景观节点，也是大渡口区乃至重庆市的重要标志，需要创造出一套新的建筑空间逻辑和形式语言，使得新建建筑、改造建筑和保留建筑能够有机统一，从而形成一个完整的景观形象，以实现对工业文明的继承和对城市文脉的解读。

22.2.2 坦克仓库艺术创作中心

（1）创作中心概况

坦克仓库艺术创作中心坐落于重庆市黄桷坪街道（图 22.9），由一个废弃的军事仓库改建而成，占地 1 万多 m^2。这个以军事武器命名的非营利性艺术机构，兼容了城市的过去和未来两个时态，连接着艺术、文化与经济的多维关系。坦克仓库艺术创作中心通过吸纳来自个人或国内外艺术基金会等各种形式的资助，举办了一系列跨地域、多学科、综合形式的艺术展览、学术论坛和交流项目。

（2）改造历程

2000 年，四川美术学院花费 750 万元从兵工厂购得仓库与土地。2004 年，为了激发学生们的创作热情，四川美术学院提倡以创作带动整个教学，专门筹建一个团队对仓库进行改造。

2005 年，坦克仓库艺术创作中心在中法艺术交流活动中被列为重庆的“城市名片”。2006 年 8 月 21 日，在重庆市公布的《重庆市创意产业“十一五”发展规划》中，可看到坦克仓库艺术创作中心的中心辐射作用。坦克仓库艺术创作中心作为“艺术街”的一部分，被列为重庆市未来 5 年重点建设的 11 个创意产业载体之一——“黄桷坪艺术街”。

（3）改造效果

坦克仓库艺术创作中心在进行局部空间重构时，根据其内部空间宽敞高大的特点，利用墙体和轻质隔断在局部加设夹层空间，形成工作室（图 22.10）。这种 LOFT 空间模式及其所承载的生活工作方式，深受从事文化创意的工作者的青睐。

图 22.9　坦克仓库艺术创作中心

图 22.10　改造中的 LOFT 空间

坦克仓库艺术创作中心的外向拓展模式主要体现在建筑形体外部“包覆”新元素，对原仓库进行包裹，以形成特殊视觉效果，使原本破旧的仓库显得很有现代感。由于其前身是兵工厂仓库，因此坦克仓库艺术创作中心的色调整体上略显灰暗一些，然而在整体灰暗色调的反衬下，入门设计等新元素（图 22.11）更显得引人注目。

同时，原仓库内部空间也被改造成为艺术工作室，采用遗留下的或廉价的材料进行内部的重构，例如地板直接使用了原仓库的金属地板，既节省成本，也反映了其工业文化的特色。

坦克为兵工厂仓库的历史及重庆曾作为全国军事工业基地的厚重历史文化做出了诠释。虽然坦克本身的外在形态没有发生改变，但它的语义和功能在由军工装备向景观雕塑的转换过程中已经明显发生了改变。坦克不再作为武器的用途而存在，而是作为一个标志性符号来供人们欣赏和回忆（图 22.12）。

图 22.11　坦克库入门设计

图 22.12　坦克景观雕塑

22.2.3　501 艺术基地

（1）项目概况

501 艺术基地原是一家储运公司的物流仓库（图 22.13），建于 20 世纪 60 年代，为钢筋混凝土结构，建筑面积约为 10000m^2。

（a）501 艺术基地入口

（b）基地建筑内景

图 22.13　501 艺术基地

重庆 501 艺术基地成立于 2006 年，由重庆市国有文化资产经营管理有限公司牵头打造，重庆华戈文化传播有限公司经营管理。501 艺术基地是重庆市国有文化资产经营管理有限公司的“文化产业专项资金”扶持项目、重庆市首批授牌的“重庆市创意产业基地”。2006 年 9 月，重庆华戈文化传播有限公司作为经营管理机构正式进入 501 艺术基地，进行基地建设改造、入驻招商、品牌推广和全面管理等工作。

（2）改造历程

2006 年，由重庆市国有文化资产经营管理有限公司牵头打造的重庆 501 艺术基地对社会公众开放。整个艺术基地主要由 4 栋建筑组成，分别为 1 号楼仓库、2 号楼仓库、3 号楼仓库和 4 号楼仓库，其中以 1 号、2 号楼仓库为主体。

2007 年 6 月，杨九路道路两旁陈旧的建筑被改造成了黄桷坪涂鸦艺术街（图 22.14），其再生过程以整改为主、拆建为辅，尽可能地减少对街道两旁建筑的大规模拆迁，以保持黄桷坪本来的建筑面貌。

（a）建筑外墙涂鸦

（b）围墙涂鸦

图 22.14　黄桷坪涂鸦艺术街

整个黄桷坪涂鸦艺术街拓宽了杨九路道路，调整了部分商业业态，改造拓宽道路1.25km，更新各类管线约 9000m，拆除危险建筑 $2700m^2$，设置雕塑小品 18 座，改造后整个街区面貌焕然一新。

（3）改造效果

改造后的 501 艺术基地先后吸引了英国、加拿大、瑞典、新加坡等地的艺术家、艺术机构前来考察交流。当代艺术与历史文脉及城市生活环境的有机结合，使 501 艺术基地演化成为极具活力的中国当代艺术与生活的崭新模式，对各类专业人士及普通公众产生了前所未有的强大吸引力。

501 艺术基地内部功能布局主要以旧物资仓库改造的艺术创作与创意文化产业工作室为主，与其总体定位基本一致。因为 501 艺术基地本身地处黄桷坪川美艺术街区，且其对面就是四川美术学院，所以可以说是当地浓厚的艺术氛围促使了 501 艺术基地的诞生。整体上，501 艺术基地能很好地融入黄桷坪川美艺术街区，成为重庆市的一张名片。目前,501 艺术基地已被评为“重庆市创意产业基地”,在重庆乃至全国的影响力逐渐扩大。

22.3　重庆市旧工业建筑再生利用展望

22.3.1　重庆市旧工业建筑再生利用现状分析

1）重庆市旧工业建筑特征

（1）存量庞大：根据《重庆市工业遗产保护与利用规划》，重庆市旧工业建筑分布广泛。由于重庆工业的建设模式大多是国家政策影响下的自上而下的布局模式，因此在城区形成了许多“大院”式的大型企业，如重钢、长安厂、建设厂、特钢厂。

（2）地理特征显著：由于早期工业对水运交通和水源比较依赖，大部分老工业基地都沿长江和嘉陵江分布，因此就形成了大型企业沿“两江四岸”分布的格局。同时，由于在生产期间大多企业涉及军事机密，因此在遵循“进山、进洞、隐蔽”的方针下，旧工业建筑呈现出地上地下多维的布局形态。

（3）军工特色突出：抗战时期和“三线建设”时期，大多工业企业从事国防和军工生产，有很大一部分企业当时的生产活动属于军事机密，这也极大地丰富了重庆的陪都文化、抗战文化和“三线建设”文化。城区现存的几大老工业企业均是各个时期的代表性企业。产业的特殊性使得许多旧工业建筑至今都保存完整。

（4）开发潜力巨大：重庆市第三产业总值占比超过 50%，大力发展旅游经济将是重庆市未来发展的重要举措。在长期的历史积淀中，重庆市的旧工业建筑形成了丰富的环境意象，人们越来越钟情于那些锈迹斑斑但历久弥香的钢铁记忆。这些意象与当地居民的生活融为一体，使得这些环境更具表现力，形成一种极具生命力的场所精神。

2）旧工业建筑再生问题

（1）对于旧工业建筑的认识不足：长期以来，人们对于近现代的工业遗产缺乏足够的认识，没有意识到它们的价值所在。由于重庆的工业遗产多为近现代发展时期遗留下来的产物，多数现已陈旧破败，因而在很长一段时间内被认为是城市的疮疤，被当作是城市落后的表现，因此许多旧工业建筑在城市建设中被直接拆除了。

（2）缺乏科学的价值评估：旧工业建筑再生利用是城市更新的重要任务，进行科学合理的价值评定是确定保护力度的前提。把与工业生产相关的有价值的元素评定为工业遗产，有助于旧工业建筑再生利用与城市的建设和发展。而重庆市当前仅有为数不多的政府文件作为旧工业建筑再生利用的指导文件，缺少系统全面的评估体系，无法综合地评价城市旧工业建筑的价值。制定科学有效的评价标准来明确遗产范畴，才能明确保护内容、保护方式等。

22.3.2　重庆市旧工业建筑再生利用前景展望

（1）加强旧工业建筑保护与利用的宣传

近年来，随着公众思想的进步，旧工业建筑再生开始逐渐被大众接纳并认可，但相比其他类型的历史遗存，其受重视程度仍有待强化。因此，需要加强旧工业建筑保护与利用的宣传力度，通过与媒体合作出版旧工业建筑保护与利用的相关报纸杂志，召开相关研讨会，免费举办工业遗产游览等多种方式的宣传活动，转变大众思维，使其主动投身到相关保护工作中。

（2）制定总体与专项规划

旧工业建筑保护与利用必须与城市总体规划相结合，政府部门在这一过程中应起到重要作用。同时，通过改造与再生利用，旧工业建筑还能在不影响城市总体风貌和发展需求的情况下成为城市建设的特色因素。另外，不仅要关注总体规划与整体风貌的保存，还要通过制定专项保护规划注意零星个体的保护。

第3篇

旧工业建筑再生利用特征与趋势

第 23 章 旧工业建筑再生利用的现状特征

23.1 城市更新发展建设的特征

20 世纪 90 年代伊始，我国的旧工业建筑以经济自救为目的，开启了再生利用的实践。随着社会的发展与进步，旧工业建筑的历史、文化、科技等价值得到了进一步的重视与发掘。结合建立资源节约型社会的契机，再生利用从原始的“自下而上”、单纯的“自上到下”，转型为“政府主导，企业参与，社会运作”。这种“三元协同”成为旧工业建筑再生利用的主流模式，有力地促进了旧工业建筑再生利用的开展。

在我国，由于区域经济、文化水平以及外来文化的冲击影响程度不同，不同城市对于旧工业建筑的处理方式也各有偏向，并带有明显的地域特征。以人口经济水平、城市定位等不同特征为主线，不同类型城市的旧工业建筑处理手段具有明显的特点，主要可分为表 23.1 所示的四种类型。

旧工业建筑再生利用项目城市分布特征 表 23.1

处理类型	典型案例图片	典型城市	原因剖析
重利用型		北京 上海	“重利用”型城市以一线城市为主。这类城市经济水平较高，城市建设中更加重视城市特色风貌的保护，处理旧工业建筑时，亦能突破传统的处理方式，以功能创新、形式多变的再生利用模式取而代之
重保护型		苏州 杭州	“重保护”型城市以历史名城为主。这类城市致力于工业遗产的保护，将这些由老厂房遗址改造而成的博物馆、产业园与工业旅游相结合，产生新的建筑生命和发展可能
重拆弃型		沈阳 大连	“重拆弃”型城市以老工业城市为主。这类城市在更新过程中，经济主导型的城市建设意识仍占上风，很多具有重要价值的旧工业建筑在城市开发中已被拆除，相对于丰富的工业建筑基数，旧工业建筑整体保存下来极少

续表

处理类型	典型案例图片	典型城市	原因剖析
均衡型		西安 温州	“均衡”型城市以二三线城市为主。随着城市发展进程加速、工业结构调整，在城市内出现大量闲置的工业建筑。同时，吸收其他城市旧工业建筑再生利用的相关经验，合理规划，得到了不错的发展

23.1.1 “重利用”型——一线城市多样化的开发模式

以北京、上海为主的一线城市，按照马斯洛需求层次的基本原理，在经济水平不断提高的基础上，人们对精神层次的需求不断增高，单纯出于经济考虑的推倒重建的开发模式已退出主角地位，取而代之的是以保留、保护、修缮、再生为手段的多模式的开发处理，以实现文化价值与经济价值的共赢。开发时，更加注重创意的彰显，以这类城市为聚集地涌现出许多国内外知名的再生利用项目。

以上海市为例。上海作为我国沿海城市，受国外旧工业建筑再生利用案例影响较大，对旧工业建筑的文化社会价值认识较深，再生工作起步也较早。1989—2020 年，上海先后共颁布 5 批优秀历史建筑保护名录，其中分别包含有 2、12、16、18、40 处工业建筑。这一类被划归为优秀历史建筑的旧工业建筑，依据《上海市历史文化风貌区和优秀历史建筑保护条例》被保护性再生，多再生为展览馆、博物馆形式。如杨树浦水厂被改造为上海自来水展示馆（图 23.1），上海邮政总局被改造为上海邮政博物馆（图 23.2）。

图 23.1　上海自来水展示馆

图 23.2　上海邮政博物馆

除了被动保护之外，上海居高不下的房价也为旧工业建筑的再生利用提供了一个契机。1998 年，以降低租金为主要推动力，陈逸飞、王劼音、尔冬升等艺术家先后入驻田子坊内，将其改造为特色鲜明的工作室。2000 年，打浦桥街道办人事处，以盘活资源、发展创意产业、增加就业岗位为契机，对田子坊老厂房资源招商，形成了一种“自下而上”式的旧工业建筑再生模式。从 8 号桥开始，旧工业建筑再生的发展路线就已经开始由民间自发的“自下而上”，改变为政府发起的“自上而下”进行开发。到世博会期间，旧工业建筑的再生利用到达了一个明显的峰值。据不完全统计，上海世博会建设用地的 5.28km^2

范围内，旧厂房改造项目达 50 万 m^2，约有 70 栋房屋，此举将旧工业建筑在上海的再生利用推向了一个新的高潮。上海市作为中国人才的集聚地之一，在实践创新上具备明显的优势，展现出多种格调高雅、独树一帜的旧工业建筑改造项目（图 23.3）。

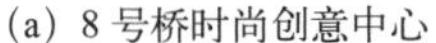

（a）8 号桥时尚创意中心

（b）M50 创意产业园

（c）红坊文化艺术社区

图 23.3　上海旧工业建筑改造项目

23.1.2 “重保护”型——工业遗产保护和工业旅游模式在古城的兴起

国家文物局在 2007 年第三次全国文物普查中将工业建筑及其附属物归入近现代重要史迹及代表性建筑子类，正式明确了政府对我国工业遗产的保护态度。以无锡、杭州、苏州为代表的历史名城，立足于工业遗产和城市文化底蕴的保护，严格按照再生利用中保护建筑原貌的方式进行改造，将老厂房遗址改造为写字楼、产业园，并与旅游相结合，产生新的建筑生命和发展的可能。同时，为了提高城市的文化底蕴、丰富城市的历史内涵，政府对旧工业建筑的再生利用越来越重视，给予了大量的鼓励和优惠政策。在保护文物的同时，通过老建筑带来的品牌效应和广告效果，提高了整个厂区的综合价值。将红砖、管线、标语等元素用来营造复古的文化氛围，吸引了很多主打复古、文化等产业的入驻。

以无锡市为例。2006 年 4 月 18 日，在无锡由国家文物局主持并召开了主题为“聚焦工业遗产”的首届中国工业遗产保护论坛。会上通过了保护工业遗产的“无锡建议”，标志着中国工业遗产保护工作正式提上议事日程。作为“无锡建议”的诞生地，无锡市旧工业建筑的保护利用工作得到了快速有效的开展。

作为我国六大工业城市之一，无锡市率先提出了“工业遗产保护要从老厂房保护向老企业整体布局保护和老企业片区风貌保护转变”。按照“护其貌、显其颜、铸其魂”的原则进行建筑保护再生，从传统的大拆大建，犀利过渡为保护更新，从而保护城市历史、提高城市内涵。由于工业建筑遗存良好的建筑状况、充足的数量基数，无锡市采用多种模式对旧工业建筑展开了再生利用，如创意产业园（如 N1955 文化创意园，见图 23.4）、博物馆展览馆（如中国丝业博物馆，见图 23.5）、艺术中心（如无锡市北仓门艺术中心，见图 23.6）等。

图 23.4　N1955 文化创意园

图 23.5　中国丝业博物馆

图 23.6　北仓门艺术中心

23.1.3　“重拆弃”型——老工业城市对旧工业建筑再生利用的忽视

沈阳、大连、郑州、重庆是我国历史上的重点工业城市，在城市更新过程中产生了数量庞大的闲置工业建筑。但由于对旧工业建筑价值的认识不到位，在城市更新过程中，经济主导型的城市建设意识致使众多具有重要价值的近代旧工业建筑被拆除，近代工业建筑所剩无几，鲜有完整的旧工业建筑群的整体留存。

不同于一线城市中以文化保护、创意开发为主的再生动因，目前，这类城市老工业建筑更新改造的推动力主要来自于政府改变老工业基地内城中村面貌的决心及房地产开发商对旧工业建筑所在区域区位优势的投资热情。但由于缺乏整体研究和有效调控手段，在目前的更新改造中出现了不少用地在功能上的矛盾，产生功能定位不当、开发过密及建筑衔接缺乏整体性等问题。

以沈阳市为例。沈阳市大部分的工业建筑遗产集中分布在大东区、皇姑区和铁西区三个区域。这三个区的厂区和企业规模宏大，连接成片，在城市空间和城市形态上具有一定的规模效应。2002 年，沈阳市政府出台了“东搬西建”计划，将铁西区和经济技术开发区联合，共同组建铁西新区，搬迁了铁西区 214 户老厂房，取而代之的是更为现代化的高楼及新兴产业。相对其雄厚的旧工业建筑基础，沈阳市采用再生利用手段处理的项目较少。

23.1.4　“均衡”型——旧工业建筑再生利用在二三线城市的萌芽

西安、温州这类城市，随着城市发展进程加速、工业结构发生调整，在城市内出现大量工业建筑的闲置。受其他城市成功改造案例的影响，近年旧工业建筑再生利用项目开始在这些城市中崭露头角，得到了不错的发展，形成了包括学院路 7 号 LOFT、大华·1935、老钢厂创意设计产业园等成功的改造案例。这些成功案例在美学价值、社会价值、经济价值上的突出表现有效推动了旧工业建筑保护与利用工作在这类城市的进一步开展。

以西安市为例。西安市旧工业建筑主要包括清末、民国早期和 20 世纪 30、40 年代形成的具备历史价值的部分工业遗产，以及新中国成立后的“一五”“三线建设”时期形成的具有工业特色和鲜明时代特征的建筑等。这些建筑作为西安市工业记忆的载体，大多保存完好，建筑特色鲜明，结构安全可靠，具有一定的保护与再生价值。但是，在实际操作中，着手进行改造的项目却并不多见。目前，西安市内较为成熟的旧工业建筑再生利用项目仅有陕西钢铁厂的综合改造、西安大华纱厂（国营陕西第十一棉纺织厂）改造为大华·1935、唐华一印改造为西安半坡国际艺术区这三例（图 23.7 ～ 图 23.9）。

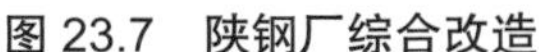

图 23.7　陕钢厂综合改造

图 23.8　大华·1935

图 23.9　半坡国际艺术区

吸收其他城市旧工业建筑的再生经验，这类城市旧工业建筑再生利用较为均衡，再生前首先会对建筑进行价值评估，根据评估结果选择保护、改造后再利用或是拆除。如大华·1935 再生过程中分别保留 23600m^2、32850m^2 进行保护性再生（作为文化主题区进行展览）及改造性再生（作为酒店、商业、餐饮等其他功能使用），其他部分拆除。

23.2　旧工业建筑再生利用特征

23.2.1　年代分布与结构类型

（1）年代分布特征

根据我国工业发展历程，各年代间闲置的旧工业建筑存在着不均匀分布现象，随着建造技术的改善，建筑结构类型也随着地区、年代有着一定的变化。针对调研涉及的典型案例进行分析，得到相关建筑的年代分布与结构类型如图 23.10 所示。

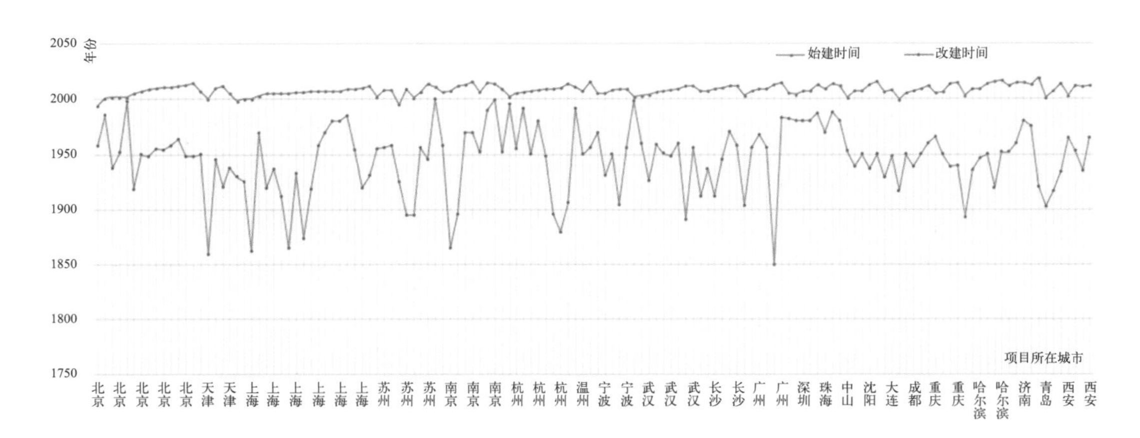

图 23.10　我国典型旧工业建筑再生项目建筑年代分布

（2）结构类型分布

旧工业建筑的结构类型，根据其材料，可以分为砖木结构、砖混结构、钢筋混凝土结构和钢结构4种。在同一个项目中可能存在不同结构形式的厂房，如较大规模的改造项目的结构，多按照“钢筋混凝土排架结构单层厂房+钢筋混凝土框架结构多层厂房+砖混结构办公楼”的形式进行分布。为进一步梳理再生利用项目的结构偏好，在划分时按照主体建筑的结构形式进行归类，得出表23.2。可以看出，由于旧工业建筑再生利用项目多为1979年以前的建筑，在当时建造技术的限制下，砖混结构较多；同时，砖混结构的建筑往往历史感更强，更具文化层面的吸引力，是再生利用的最大主力（占调研项目的55.33%）；钢筋混凝土厂房（包括钢筋混凝土框架结构及排架结构）相较于其他结构类型具有坚固、耐久、防火性能好的优点，这类结构的再生亦占旧工业建筑再生项目的较大份额（占调研项目的36.00%）；再生时，相较于易锈蚀的钢结构厂房和易腐化的木结构建筑，混凝土厂房的保存状态往往也最好，大大减少了改造再生的工作量。

调研项目结构类型分布见表23.2。

我国典型旧工业改造项目建筑结构类型分布表　　表23.2

结构类型	数量	比例	代表案例
砖木结构	9	6.00%	无锡纸业公所；无锡北仓门生活艺术中心
砖混结构	83	55.33%	广州信义国际会馆；无锡中国丝业博物馆
钢筋混凝土结构	54	36.00%	苏州X2创意街区；上海8号桥时尚创意中心
钢结构	4	2.67%	沈阳铸造博物馆；沈阳中兴文化广场

23.2.2　再生原则

（1）设计层面

在经历了大拆大建对文化的摧残后，面对“千城一面”的城市现状，现今社会对旧工业建筑的处理更加理智与谨慎。近年来，工业遗产保护的价值与必要性成为理论研究和项目实践的共识。相应地，在旧工业建筑再生利用项目的实践中，“修旧如旧”作为文化保护的有效手段，成为众多再生项目的基本改造原则，有效保留了工业遗存的建筑风貌，进而极大程度地保证了旧工业建筑再生利用项目作为展示工业文明的载体的功能。

通过系统整理典型旧工业建筑再生利用项目的设计方案，提取其中的高频词后发现，除了将“修旧如旧”明确确立为旧工业建筑再生利用的主要原则，“尊重”也成为再生过程的关键词（见图23.11，其中附着在关键词旁的项目名称，均为按照该原则实施再生利用的典型案例）。这种更多展示人文情怀的再生原则，可以认为是“修旧如旧”的前置条件。以“尊重”为前提，才能有足够的耐心和细心去挖掘旧工业建筑的文化价值，才能合理放缓“大拆大建”的建设惯性，为工业文明保护与既有资源的合理利用提供了更多的可能性。

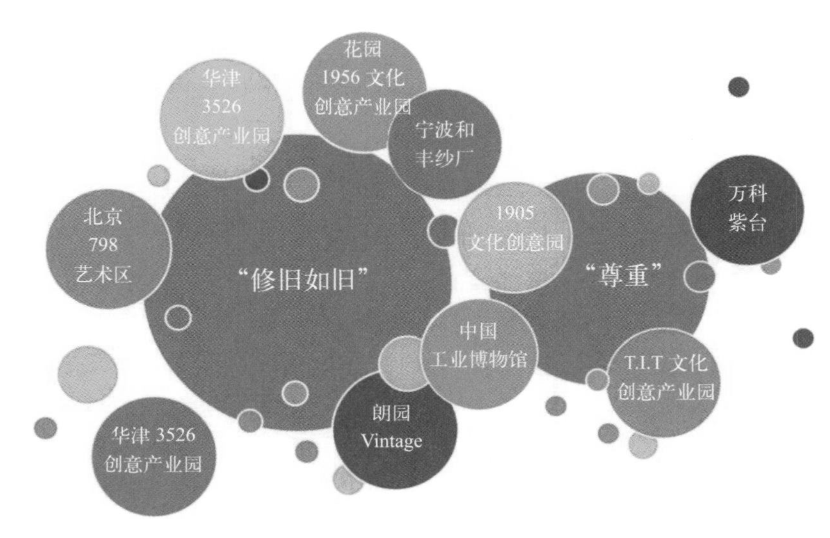

图 23.11 旧工业建筑再生利用设计原则

(2) 执行层面

旧工业建筑往往都具备建筑体量大、产权结构复杂、改造涉及主体多等特点，往往需要较大的前期投入和较长的开发周期。在项目的执行层面，一方面需要政策的支持和政府的引导，另一方面，亦需要引入民间资本推动此类项目的开展。在具体执行上，多尊崇“政府引导、市场运作”的原则。如武汉汉阳造创意产业园将“政府主导、企业参与、市场运作”作为项目的基本执行原则。这种“三元模式”为项目开展提供了实际的执行力，充分发挥了各参与主体的职能效用，有力提高了各主体的主观能动性，是推动项目开展的有效模式。

23.2.3 再生模式

再生利用模式即旧工业建筑再生利用后产生的新功能。我国旧工业建筑再生利用主要模式包括创意产业园、商业场所、办公场所、场馆类建筑（博物馆、艺术馆等）、住宅类建筑、遗址景观公园、教育园区等。受建筑特点和目标功能匹配度的影响，不同的建筑类型对应的再生模式有一定的规律可循，如图 23.12 所示。

调研涉及的旧工业建筑再生利用项目再生模式分布情况如图 23.13 所示。其中再生为创意产业园的项目居多，占到总调研项目数量的 60%，相比课题组 2012 年调研的 42.71%，呈现出明显的上升趋势。究其原因，对于创意产业、艺术类 LOFT 等本身追求特殊气质的工作场所，旧工业建筑独特的风韵充分迎合了其功能需求，经过合理改造，往往可以迸发出别具一格的建筑氛围。突破常规、灵活多变的艺术空间特质，与创意产业的创新精神和多变的空间需求不谋而合；结合国家对文化产业、创意产业的政策支持，旧工业建筑顺其自然地成为创意产业的主要空间载体，并取得了较好的使用效果和经济效益。

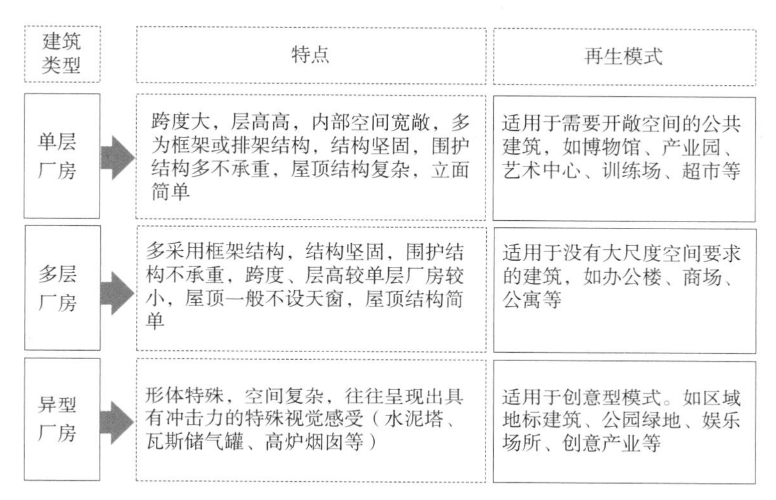

图 23.12 旧工业建筑再生利用项目建筑类型与再生模式

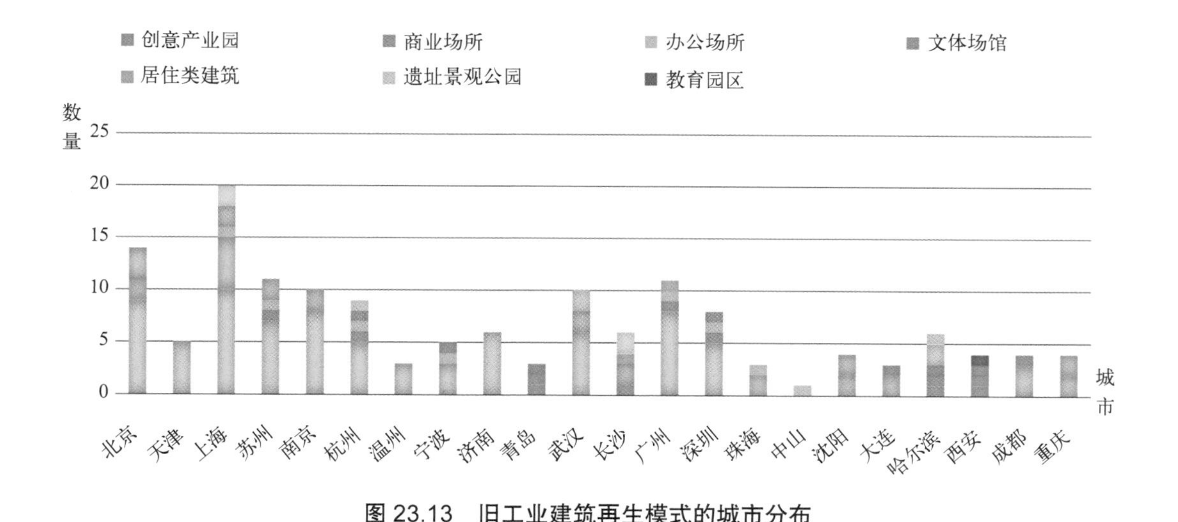

图 23.13 旧工业建筑再生模式的城市分布

同时，旧工业建筑一般具备厂区体量大、占地面积较广的特点。随着人们对优质生活环境的追求，再结合城市建筑密度大、绿地率低的现状，对闲置的工业建筑群进行适当的改造，打造环保主题公园就成为了旧工业建筑再生的新趋势之一[80]。如广东省中山市由原粤中造船厂改建的中山岐江公园、成都市由原成都红光电子管厂改造的成都东区音乐公园、上海市由原大华橡胶厂改造的徐家汇公园等，都是旧工业建筑再生为城市绿地主题公园的典型案例，如图 23.14 ~ 图 23.16 所示。

图 23.14　中山岐江公园

图 23.15　成都东区音乐公园

图 23.16　徐家汇公园

第 24 章　旧工业建筑再生利用的发展策略

24.1　旧工业建筑再生利用的发展趋势

24.1.1　再生利用的主流化发展

随着城市的飞速发展和经济发展策略的不断调整，及对文化底蕴重要性的逐步认可，“大拆大建”的更新模式已经逐步有计划地慢了下来，在城市更新过程中，更加受到重视的是城市文化的挖掘和城市内涵的建设。而旧工业建筑的再生利用，便是表达城市历史、彰显城市文化的重要手段。随着旧工业建筑保护实践的增多，社会和大众更明显地认识到，建筑是为了满足使用功能才存在的，只有在使用中，才能更好地保护建筑。现如今，单纯的原状保护已不再是传承工业文明的最佳手段，同时亦不能满足现今公众对感知实用性、感知趣味性的需要。创新的再生利用模式，不仅可以让历史文化和现代生活融为一体，还可以用“旧建筑 + 新故事”的方式沉淀出其价值，使之成为更受各群体接受的主流模式（图 24.1）。

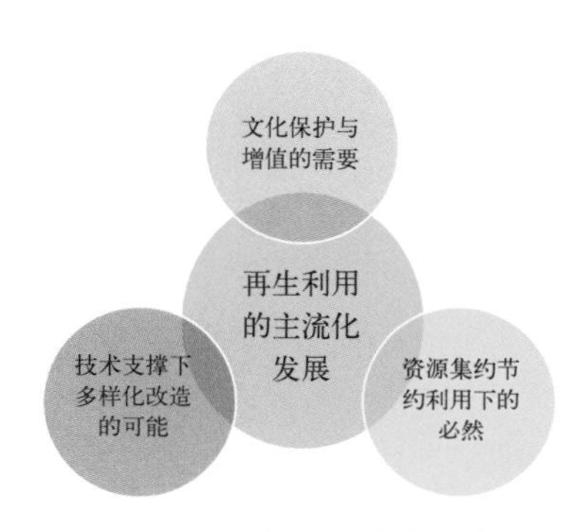

图 24.1　再生利用的主流发展

24.1.2　“三元”协同的开发模式

旧工业建筑再生利用的开发模式，由于本身特征限制，大致可以分为三个类型。

（1）企业主导式：早期旧工业建筑的再生利用常采用自下而上的开发模式。尽管企业已经基本停产、厂房多已闲置，但是如果企业没有宣告破产，就仍需要一定的资金维持员工最低收入。这种情况下的旧工业建筑多由企业主体自行投资改造，也就形成了一种“以租养员”的经营模式，如苏州合壹艺术区的改造。这种改造模式因为投资额的限制、相关决策管理经验的缺乏，往往不能得到妥善而全面的规划和施行。虽然可以通过低廉的租金吸引商户，来得到不错的入驻率以及一定的经济效益，但是由于与城市规划的冲突和对城市形象的影响，这些旧工业建筑往往还需要升级改造，甚至也可能被推倒拆除。

（2）社会资本主导式：对于破产拍卖的企业，往往由资金充足的收购主体出资改造，如陕西钢铁厂的改造。这一类改造方式，主要根据投资人的使用需求进行适应性改造，以改造后收益为动因，往往能得到不错的再生效果。但这种模式要求投资主体必须有足够的经济实力和管理能力，否则，改造项目需要面对的主体多、体量大，往往难以秉持“再生利用”“文化保护”的初衷。最终，建筑的保护利用只是浮于表面，空留一个应付规划要求的外壳。

（3）“三元”协同式：“三元”协同即“政府主导、企业参与、市场运作”的开发模式。旧工业建筑再生利用往往涉及复杂的项目权属问题，需要较大的前期投入和较长的开发周期，一方面需要清晰的政策指导项目的开展，另一方面，亦需要民间资本的引入以推动此类项目的进行。采用“三元”协同的开发模式，以政府主导为前提，既能够保证项目整体方向的宏观把控，又能为项目提供政策支持；以企业参与为基础，既能为原企业提供持续的活力，又能最大化地挖掘旧工业建筑的工业文化；以市场运作为保证，既能为项目提供足够的资金支持，又能保证项目的健康运营。综上，“三元”协同成为当前旧工业建筑再生利用普遍采用的最优模式。

24.1.3　面向文创的再生模式

由图23.14可见，创意产业园是当前旧工业建筑再生利用最主要的模式，占调研项目总量的60%。究其原因，主要体现在以下三个方面：

（1）政策导向

在文化产业发展方面，特别是党的十六大以来，我们党始终把文化建设放在党和国家全局工作的重要战略地位，推动文化建设不断取得新成就[81]。2011年10月召开的中国共产党第十七届中央委员会第六次全体会议，审议了有关深化文化体制改革、推动社会主义文化大发展大繁荣的决定；随着向“支柱性产业”发展的目标的确定，文化产业受重视程度也随之逐年提高：2012年初，国务院办公厅发布《国家“十二五”时期文化体制改革和发展规划纲要》；2012年2月，文化部发布了《文化部“十二五”时期文化产业倍增计划》（文产发〔2012〕7号）；3月，国务院批转国家发展改革委《关于2012年深化经济体制改革重点工作的意见》（国发〔2012〕12号），明确提出2012年的目标之一是研究出台鼓励促进文化产业发展的政策措施。2014年8月，文化部和财政部联合发布《关于推动特色文化产业发展的指导意见》（文产发〔2014〕28号），指出应立足各地特色文化资源和区域功能定位，发挥比较优势，明确发展重点，把文化资源优势转变为产业优势，构建具有鲜明区域和民族特色的文化产业体系；2016 年 12 月，工业和信息化部、财政部联合下发的《工业和信息化部 财政部关于推进工业文化发展的指导意见》（工信部联产业〔2016〕446 号）明确提出，发展工业文化产业，让工业文化产业成为经济增长新亮点，推动工业遗产的保护和利用，大力发展工业旅游，支持工业文化新生态发展。2022 年 8 月，中共中央办公厅、国务院办公厅印发《“十四五”文化发展规划》，明确提出要加强规划引导和政策指导，打通各级公共文化数字平台，打造公共文化数字资源库群，建设国家文化大数据体系。

文化产业政策的出台和推行，配合土地集约利用的相关规定，从平台载体选择和目标原则定位两个层面上，为旧工业建筑再生利用项目面向文创产业的再生利用提供了政策支持和方法指导，使得文创产业成为旧工业建筑再生利用的主流模式。

由于政策在文创产业上的引导和扶持，因此众多企业也开始了面向文创的倾斜，包括仓储、商业等相关产业，都努力向文创类偏靠，以享受文创产业的政策支持和公众偏好，也进一步增大了文创产业的整体占比。

（2）D-S 分析

除了政策的支持，旧工业建筑面向文创产业的再生更多是基于其原始的先天优势。通过分析旧工业建筑和文创产业的需求和供给（Demand-Supply，简称 D-S）系统（图 24.2），可以清晰地看到其中的互补关联，这也解释了面向文创产业的旧工业再生利用的必然。

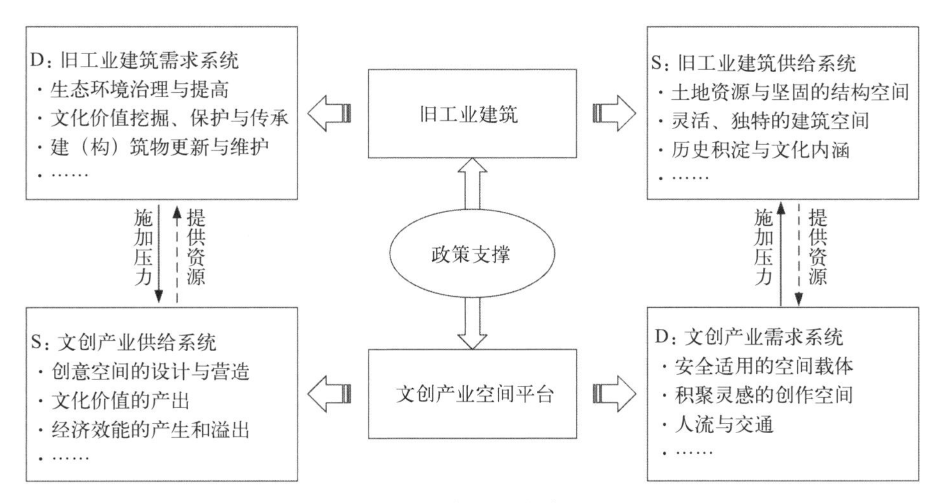

图 24.2　旧工业建筑 - 文创产业 D-S 分析

24.1.4 “绿色”导向的改造手段

随着人民对美好生活的日益向往，“绿色”的概念也从理论深入到了实践，这也预示着“绿色时代”的到来。当今时代，“绿色”的目标不再仅仅是对新建建筑的约束，更是一种从始至终、内外兼修的建设及运维原则，“绿色再生”势必成为改造项目的必然趋势。

绿色再生（Green Regeneration）是指，在满足新的使用功能要求以及经济的合理性的同时，最大限度地节约资源、修复并保护环境，为人们提供安全、健康、适用、具备一定文化底蕴的使用条件，是与社会及自然和谐共生的再生方式。目前，国内较为知名的符合绿色再生理念的旧工业建筑改造项目如表 24.1 所示。

典型绿色再生项目一览表　　表 24.1

城市	现名称	原名称	始建年代	改建时间	结构类型	项目展示	备注
北京	朗园 vintage	万东医疗器械厂	1955	2010	砖混结构		三星绿色建筑（11 号楼）
上海	上海当代艺术博物馆	南市发电厂	1985	2010	钢筋混凝土框架结构		首个厂房改造三星绿色建筑
	上海花园坊节能技术环保产业园	上海乾通汽车附件厂	1954—1996	2008	钢筋混凝土框架结构		LEED 绿色建筑金奖；按照三星绿色建筑改造
天津	棉 3 创意街区	天津第三棉纺厂	1921	2012	排架 / 砖混结构		植入多种绿色技术
	天友绿建设计中心	天津某多层电子厂	1993	1998	框架结构		绿色建筑示范工程、绿色三星设计标识
苏州	苏州市建筑设计研究院生态办公楼	法资企业美西航空机械设备厂区	1895	2001	框架结构		三星级绿色运营标识
深圳	南海易库创意产业园	三洋厂区	1980	2005	框架结构		全国节能示范项目

调研发现，表中各项目普遍具备较好的使用观感，在物理环境、建筑环境、使用舒适度等方面均优于未获得绿色建筑评价标识的旧工业建筑再生项目。这证明了旧工业建筑绿色再生实践上的可操作性及合理性。但是，在课题组调研的 151 个典型的旧工业建筑再生项目中，使用绿色概念和手段再生的建筑仅有 7 例，占调研总项目的 4.64%，整

体占比偏小，难以符合“绿色”时代的社会需求。还需要通过持续、多样化的宣传等措施，使绿色再生成为更为市场所接受的主流改造模式。同时，应当辅以政策引导与技术支持，推动旧工业建筑绿色再生项目的大规模开展。

24.2　旧工业建筑再生利用的实施流程

尽管旧工业建筑再生利用项目在各个城市中正如火如荼地开展着，然而，在制度层面，仍未能形成一套科学、适用的政策体系。许多城市在进行旧工业建筑再生利用项目实施中遇到了诸多障碍，主要表现在政策模糊、流程不明确。包括旧工业建筑再生利用走在全国前列的上海，也经历了“复杂产权之祸，无标准可依之殇”。在整个整改过程中，政策冲突的情况时有发生，而各部门又严守教条，绝不让步，导致多个项目停摆甚至拆除。所以，在操作层面上，因地制宜地制定科学适用的旧工业建筑改造政策作为再生利用的指导和前提，显得尤为重要。对改造成功的项目进行全面且详尽的分析之后，可以总结出，成熟而又成功的项目往往是按照一定的流程进行的。

在项目实施之初，第一步要进行的是对整个项目进行调研和评估，通过对建筑的状况和周边情况进行调查分析，确定旧工业建筑（群）再生利用模式及其应具有的新功能；第二步是要在不破坏原有结构形式和历史文化氛围的前提下，将原有的形式和新功能之间建立匹配衔接，确保新功能的可靠实现。

其中需重点阐明的环节就是项目评估，旧工业建筑再生利用项目评估作为其决策的一个重要组成部分，一般包括再生利用价值评估和现状评估两大部分。其中，再生利用价值评估主要依据其修建年代、历史经历、工业工艺、结构典型性等对工业建筑的保留及再生利用价值进行评定。现状评估包含了一般性、结构状况及市政评估三个方面。对场地的基本情况、周围的环境以及旧建筑的现状进行的评估称为一般性评估。结构状况评估包括建筑结构使用年限、结构类型、原有荷载、地基承载力等评估。市政设施的评估，是指在原有基础上核算水、暖、电等容量或改变位置后、技术改进后的设备容量，以实现对原有的基础设施的充分利用，尽量减少新建设施，从而达到项目费用以及资金的优化。

随着旧工业建筑再生利用工作的不断深入开展，部分城市已衍生出了一套较为有效的再生利用项目改造实施程序。通过对已成型的城市旧工业建筑申报实施流程的分析和归纳，以及对开展旧工业建筑改造较为成熟地区的政策法规的总结，整理出来的集体土地以土地所有人为主体来进行项目申报的可行流程，将对今后的旧工业建筑改造工作大有裨益。

由于受多方利益、经济因素和区域政策的制约和影响，现阶段的旧工业建筑再生利用很大程度上需要政府的支持、组织与管理。所以，需要政府一方面建立具有针对性的组织、监督、管理和资金保障制度，并配套建立旧工业建筑再生利用信息库，以便政府的监督管理；另一方面需加强对旧工业建筑再生利用的宣传教育，提高公众认识和保护旧工业遗产的意识，引导公众自觉开展社会监督，从而确保旧工业建筑（群）再生利用的可持续性；最后，通过建立旧工业建筑再生利用技术标准体系，保证项目开展的安全和综合效益（图 24.3）。

旧工业建筑再生利用并不是一个商业噱头，也并不是草率应付可持续发展政策的答卷，而是一种解决用地问题、人员安置问题，实现建筑的使用价值，平衡容积率与建筑景观，提高城市底蕴和品位的有效手段。既要避免一蹴而就的推倒重建，也应慎重处理建筑的改造再生决策。从项目启动之初，明确建筑价值，结合用地规划，选择适当的改造模式、适用的改造技术，合理地进行建筑更新，以实现建筑价值的最大化，完成工业建筑由衰败到新生的华丽蜕变。

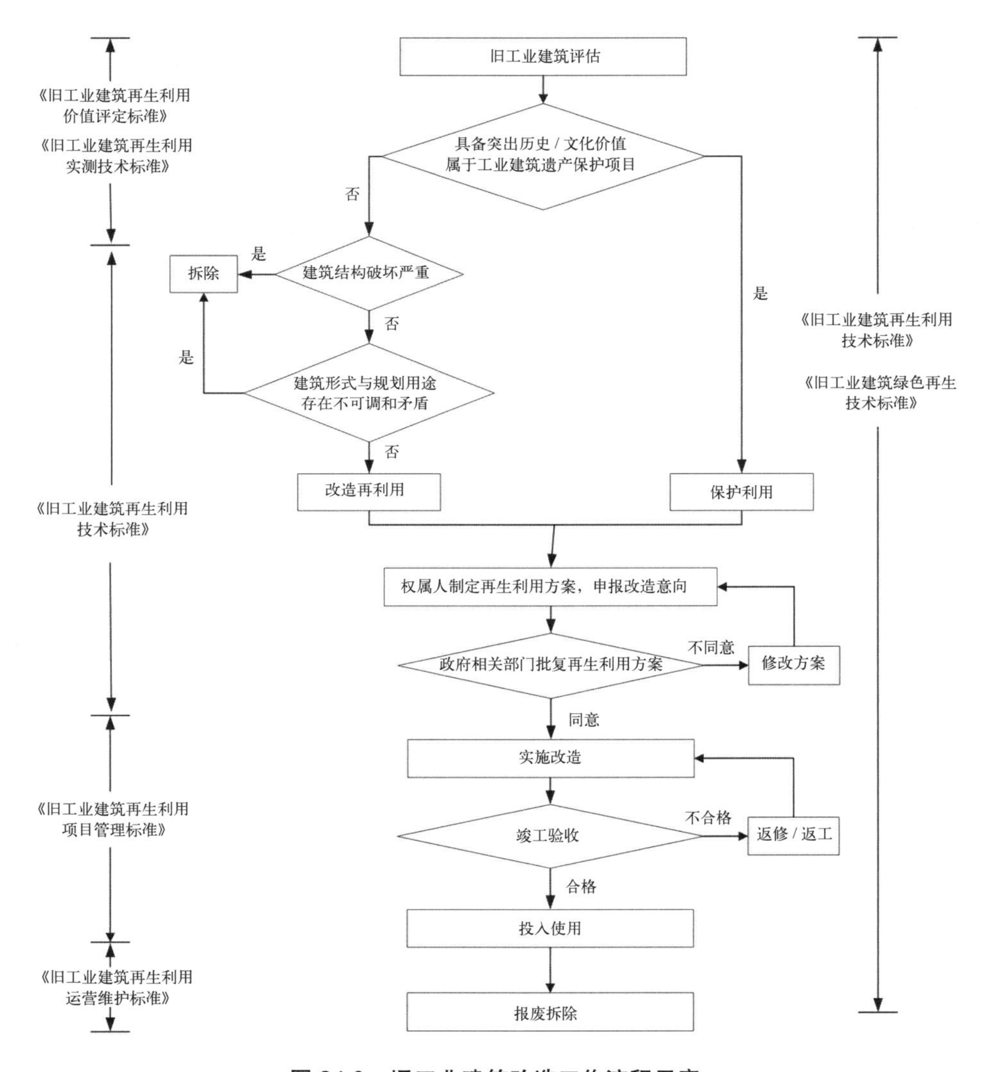

图 24.3　旧工业建筑改造工作流程示意

参考文献

[1] 叶雁冰 . 旧工业建筑再生利用的价值探析 [J]. 工业建筑，2005（06）：32-34.

[2] 刘伯英，李匡 . 北京工业建筑遗产现状与特点研究 [J]. 北京规划建设，2011（01）：18-25.

[3] 刘伯英，李匡 . 北京工业建筑遗产保护与再利用体系研究 [J]. 建筑学报，2010（12）：1-6.

[4] 董晓靖，张纯，崔璐辰 . 创意文化背景下的传统工业园区转型与再生研究——以美国北卡烟草园和北京 798 园区为例 [J]. 北京规划建设，2018（01）：123-127.

[5] 孙颖，穆巧莲 . 莱锦文化创意产业园和北工大软件园差异性设计比较研究 [J]. 建材与装饰，2018（07）：68-69.

[6] 张戈，冯璐 . 遗产生态视角下的工业遗产保护与再利用研究——以天津棉三厂为例 [C]// 中国城市规划学会，沈阳市人民政府 . 规划 60 年：成就与挑战——2016 中国城市规划年会论文集(08 城市文化). 中国建筑工业出版社，2016：9.

[7] 于红 . 文化生态视角下的天津工业遗产再利用 [C]// 中国城市规划学会 . 城市规划和科学发展——2009 中国城市规划年会论文集 . 天津电子出版社，2009：9.

[8] 夏青，徐萌，许熙巍 . 天津城市工业用地重组中工业遗产保护与更新的思考 [J]. 城市建筑，2009（02）：17-19.

[9] 季宏，徐苏斌，青木信夫 . 天津近代工业发展概略及工业遗存分类 [J]. 北京规划建设，2011（01）：26-31.

[10] 田冬梅 . 都市创意产业园规划与评价研究 [D]. 天津：天津商业大学，2011.

[11] 刘野 . 天津工业遗产创意再利用研究 [D]. 天津：天津大学，2009.

[12] 张艳君 . 天津市文化创意产业园发展现状——6 号院创意产业园调研报告 [J]. 青年文学家，2015（02）：178-179+181.

[13] 于红 ."协同式规划"保护天津工业遗产 [C]// 中国城市规划学会 . 城市时代，协同规划——2013 中国城市规划年会论文集（11- 文化遗产保护与城市更新）. 青岛出版社，2013：9.

[14] 张蓉 . 创新工业遗产再利用模式——以津棉三厂规划为例 [C]// 中国城市规划学会，贵阳市人民政府 . 新常态：传承与变革——2015 中国城市规划年会论文集（06 城市设计与详细规划）. 中国建筑工业出版社，2015：7.

[15] 孙小静 . 老厂房改造好了就值钱 [N]. 人民日报，2017-04-09（003）.

[16] 上海创意产业将形成"两带三区"[J]. 纺织装饰科技，2008（01）：12.

[17] 上观新闻 . 上海第五批优秀历史建筑揭牌 [EB/OL].（2017-06-11）[2020-5-3].http：//www.cnr.cn/shanghai/tt/20170611/t20170611_523795458.shtml.

[18] 李慧民 . 旧工业建筑的保护与利用 [M]. 北京：中国建筑工业出版社 .2015.

[19] 杨曦 . 旧工业建筑的可持续发展研究——以苏州近代城市旧工业建筑改造为例 [J]. 重庆建筑，2016，15（12）：14-17.

[20] 苏珍珍 . 案例 4 苏州四大丝绸厂的没落 [J]. 中国纺织，2014（05）：34-35.

[21] 李慧 . 苏州新兴产业靠什么崛起 [J]. 决策，2017（10）：67-69.

[22] 谈丹 . 产业集群背景下苏州工业园区的现状与发展 [J]. 市场周刊（理论研究），2017（02）：51-53.

[23] 邵龙，朱逊，赵晓龙 . 后工业文化景观资源转换研究 [J]. 华中建筑，2010，28（01）：175-178.

[24] 文博 . 古建筑让城市拥有文化和灵性 [J]. 资源与人居环境，2018（06）：72-75.

[25] 张扬，李慧民 . 旧工业建筑再生利用开发模式研究 [J]. 城市建设理论研究：电子版，2013，000（001）：1-5.

[26] 刘皆谊，夏健，申青 . 工业文化遗产保护结合地下空间开发之探讨 [J]. 地下空间与工程学报，2012，8（02）：223-228+235.

[27] 许晓玉 . 工业厂房变身的“城市传奇”[J]. 现代苏州，2009（09）：46-47.

[28] 刘歆，王昳昀，邵燕妮 . 河北省工业遗产旅游开发初探 [J]. 建筑与文化，2017（05）：208-209.

[29] 苏玲，卢长瑜 . 面向城市的工业遗产保护——以南京工业遗产保护为例 [J]. 中国园林，2013，29(09)：96-100.

[30] 汪瑀 . 新常态背景下的南京工业遗产再利用方法研究 [D]. 南京：东南大学 .2016.

[31] 李慧民，段品生 . 基于多分类 Logistic 的旧工业建筑再生模式选择分析 [J]. 工程管理学报，2019，33（02）：75-80.

[32] 邓春太，卢长瑜，童本勤等 . 工业遗产保护名录制定研究——以南京为例 [C]// 中国城市规划学会，南京市政府 . 转型与重构——2011 中国城市规划年会论文集 . 东南大学出版社，2011：8563-8572.

[33] 龚恺，黄玲玲，张嘉琦等 . 南京工业建筑遗产现状分析与保护再利用研究 [J]. 北京规划建设，2011（01）：43-48.

[34] 刘刚 . 工业遗产与历史城市地段的空间形态整合 [D]. 南京：南京大学，2019.

[35] 陈亮 . 南京近代工业建筑研究 [D]. 南京：东南大学，2018.

[36] 中国冶金建设协会 . 旧工业建筑再生利用价值评定标准：T/CMCA3004-2019[S]. 北京：冶金工业出版社，2019.

[37] 陈宗兴 . 鹿城区旧厂区城市有机更新模式创新研究 [D]. 长沙：湖南农业大学，2016.

[38] 马仁锋，王腾飞，张文忠 . 创意再生视域宁波老工业区绅士化动力机制 [J]. 地理学报，2019，74（04）：780-796.

[39] 伍婵提，童莹 . 宁波文化创意产业园区可持续发展的路径选择 [J]. 宁波经济（三江论坛），2018（10）：29-30+43.

[40] 宁波市人民政府 . 宁波市人民政府关于调整工业用地结构促进土地节约集约利用的意见（试行）[J]. 宁波市人民政府公报，2010（16）：14-16.

[41] 沈磊，陈梅 . 宁波太丰面粉厂改造竞赛 [J]. 建筑学报，2006（8）：31-34.

[42] 何春花，马仁锋，徐本安等 . 鉴于文化创意空间理念的宁波和丰纱场工业遗产改造 [J]. 工业建筑，2017（01）：50-55.

[43] 中国宁波网 . 和丰创意广场开园一周年签约企业上百家 [EB/OL]（2012-10-20）[2019-6-11]http：//news.cnnb.com.cn/system/2012/10/20/007498595.shtml.

[44] 文化创意产业氛围正浓——江北庄桥街道 [J]. 宁波通讯，2012（11）：69-70.

[45] 王腾飞，马仁锋，候勃等 . 创意修复视域老工业区空间生产理论透视——以创意 1956 产业园为例 [J]. 现代城市研究，2019（01）：94-102.

[46] 尹新，孙一民，段泽坤 . 济南市工业遗产初探 [J]. 南方建筑，2018（03）：103-109.

[47] 解旭东，李东 . 旧工业建筑改造与再利用——D17 文化创意产业园设计 [J]. 建筑与文化，2017（10）：78-79.

[48] 张振华，王建军，孙永生等 . 济南中心城工业遗产保护体系研究 [J]. 遗产与保护研究，2018，3（03）：55-60.

[49] 李伟杰 . 济南旧工业建筑的适应性改造与再利用研究 [D]. 济南：济南大学，2018.

[50] 孙凤梅 . 济南近代工业建筑遗存再利用探讨——以济南成丰面粉厂改造为例 [J]. 美术文献，2014（03）：233-234.

[51] 孙芳，邱清峰 . 关于近现代工业遗址遗产保护和利用的建议 [J]. 人文天下，2019（05）：63-66.

[52] 袁小棠 . 青岛历史街区保护实践的研究 [D]. 天津：天津大学，2012.

[53] 徐雪松，林希玲 . 纺织工业遗产的保护与利用——以青岛市为例 [J]. 江苏工程职业技术学院学报，2018，18（03）：46-50.

[54] 冯敏 . 基于地域文化特征的特色商业街区规划发展研究 [D]. 青岛：青岛理工大学，2012.

[55] 欧阳玮 . 旧工业建筑再利用中表皮再设计研究 [D]. 青岛：青岛理工大学，2012.

[56] 徐雪松，林希玲 . 青岛工业文化遗产的保护与利用研究——以青岛啤酒博物馆为例 [J]. 青岛职业技术学院学报，2018，31（02）：20-24.

[57] 张黎黎 . 武汉市旧工业建筑活化利用现状、方法及改进研究 [D]. 武汉：华中科技大学，2012.

[58] 童乔慧，李洋 . 旧工业建筑内部空间改造探讨——以武汉锅炉厂 403 车间为例 [J]. 华中建筑，2017，35（11）：120-126.

[59] 周浪，付莹 . 武汉建筑遗产保护与利用研究——以“汉阳造”文化创意产业园为例 [J]. 建筑工程技术与设计，2018，（21）：3199.

[60] 杨帆，陶蕴哲 . 民国长沙工业建筑遗产更新利用研究 [C]//.《工业建筑》2016 年增刊Ⅰ.《工业建筑》杂志社，2016：5.

[61] 胡国梁 . 湘江激荡两型畅想——长株潭两型社会展览馆设计与实践 [J]. 家具与室内饰，2011（07）：28-31.

[62] 段瑞 . 历史价值视域下的长沙工业遗产研究 [D]. 武汉：武汉理工大学，2012.

[63] 王烨 . 长沙近现代历史建筑保护和利用策略研究 [D]. 长沙：湖南大学，2019.

[64] 贾超 . 广州工业建筑遗产研究 [D]. 广州：华南理工大学，2018.

[65] 叶鹤飞 . 深圳旧工业厂房改造模式的研究 [D]. 天津：天津大学，2018.

[66] 苏妮 . 深圳市功能置换型旧工业区的更新改造策略研究 [D]. 哈尔滨：哈尔滨工业大学，2012.

[67] 张书婷 . 后工业类型的深圳市创意产业园景观满意度调查研究 [D]. 西安：长安大学，2017.

[68] 郭素君，张培刚 . 从观澜看深圳市特区外土地利用转型的必然性 [J]. 规划师，2008，（8）：72-77.

[69] 俞孔坚，庞伟 . 理解设计：中山岐江公园工业旧址再利用 [J]. 建筑学报，2002（08）：47-52.

[70] 张晓云 . 沈阳市铁西工业区城市更新研究 [D]. 哈尔滨：哈尔滨工业大学，2001.

[71] 陶旭，武文博 . 沈阳 1905 文化创意产业园研究 [J]. 魅力中国，2016（16）：241-241.

[72] 陈庆玲 . 我国城市旧房改造模式的综合效益研究 [D]. 沈阳：东北大学，2008.

[73] 符英，吴农，杨豪中 . 西安近代工业建筑的发展 [J]. 工业建筑，2008，38（05）：39-41+56.

[74] 王西京，陈洋，金鑫 . 西安旧工业建筑保护与再利用研究 [M]. 中国建筑工业出版社，2011.

[75] 陈旭 . 旧工业建筑（群）再生利用理论与实证研究 [D]. 西安：西安建筑科技大学，2010.

[76] 海源，袁筱薇 . 工业遗产保护在中国西部——以成都东郊老工业区改造为例 [J]. 四川建筑，2008（02）：8-10+14.

[77] 刘雪舒 . 从旧工业建筑与创意产业的结合看城市适应性更新——以成都“红星路 35 号”为例 [J]. 四川建筑，2010，30（03）：8-10.

[78] 刘燕，刘可雕，刘成 . 成都“东郊记忆”建筑的场所性研究 [J]. 工业建筑，2019，49（10）：70-74，169.

[79] 张扬，陈旭，李慧民等 . 基于绿色理念的上海旧工业建筑再生利用 [J]. 工业建筑，2013，43（10）：28-32.

[80] 陈文爱 . 贯彻十七届六中全会精神大力发展图书馆文化 [J]. 人力资源管理，2012（05）：199-200.

[81] 中国冶金建设协会 . 旧工业建筑绿色再生技术标准：T/CMCA 4001—2018[S]. 北京：冶金工业出版社，2019.